100个
Go 语言
典型错误

[法] Teiva Harsanyi 著

Go语言翻译小组 译

100 Go Mistakes
and How to Avoid Them

电子工业出版社
Publishing House of Electronics Industry
北京·BEIJING

内 容 简 介

本书介绍了开发者在使用 Go 语言时常犯的 100 个典型错误和低效用法，内容侧重于语言核心和标准库。对大多数错误的讨论都提供了具体的示例，以说明在什么时候容易犯这样的错误。这不是一本教条主义的图书，每个解决方案都详细传达了它适用的上下文。

本书适合熟悉 Go 编程和语法的开发人员阅读。

版权贸易合同登记号　图字：01-2023-3962

图书在版编目（CIP）数据

100 个 Go 语言典型错误/（法）泰瓦·哈尔萨尼（Teiva Harsanyi）著；Go 语言翻译小组译. —北京：电子工业出版社，2024.1
书名原文：100 Go Mistakes and How to Avoid Them
ISBN 978-7-121-46913-8

Ⅰ.①1… Ⅱ.①泰… ②G… Ⅲ.①程序语言—程序设计 Ⅳ.①TP312

中国国家版本馆 CIP 数据核字（2023）第 245887 号

责任编辑：滕亚帆
印　　刷：三河市双峰印刷装订有限公司
装　　订：三河市双峰印刷装订有限公司
出版发行：电子工业出版社
　　　　　北京市海淀区万寿路 173 信箱　邮编：100036
开　　本：787×980　　1/16　　　　　印张：26.25　　字数：560 千字
版　　次：2024 年 1 月第 1 版
印　　次：2024 年 1 月第 1 次印刷
定　　价：138.00 元

凡所购买电子工业出版社图书有缺损问题，请向购买书店调换。若书店售缺，请与本社发行部联系，联系及邮购电话：(010) 88254888，88258888。
质量投诉请发邮件至 zlts@phei.com.cn，盗版侵权举报请发邮件至 dbqq@phei.com.cn。
本书咨询联系方式：faq@phei.com.cn。

致 Davy Harsanyi：继续做你自己，兄弟，你的征途是星辰大海。

致梅利莎，我的宝贝。

本书译者团队

"Go 语言翻译小组" 全体成员

（按姓名首字母排序）

晁岳攀　　高　行　　李殿斌

李子昂　　马学翔　　饶全成

万俊峰　　王　莹　　徐新华

叶　王　　曾浩浩

推荐语

本书是一本非常实用的技术指南，为 Go 语言开发者提供了解决常见问题的宝贵经验。无论你是初学者还是有经验的开发者，这本书都能帮助你避免常见的陷阱和错误。通过清晰的解释和实用的示例，它能够帮助你更好地理解 Go 语言的工作原理，并提供了一些最佳实践和技巧。如果你想高效且准确地使用 Go 语言进行开发，这本书绝对是你的必备指南！

谢孟军

GoCN 社区发起人、积梦智能 CEO

前几年我就关注到了这本书，作者写得非常好，对于开发者而言有较大的参考和学习意义。Go 已经诞生十多年了，语言的生态已经愈发丰富，其特殊性时常会让开发者感到难以理解并随时会"踩坑"。

本书归类、讲解、总结了 7 大类常见的错误，共 100 个具体的错误例子。在每个例子中，结合不同的场景进行了有针对性的说明，于学习之余也可以扩展你的技术视野。推荐大家多阅读几遍！

陈剑煜

《Go 语言编程之旅》作者

本书是一本实用且全面的 Go 语言指南！本书提供了 Go 语言开发中常见问题的深入解析和解决方案。这本书不仅适合初学者，也适用于有经验的开发者。无论你是学习、开发还是优化代码，这本书都会成为你的良师益友。

王中阳

北京字节神话 CTO

Go 语言是一门简单的编程语言，有一定编程基础的开发者用一个周末的时间即可迅速掌握 Go 语言的基础知识。但是，简单并不代表容易，即便是已经有一些 Go 语言使用经验的开发者，也无法避免使用时出现错误。我们应该认真对待使用 Go 语言时常犯的一些错误，比如认真分析错误出现的原因和如何避免，就像在学生时代，我们整理错题本一样。本书作者通过整理 100 个错误的"Go 语言错题本"，告诉我们使用 Go 语言时需要注意的一些陷阱。本书适合所有使用 Go 语言的开发者阅读，我相信本书不仅可以帮助大家降低使用 Go 语言开发项目时出现错误的概率，还可以提升大家使用 Go 语言的能力。

魏如博（frank）

公众号"Golang 语言开发栈"主理人

本书作者结合自己多年的 Go 开发经验，深入分析了 Go 语言的常见错误，并为其进行了归类。无论你是刚入门还是拥有丰富的 Go 开发经验，都应该考虑深入探索这本书。因为你不仅会了解到错误本身，还能掌握错误背后的上下文，这能让我们从错误中高效地进行学习。

杨文

Go 夜读创始人

正如作者所言，Go 语言简单易学但难以掌握。本书以 100 个典型且全面的例子涵盖了 Go 语言开发中的常见错误，并深入探讨了错误发生背后的原因及其对应的解决策略。其中许多例子都非常经典，是实战中的真实反映。通过这种富有吸引力的方式，读者不仅能够洞悉实战中的经典错误，还可以学习如何巧妙地规避它们，并在这一过程中更深入地理解 Go 语言的特性和最佳实践。

郑建勋

《Go 语言底层原理剖析》及《聚沙成塔：Go 语言构建高性能、分布式爬虫项目》作者

推荐序

看到《100 个 Go 语言典型错误》中译本即将出版，我特别高兴。距离 2021 年 12 月底我把本书的英文版推荐给电子工业出版社的滕老师，已经过去了近两年的时间。由于各种原因，我没有参与本书的翻译工作，但是我深知一本书的诞生何其不易。要感谢本书的翻译团队和出版社各位老师的努力，把这么好的一本书带给读者！

我是 2013 年年底接触到 Go 语言的，很快就被它的各种优势所吸引。2014 年，我们基于 Go 语言完成了百度统一前端（BFE）接入平台核心转发引擎的重构，并在 2020 年年底实现了每日超过万亿级的请求转发。在中国，BFE 是较早将 Go 语言用于负载均衡场景及大规模使用的项目。出于对 Go 语言的喜爱，我一直在努力推动 Go 语言的推广，这也是我将本书推荐给滕老师的重要原因。

众所周知，Go 语言是一门相对较新的编程语言，于 2009 年才正式推出。十多年来，Go 语言得到了非常广泛的使用，尤其是在云原生领域，云原生计算基金会的绝大多数官方开源项目都是基于 Go 语言编写的。即便如此，很多人对于 Go 语言的特点和使用方法并没有深入的研究。正如本书开头所说，Go 语言"入门易，精通难"。要想用 Go 语言写出优质的代码，不仅要了解 Go 语言的语法，还需要对 Go 语言的特性、代码的通用编写方法、软件项目的组织方法、并发程序设计、软件测试、软件性能优化等方面都有一定的了解。

本书的优点在于它既聚焦于 Go 语言，又不限于 Go 语言。在我看来，学习一门编程语言是相对容易的事情，真正需要长期用心学习的是软件研发的基本理念和原则。本书在讲述 Go 语言的同时，还在不断为读者灌输软件研发的各种基本理念。我相信这种"案例学习"的方法对于读者来说是一种较好的方式，也希望读者在阅读时能够体会到作者的这番苦心，能够超越 Go 语言来体会本书中的一些观点。

祝各位读者用好 Go 语言，祝 Go 语言的社区进一步壮大！

章淼博士

BFE 开源项目发起人

《代码的艺术》作者

瑛菲网络创始人&CEO

百度代码规范委员会荣誉主席

前言

2019 年，我开始了自己的第二次职业经历，工作中以 Go 作为主要开发语言。在这个新的环境中工作时，我注意到了一些关于 Go 编码错误的常见模式。我开始思考，写了一些关于这些常见错误的文章，这些文章或许可以帮助一些开发人员。

后来，我写了一篇博客文章，名为"我在 Go 项目中看到的十个最常见的错误"。这篇文章非常受欢迎：它有超过 10 万次的阅读量，并被 *Golang Weekly* 选为 2019 年最佳文章之一。除此之外，我很高兴收到了 Go 社区的积极反馈。

从那时起，我意识到讨论常见错误是一个强大的工具。如果还能提供具体的例子，那么它可以有效地帮助人们学习新技能，并有助于记住错误的出现场景以及如何避免类似错误。

我花了大约一年的时间从各种来源收集错误，包括其他专业项目、开源仓库、图书、博客、技术研究及与 Go 社区的讨论。坦率地说，我自己的工作也是错误的不错来源之一。

到 2020 年年底，我收集了 100 个 Go 语言的典型错误，这对我来说似乎是合适的时机，可以向出版公司提出我的想法了。我只联系了一家出版公司：Manning。我认为 Manning 是一家知名的高质量图书出版公司，对我来说，它是完美的合作伙伴。我花了近两年的时间和无数次的迭代，梳理每一个错误，并提供了有意义的例子和多个解决方案，其中错误的出现场景至关重要。

我希望这本书能帮助大家避免这些常见错误，并帮助大家提高使用 Go 语言的熟练程度。

致谢

我想感谢很多人。首先是我的父母,在我学业失败的时候他们一直支持我。我的叔叔 Jean-Paul Demont,帮助我找到了光明。Pierre Gautier,作为我的灵感来源,让我相信自己。Damien Chambon,始终保持高标准,促使我变得更好。Laurent Bernard,是我的榜样,教会我各种软技能并让我认识到沟通的重要性。Valentin Deleplace,对其一直以来的杰出反馈表示感谢。Doug Rudder,教会我如何用书面形式表达思想。Tiffany Taylor 和 Katie Tennant,为形成高质量的书稿进行编辑和校对,以及 Tim van Deurzen,对其技术审查的深度和质量表示感谢。

我还想感谢 Clara Chambon,我可爱的教女。Virginie Chambon,最好的人。整个 Harsanyi 家庭。Afroditi Katika,我最喜欢的 PO。Sergio Garcez 和 Kasper Bentsen,两位出色的工程师。以及整个 Go 社区。

最后,我要感谢审稿人:Adam Wanadamaiken、Alessandro Campeis、Allen Gooch、Andres Sacco、Anupam Sengupta、Borko Djurkovic、Brad Horrocks、Camal Cakar、Charles M. Shelton、Chris Allan、Clifford Thurber、Cosimo Damiano Prete、David Cronkite、David Jacobs、David Moravec、Francis Setash、Gianluigi Spagnuolo、Giuseppe Maxia、Hiroyuki Musha、James Bishop、Jerome Meyer、Joel Holmes、Jonathan R. Choate、Jort Rodenburg、Keith Kim、Kevin Liao、Lev Veyde、Martin Dehnert、Matt Welke、Neeraj Shah、Oscar Utbult、Peiti Li、Philipp Janertq、Robert Wenner、Ryan Burrowsq、Ryan Huber、Sanket Naik、Satadru Roy、Shon D. Vick、Thad Meyer 和 Vadim Turkov。你们的建议使这本书变得更好。

关于本书

本书包含了开发人员在使用 Go 语言的各个方面时经常犯的 100 个典型错误。它侧重于语言核心和标准库，而非外部库或框架。对大多数错误的讨论都提供了具体的示例，以说明什么时候容易犯这样的错误。这不是一本教条主义的图书：每个解决方案都详细地传达了其适用的上下文。

本书的读者对象

这本书适合具备 Go 语言基础知识的开发人员阅读。本书不会回顾语法或关键字等基本概念。理想情况下，读者最好已经在工作中或家中参与了一个现成的 Go 项目。但在深入探讨大多数主题之前，我们会确保基础知识已介绍清楚。

本书的组织结构：路线图

本书分为 12 章，每章涵盖不同类型的 Go 语言错误，并讨论了如何避免这些错误。以下是本书的章节简介。

- 第 1 章介绍了尽管 Go 被认为是一门简单的语言，但为什么它并不容易掌握。本章还展示了本书所涵盖的不同类型的错误。
- 第 2 章包含了我们未能以干净、地道和可维护的方式组织代码库时可能发生的常见错误。
- 第 3 章讨论了与基本类型、切片和 map 相关的错误。
- 第 4 章探讨了与循环和其他控制结构相关的常见错误。

- 第 5 章研究了字符串的表示方式及导致代码不准确或效率低下的常见错误。
- 第 6 章探讨了与函数和方法相关的常见问题，例如，选择接收器类型和防止常见的 `defer` 错误。
- 第 7 章介绍了 Go 语言中地道的、准确的错误处理方式。
- 第 8 章介绍了并发的基本概念。这一章讨论了诸如并发并不总是更快、并发和并行之间的区别及工作负载类型等主题。
- 第 9 章聚焦于使用 channel、goroutine 和其他基本类型实现并发时涉及的具体错误示例。
- 第 10 章介绍了在使用 HTTP、JSON 或（例如）time API 时发生的常见错误。
- 第 11 章讨论了常见测试和基准测试中的更加脆弱、不太有效和不太准确的错误。
- 第 12 章从理解 CPU 基础知识到 Go 语言特定主题，探讨了如何优化应用程序来追求高性能。

关于代码

本书中包含许多源代码示例，包括有编号的代码段和普通文本中的行内代码。在这两种情况下，源代码使用等宽字体进行格式化，以区别于普通文本。有时代码也会用粗体来突出显示，例如，当将一个新功能添加到现有代码行中时。

在许多情况下，已经对源代码进行了重新格式化；我们添加了换行符并重新调整了缩进，以适应本书的页面空间。在某些情况下，即使这样做还不够，在代码段中包含了（➡）。此外，在文本中描述代码时，源代码中的注释通常已从代码段中删除。代码段中的注释用于突出重要概念。

你可以在本书的 liveBook（在线）版本中获取可执行的代码片段，网址参见链接 1。[①] 本书示例的完整代码可从 Manning 网站（参见链接 2）和 GitHub 网站（参见链接 3）下载。

本书论坛

购买本书即可免费访问 liveBook（Manning 的在线阅读平台）。使用 liveBook 的独家讨论功能，你可以将评论附加到本书特定的部分或段落。可为自己做笔记、提出和回答技术问题、从作者和其他用户那里轻松获得帮助，要访问论坛，请访问链接 4 所示的网址。你还可以通

---

① 书中提到的参考链接可扫描本前言最后"读者服务"处的二维码获取。

过链接 5 所示的网址了解更多有关 Manning 论坛和行为准则的信息。

　　Manning 对读者的承诺是提供一个有意义的场所，让读者之间和读者与作者之间进行有意义的对话。这并不是对作者的参与程度的承诺，作者是否参与论坛事务仍然由作者自己决定（并且未付费）。我们建议你尝试问作者一些具有挑战性的问题，以激起他的兴趣。论坛和以前的讨论档案可在出版物存续期间从出版商的网站上访问。

读者服务

微信扫码回复：46913

- ■　　获取本书配套资源
- ■　　加入本书读者交流群，与更多同道中人互动
- ■　　获取[百场业界大咖直播合集]（持续更新），仅需 1 元

关于作者

Teiva Harsanyi 是 Docker 公司的资深软件工程师。他曾在多个领域工作，包括保险、交通运输及像空中交通管理这样的安全重点行业。他非常热衷于研究 Go 语言及如何设计和实现可靠的应用程序。

关于封面插图

本书封面上的图案来自 Jacques Grasset de Saint-Sauveur 在 1797 年出版的收藏品《克罗地亚的巴卡尔女子》，每幅插图都是精心绘制并手工上色的。在那个时代，很容易通过衣着来辨别人们居住的地区和社会地位。Manning 出版社通过展现数个世纪前丰富的地方文化多样性的图书封面，赞扬了计算机行业的创新和进取精神。这些封面使收藏品中的图片重新焕发生机。

目录

Go：入门易，精通难 1

本章涵盖：

- 是什么让 Go 成为一门高效、可扩展和具有生产力的语言
- 探讨 Go 为何入门易，精通难
- 介绍开发者常犯的错误类型

犯错是每个人生活的一部分。正如爱因斯坦曾说过：

> 一个从未犯过错的人从未尝试过新东西。

最重要的不是我们犯了多少错误，而是我们从错误中学到了多少东西。这个观点同样适用于编程领域。我们从一门编程语言中获取经验不是一个神奇的过程，它包含试错和从错误中学习的过程。本书的目的是通过观察和学习人们在使用 Go 的过程中经常犯的 100 个错误来帮助读者成为一个更熟练的 Go 开发者。

本章会简要介绍 Go 在过去几年中变成主流编程语言的原因。我们会讨论为何 Go 被认为入门简单，但是掌握其内部细节却是一种挑战。最后，我们还将介绍本书涉及的相关概念。

1.1　Go 语言概述

如果你在阅读本书，那说明你可能已经被 Go 所吸引。因此，本节将简要说明是什么让 Go 变成一门强大的编程语言。

在过去的几十年中，软件工程有了很大发展。大多数现代系统不再由一个人，而是由多

名程序员组成的团队进行编写——有时候团队甚至由成百上千个程序员组成。如今，代码必须具备可读性、可表达性和可维护性，以保证系统具有多年的可用性。同时，在我们这个快速发展的世界中，最大程度地提高敏捷性来保证尽早上市是至关重要的。编程也应该顺应这一趋势，公司应尽可能地保证程序员在阅读、编写和维护代码时的高效。

为了应对这些挑战，谷歌公司在 2007 年创建了 Go 语言。从那时起，很多组织开始使用这门语言来应对各种使用场景：API、自动化、数据库、CLI（命令行接口）等。如今，很多人认为 Go 是云时代的语言。

从功能上看，Go 没有类型继承、异常、宏和偏函数，不支持惰性求值或不变性，没有运算符重载、没有模式匹配等。为何这门语言中缺失这些特性呢？官方的 FAQ 给了我们一些解释：

> 为何 Go 没有某个特性呢？Go 不具备你最喜欢的特性可能是因为这个特性不合适，或是它影响了编译速度或设计的清晰度，又或者它会使基本系统模型变得过于复杂。

通过功能数量来评判一门语言的质量可能不是一个准确的衡量标准。至少这不应是评价 Go 的标准。Go 作为很多组织大规模采用的语言，具有以下几个基本特征。

- 稳定性：尽管 Go 经常更新（包括升级和安全补丁），但它仍然是一门稳定的语言。有人甚至认为这是 Go 最重要的特性之一。
- 表达性：我们可以通过阅读和编写代码的自然和直观程度来表示编程语言的表达性，较少的关键字数量和解决普通问题的有限方法让 Go 变成大型代码工程的表达性语言。
- 编译速度快：作为开发者，还有什么是比长时间等待程序编译来测试代码更让人气愤的呢？快速编译一直是语言设计者的目标。反过来讲，减少编译时长就能提高生产力。
- 安全性：Go 是静态类型语言。因此，它有严格的编译规则来确保代码在大多数情况下是类型安全的。

Go 从一开始就具有可靠的特性，比如用 goroutine 和 channel（通道）来提供强大的并发性，使我们不依赖外部库就能构建高效的并发应用。通过观察并发对于现代应用的重要性便可说明，Go 为何是一门现在以及可预见的未来都适合使用的语言。

有些人认为 Go 是一门简单的语言。从某种意义上看，这的确不能说是错的。因为一个新手可能花不到一天的时间就能掌握这门语言的主要特性。如果 Go 很简单，为什么还要专门读一本以错误概念为中心的书呢？

1.2 简单不意味着容易

简单和容易之间还是有一些不同的。简单，在技术中意味着学习或理解起来不复杂。而容易意味着我们不需要花太大成本就可以完成任何事情。Go 语言学起来简单，但是掌握起来不容易。

以并发为例，在 2019 年，一篇专注于并发错误的论文发布了——"Understanding Real-World Concurrency Bugs in Go"。[①]这篇论文是第一篇对并发错误进行系统研究的文章。文章中研究了多个用 Go 编写的代码库，比如，Docker、gRPC 和 Kubernetes。这篇文章最主要的观点之一是，尽管人们认为消息传递比共享内存更容易处理，但绝大多数阻塞问题都是由于错误使用 channel 造成的。

对于这样的结论你有什么反应呢？是否会认为语言设计者使用消息传递的方式是错误的呢？是否应该重新考虑在项目中如何处理并发问题呢？并不是。

这并不是要在消息传递和共享内存之间决定谁是更优解的问题。而是我们作为 Go 开发者，应该深入了解如何使用并发，现代处理器对并发的影响，什么时候应该使用何种并发方案及如何避免出错。举这个例子是想说，尽管 goroutine 和 channel 的概念学起来比较简单，但是在实践中并不简单。

这个主旨——简单不意味着容易，不仅仅是说并发，还可以推广到 Go 语言的方方面面。因此，想要成为一个 Go 语言开发高手，我们需要花费时间、努力，通过从错误中学习来对这门语言的各个方面做深入了解。

本书的目标是通过深入研究 100 个 Go 语言错误来帮助读者加速掌握 Go 语言。

1.3 100 个 Go 语言错误

我们为什么需要读一本研究常见 Go 错误的书呢？为什么不通过一本普通研究 Go 中不同主题的书来加深我们对 Go 的理解呢？

在 2011 年的一篇研究文章中[②]，神经科学家表明，大脑成长的最佳时间是在面对错误的时候。你经历过从错误中进行学习，在几个月甚至几年后遇到相似的场景时又回忆起当初的

---

① T. Tu, X. Liu, et al., "Understanding Real-World Concurrency Bugs in Go," presented at ASPLOS 2019, April13–17, 2019.

② J. S. Moser, H. S. Schroder, et al., "Mind Your Errors: Evidence for a Neural Mechanism Linking Growth Mindsetto Adaptive Posterror Adjustments," *Psychological Science*, vol. 22, no. 12, pp. 1484–1489, Dec. 2011.

错误这样的事情吗？正如 Janet Metcalfe 在另一篇文章中介绍的那样：发生这种情况是因为错误有促进作用。① 主要是因为我们不仅可以记住错误，还可以记住错误发生的场景。这就是为什么从错误中学习如此高效的原因之一。

为了加强这种促进作用，本书尽可能地在每个错误中都加入示例。本书不仅会介绍理论，还会帮助大家更好地避免犯错。在明白了错误背后的原理之后会帮助大家做出更多明智的、深思熟虑的决定。

> 告诉我，我会忘记；教给我，我会记得；让我参与进去，我能学会。
>
> ——无名氏

本书列出了七种主要的错误，总体来说，错误包括：

- bug
- 不必要的复杂性
- 可读性差
- 非最佳组织形式
- API 对用户不友好
- 代码有待优化
- 效率低

我们会在后面的内容中依次介绍这些错误。

1.3.1　bug

第一种错误是最明显的软件 bug。2020 年，Synopsys 进行的一项研究表明，仅在美国，由于软件 bug 造成的损失就超过 2 万亿美元。②

此外，bug 还可能酿成惨剧。比如，加拿大原子能有限公司（AECL）生产的放射治疗机 Therac-25，由于竞态条件，机器给患者的辐射剂量比预期的高出百倍，导致三名患者死亡。因此，软件 bug 不仅仅和钱相关。作为开发者，我们应该记住自己的工作是多么有影响力。

本书涵盖了大量会导致软件 bug 的情况，包括：数据竞争、泄漏、逻辑错误和其他缺陷。尽管准确的测试是尽早发现这些 bug 的一种方法，但由于时间限制和复杂性等因素，我们

---

① J. Metcalfe, "Learning from Errors," *Annual Review of Psychology*, vol. 68, pp. 465–489, Jan. 2017.

② Synopsys, "The Cost of Poor Software Quality in the US: A 2020 Report." 2020.（具体网址参见链接 6。）

有时候可能来不及写测试用例。因此，作为一个 Go 开发者，避免这些常见的错误是非常有必要的。

1.3.2　不必要的复杂性

下一种错误是不必要的复杂性。软件复杂性的一个重要来源基于这样一个事实：作为开发人员，我们会努力想象未来会增加什么特性——与其立即解决具体的问题，不如构建出能解决未来出现任何特性的设计。然而，这在大多数情况下弊大于利，因为这样会使代码库变得更加复杂、难以理解和推理。

回到 Go 语言，我们可以想到大量的例子：开发人员想要对未来的需求做抽象，使用接口或泛型。本书会讨论应该避免引入不必要的复杂性来破坏代码库的主题。

1.3.3　可读性差

另一种错误是可读性差。正如 Robert C. Martin 在他的书《代码整洁之道》中所写的那样：代码的阅读和编写的时间比例超过 10：1.5。①我们大多数人都是在可读性不那么重要的独立项目中开始编程的。然而，现代程序员都是在具有时间维度的情况下进行编程的：要确保在几个月、几年甚至几十年后仍然可以使用和维护一个应用程序。

在用 Go 编程时，我们可能会犯很多影响可读性的错误。这些错误包括：代码嵌套、数据类型表示、某些情况下不使用命名的结果参数。通过本书，我们将学习为了读者（也包括未来的我们自己），如何写出可读性强的代码。

1.3.4　非最佳组织形式

无论是在新项目中，还是由于我们采取了不准确的方式，造成另一种错误使项目和代码不是最佳解法。这样的问题会让一个项目难以理解和维护。本书涵盖了 Go 中这类常见的错误。比如，我们将学习如何组织一个项目及如何处理公共函数包或初始化函数。总之，学习这些错误会帮助我们更高效地组织 Go 项目。

1.3.5　API 对用户不友好

另一种常见的错误是降低了 API 对客户端的便利性。如果一个 API 对用户不友好，那么

---

① R. C. Martin, *Clean Code: A Handbook of Agile Software Craftsmanship*. Prentice Hall, 2008.

它的表达能力就会降低，从而变得难以理解，也就容易使人犯错。

我们可以想到很多情况，比如过度使用 any 类型、使用错误的创建模式来处理可选项，或者盲目使用面向对象编程的标准实践，这些都会影响 API 的可用性。本书涵盖了阻碍我们给用户提供方便的 API 的常见错误。

1.3.6　代码有待优化

代码优化不足是开发者常犯的另一类错误。导致其发生的原因有很多，比如不了解语言特性，甚至是缺乏对语言的基本认知。性能是这种错误最明显的影响之一，但这种错误不仅仅是影响性能。

我们可以考虑为一些目标优化代码，如准确性。本书会提供一些常见的技术来确保浮点数计算的准确性，同时会涵盖大量的用例来说明代码优化不足造成的性能影响，比如并发度不够，不知道如何减少分配，或者数据对齐造成的影响。我们会通过不同的场景来解决待优化问题。

1.3.7　效率低

在大多数情况下，当我们在一个新项目上开发时，什么是最优的语言？最优的语言是使工作效率最高的语言。熟悉一门语言的工作方式并利用它达到最佳效果是提高效率的关键。

在本书中，我们会涉及很多场景和具体的例子来帮助我们在使用 Go 语言开发时提高工作效率。比如，我们会研究如何编写高效的测试来保证代码能正确运行，如何依赖标准库提高效率，如何充分利用分析工具和辅助工具。现在，是时候深入研究这 100 个常见的 Go 错误了。

总结

- Go 语言是一门现代编程语言，能提高开发者的工作效率，这对当今大多数公司而言是至关重要的。
- Go 语言入门容易但精通难。这就是我们为什么需要深化对 Go 语言的认知，以便最有效地使用这门语言。
- 通过错误和具体例子进行学习是熟练掌握一门语言的有效方法。本书通过探讨 100 个常见的错误来加速我们对 Go 语言的掌握。

代码和项目组织

2

本章涵盖:

- 使用惯用语句组织代码
- 高效地处理抽象:接口和泛型
- 关于如何构建项目的最佳实践

以简洁的、惯用的、可维护的方式组织一个 Go 代码库并不是一件容易的事情。理解所有与代码和项目组织相关的最佳实践需要具备一定的经验,甚至需要犯错的经历。要避免哪些陷阱(例如,变量隐藏和嵌套代码滥用)?如何构造包?在什么情况下应该使用接口或泛型、初始化函数、实用程序包?在本章中,我们将研究常见的组织错误。

2.1 #1: 意想不到的变量隐藏

变量的作用域指的是变量可以被引用的位置,换句话说,就是应用程序中变量在程序的哪个部分有效。在 Go 中,在一个块中声明的变量名可以在其内部块中被重新声明,这个规则被称为变量隐藏,它容易导致出现常见错误。

下面的示例显示了由于变量隐藏而产生的意外的副作用。下面的例子以两种不同的方式创建 HTTP 客户端,具体取决于布尔值 tracing:

```
var client *http.Client // 声明一个客户端变量
if tracing {
    // 创建启用了跟踪的 HTTP 客户端(客户端变量被隐藏在这个块中)
    client, err := createClientWithTracing()
```

```
    if err != nil {
        return err
    }
    log.Println(client)
} else {
    // 创建默认的 HTTP 客户端（客户端变量依旧被隐藏在这个块中）
    client, err := createDefaultClient()
    if err != nil {
        return err
    }
    log.Println(client)
}
// 使用客户端
```

在本例中，我们首先声明一个 client 变量。然后，在两个内部块中使用短变量声明操作符（:=），将函数调用的结果分配给内部 client 变量而不是外部变量。因此，外部变量总是为 nil。

> **注意** 此段代码可编译，因为日志调用中使用了内部 client 变量。如果没有使用 client，就会出现编译错误，比如声明了 client 端而没有使用。

如何确保赋值给原始 client 变量？有两种不同的选择。

第一种选择是在内部块中使用临时变量：

```
var client *http.Client
if tracing {
    c, err := createClientWithTracing()    //创建临时变量 c
    if err != nil {
        return err
    }
    client = c       //将此临时变量分配给 client
} else {
    // 同样的逻辑
}
```

在这里，将结果分配给一个临时变量 c，它的作用域仅在 if 块内。然后，将它赋值给 client 变量。同时，我们对 else 部分做同样的操作。

第二种选择是在内部块中使用赋值操作符（=），直接将函数结果赋值给 client 变量。但是，这需要创建一个 error 变量，因为赋值操作符只有在已经声明了变量名的情况下才有效。例如：

```
var client *http.Client
var err error   // 声明一个 err 变量
if tracing {
  // 使用赋值操作符将返回的*http.Client 直接赋值给 client 变量
  client, err = createClientWithTracing()
  if err != nil {
      return err
  }
} else {
  // 同样的逻辑
}
```

可以直接将结果分配给 client，而不是先分配给临时变量。

这两种选择都是完全有效的。这两种选择的主要区别是，在第二种选择中只执行了一次赋值，这可能被认为更容易阅读。另外，通过第二种选择，可以在 if/else 语句之外实现错误处理，如下例所示：

```
if tracing {
   client, err = createClientWithTracing()
} else {
   client, err = createDefaultClient()
}
if err != nil {
   // 常见错误处理
}
```

当在内部块中重新声明变量名时，就会发生变量隐藏，但可以看到这种做法非常容易引起错误。强制禁止变量隐藏的规则取决于个人喜好。例如，有时可以方便地重用现有的变量名，如 err 用于错误。但是，一般来说，应该保持谨慎，因为我们可能会遇到这样的情况：代码被编译了，但接收值的变量不是预期的那个。在本章的后面，我们还将看到如何检测变量隐藏，这可以帮助我们发现可能的错误。

下一节将展示避免滥用嵌套代码的重要性。

2.2 #2：不必要的嵌套代码

软件的思维模型是对系统行为的内部表达方式。在编程时，我们需要维护思维模型（例如，关于整体代码交互和函数实现）。基于命名、一致性、格式等多种标准，代码被认为是可读的。可读的代码需要较少的认知努力即可维持思维模型；因此，它更易于阅读和维护。

影响可读性的一个关键方面是嵌套层的数量。让我们做一个练习。假设我们正在进行一个新项目，需要了解以下 join 函数的作用：

```go
func join(s1, s2 string, max int) (string, error) {
    if s1 == "" {
        return "", errors.New("s1 is empty")
    } else {
        if s2 == "" {
            return "", errors.New("s2 is empty")
        } else {
        // 调用连接函数来执行某些特定的连接，但可能返回错误
            concat, err := concatenate(s1, s2)
            if err != nil {
                return "", err
            } else {
                if len(concat) > max {
                    return concat[:max], nil
                } else {
                    return concat, nil
                }
            }
        }
    }
}
func concatenate(s1 string, s2 string) (string, error) {
    // ...
}
```

这个 join 函数连接两个字符串，如果长度大于 max，则返回一个子字符串。同时，它处理 s1 和 s2 上的检查，以及连接调用是否返回错误。

从实现的角度来看，这个函数是正确的。然而，建立一个包含所有不同情况的思维模型可能不是一项简单的任务。为什么？因为嵌套层的数量。

现在，让我们用相同的函数再次尝试这个练习，但实现方式不同：

```go
func join(s1, s2 string, max int) (string, error) {
    if s1 == "" {
        return "", errors.New("s1 is empty")
    }
    if s2 == "" {
        return "", errors.New("s2 is empty")
    }
```

```
    concat, err := concatenate(s1, s2)
    if err != nil {
        return "", err
    }
    if len(concat) > max {
        return concat[:max], nil
    }
    return concat, nil
}

func concatenate(s1 string, s2 string) (string, error) {
    // ...
}
```

你可能会注意到，尽管做的工作和以前一样，但构建这个新版本的思维模型需要更少的认知
负荷。这里我们只维护两个嵌套的级别。正如 *Go Time* 播客的一个小组成员 Mat Ryer 提到
的（参见链接 7）：

> 把正确的代码路径向左对齐；你应该能够快速地向下扫描一列，以查看预
> 期的执行流。

由于嵌套的 if/else 语句，在第一个版本中很难区分预期的执行流。而第二个版本向
下扫描一列即可看预期的执行流，向下扫描第二列可查看边缘情况是如何处理的，如图 2.1
所示。

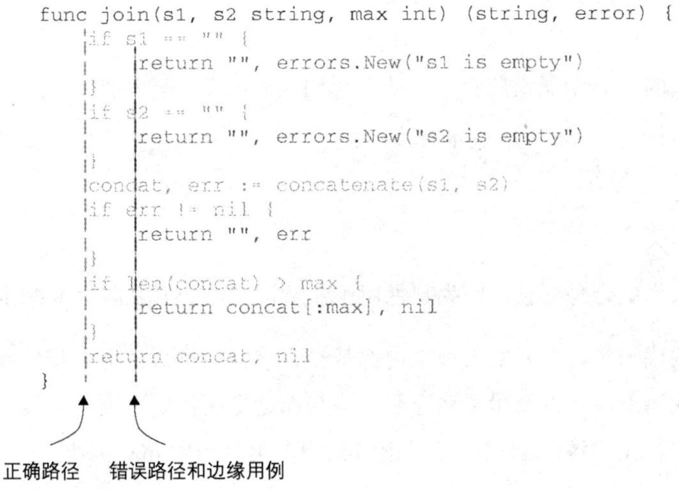

```
func join(s1, s2 string, max int) (string, error) {
    if s1 == "" {
        return "", errors.New("s1 is empty")
    }
    if s2 == "" {
        return "", errors.New("s2 is empty")
    }
    concat, err := concatenate(s1, s2)
    if err != nil {
        return "", err
    }
    if len(concat) > max {
        return concat[:max], nil
    }
    return concat, nil
}
```

正确路径   错误路径和边缘用例

图 2.1   要理解预期的执行流，只需查看正确路径的列

一般来说，函数所需的嵌套级别越多，对其阅读和理解就越难。让我们看看这个规则在优化代码可读性方面的一些不同应用。

■ 当 if 块返回时，在所有情况下都应该忽略 else 块。例如，我们不应该写：

```
if foo() {
  // ...
  return true
} else {
  // ...
}
```

我们应该像下面这样省略 else 块：

```
if foo() {
  // ...
  return true
}
// ...
```

在这个新版本中，先前位于 else 块中的代码被移动到顶层，便于阅读。

■ 也可以在异常代码路径的情况下遵循这个逻辑：

```
if s != "" {
  // ...
} else {
  return errors.New("empty string")
}
```

这里，空的 s 表示异常路径。因此，我们应该如下翻转条件：

```
if s == "" {   // 翻转 if 条件
  return errors.New("empty string")
}
// ...
```

这个新版本更容易阅读，因为它保留了左侧边缘的正常路径，并减少了块的数量。

编写可读的代码对每个开发人员来说都是一个重要的挑战。努力减少嵌套块的数量，对齐左侧的正常代码路径，以及尽早地返回，这些都是提高代码可读性的具体方法。

在下一节中，我们将讨论 Go 项目中常见的误用：滥用 init 函数。

2.3　#3：滥用 init 函数

　　有时我们会在 Go 应用程序中误用 init 函数，这种做法会带来糟糕的错误管理、难以理解的代码流等潜在后果。让我们重新思考一下 init 函数是什么。然后，我们将看到关于它的推荐用法和不推荐用法。

2.3.1　概念

　　init 函数是用于初始化应用程序状态的函数。它既不接收参数也不返回结果，仅仅是一个 func() 类型的函数。当初始化包时，将对包中所有的常量和变量声明进行计算。然后，执行 init 函数。下面是一个初始化 main 包的例子：

```
package main

import "fmt"

var a = func() int {
    fmt.Println("var")   // 首先执行
    return 0
}()

func init() {
    fmt.Println("init")    // 其次执行
}

func main() {
    fmt.Println("main"),   // 最后执行
}
```

运行此示例会打印以下输出：

```
var
init
main
```

init 函数在初始化包时执行。在下面的例子中，我们定义了两个包——main 和 redis，其中 main 依赖于 redis。首先，**main.go** 文件中的 main 包的内容如下：

```
package main

import (
    "fmt"
```

```
    "redis"
)

func init() {
    // ...
}

func main() {
    err := redis.Store("foo", "bar")  // 依赖 redis 包
    // ...
}
```

接下来，**redis.go** 文件中的 redis 包的内容如下：

```
package redis

// 导入

func init() {
    // ...
}

func Store(key, value string) error {
    // ...
}
```

因为 main 依赖于 redis，所以先执行 redis 包的 init 函数，然后执行 main 包的 init 函数，最后执行 main 函数本身。图 2.2 展示了这个顺序。

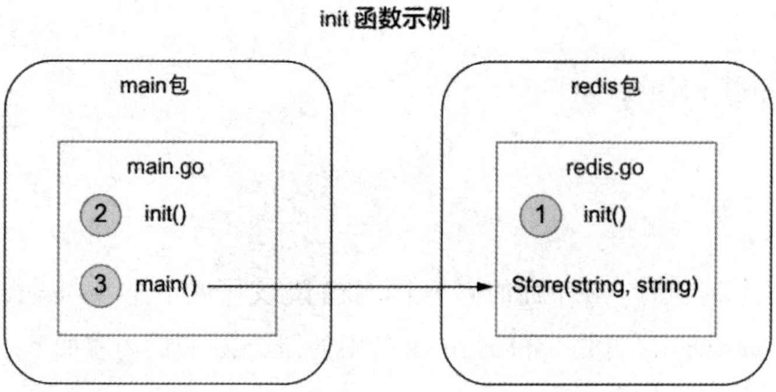

图 2.2 首先执行 redis 包中的 init() 函数，然后执行 main 包中的 init() 函数，最后执行 main() 函数

可以在每个包中定义多个 init 函数。当我们这样做时，包内的 init 函数的执行顺序基于源文件的字母顺序。例如，如果一个包包含一个 a.go 文件和一个 b.go 文件，并且都有 init 函数，则首先执行 a.go 文件中的 init 函数。

我们不应该依赖包内初始化函数的顺序。实际上，这可能是十分危险的，因为源文件可能会被重命名，这会影响执行顺序。

我们还可以在同一个源文件中定义多个 init 函数。例如，下面这段代码是完全有效的：

```go
package main

import "fmt"

func init() {
    fmt.Println("init 1")   // 第一个 init 函数
}

func init() {
    fmt.Println("init 2")   // 第二个 init 函数
}

func main() {
}
```

执行的第一个 init 函数是源顺序中的第一个。输出：

```
init 1
init 2
```

还可以使用 init 函数来处理副作用。在下面一个例子中，我们定义了一个对 foo 没有很强依赖的 main 包（例如，没有直接使用公共函数）。然而，这个例子要求 foo 包被初始化。可以通过使用_操作符这样做：

```go
package main

import (
    "fmt"
    _ "foo"   // 导入 foo 的副作用
)

func main() {
    // ...
}
```

在这种情况下，foo 包在 main 之前被初始化。因此，foo 的 init 函数被执行。

init 函数不能被直接调用，如下例所示：

```
package main

func init() {}

func main() {
    init()    // 无效的引用
}
```

这段代码会产生以下编译错误：

```
$ go build .
./main.go:6:2: undefined: init
```

现在我们已经重新思考了 init 函数是如何工作的，下面来看看什么时候应该使用它们，什么时候不应该使用它们。

2.3.2　何时使用 init 函数

首先，让我们看一个使用 init 函数可能被认为是不合适的示例：保存数据库连接池。在本例的 init() 代码体函数中，我们使用 sql.Open 打开数据库。我们将这个数据库作为一个全局变量，供其他函数稍后使用：

```
var db *sql.DB

func init() {
    dataSourceName := os.Getenv("MYSQL_DATA_SOURCE_NAME")    // 环境变量
    d, err := sql.Open("mysql", dataSourceName)
    if err != nil {
        log.Panic(err)
    }
    err = d.Ping()
    if err != nil {
        log.Panic(err)
    }
    db = d    // 将 DB 连接分配给全局变量 db
}
```

在本例中，我们打开数据库，检查是否可以 ping 通它，然后将它分配给全局变量。我们应该如何考虑这个实现呢？它有三个主要的缺点。

首先，init 函数中的错误管理是有限的。实际上，由于 init 函数不返回错误，发出错误信号的唯一方法是 panic，它将导致应用程序停止。在我们的例子中，如果打开数据库失败，那可以以任何方式停止应用程序。但是，是否停止应用程序不一定要由包本身决定。调用者可能更喜欢实现重试或使用回退机制。在这种情况下，在 init 函数中打开数据库将阻止客户端包实现其错误处理逻辑。

另一个重要的缺点与测试有关。如果我们向该文件添加测试，那么 init 函数将在运行测试用例之前执行，这并不一定是我们想要的（例如，如果在不需要创建此连接的实用函数上添加单元测试）。因此，这个例子中的 init 函数使编写单元测试变得复杂。

最后一个缺点是，该示例需要将数据库连接池分配给一个全局变量。全局变量有一些严重的缺点，例如：

- 任何函数都可以改变包中的全局变量。
- 单元测试可能更加复杂，因为函数依赖的全局变量将不再是独立的。

在大多数情况下，我们应该倾向于封装变量，而不是保持它的全局性。

由于以上这些原因，之前的初始化可能应该像下面这样作为普通函数的一部分被处理：

```
// 接收一个数据源名称并返回一个*sql.DB 和一个错误
func createClient(dsn string) (*sql.DB, error) {
    db, err := sql.Open("mysql", dsn)
    if err != nil {
        return nil, err    // 返回一个错误
    }
    if err = db.Ping();
    err != nil {
        return nil, err
    }
    return db, nil
}
```

使用这个函数，我们解决了前面讨论的主要缺点带来的问题。方法如下：

- 将错误处理的责任留给调用者。
- 可以创建一个集成测试来检查这个函数是否工作。
- 将连接池封装在函数中。

是否有必要不惜一切代价避免使用 init 函数？答案是否定的。在一些用例中，init 函数还是很有帮助的。例如，官方 Go 博客（参见链接 8）使用 init 函数设置静态 HTTP 配置：

```go
func init() {
    redirect := func(w http.ResponseWriter, r *http.Request) {
        http.Redirect(w, r, "/", http.StatusFound)
    }
    http.HandleFunc("/blog", redirect)
    http.HandleFunc("/blog/", redirect)

    static := http.FileServer(http.Dir("static"))
    http.Handle("/favicon.ico", static)
    http.Handle("/fonts.css", static)
    http.Handle("/fonts/", static)

    http.Handle("/lib/godoc/", http.StripPrefix("/lib/godoc/",
        http.HandlerFunc(staticHandler)))
}
```

在本例中，init 函数不能失败（http.HandleFunc 可能会 panic，但只有在处理程序为 nil 时才会 panic，这里的情况不是这样的）。同时，不需要创建任何全局变量，函数也不会影响可能的单元测试。因此，这段代码片段提供了一个很好的例子，说明了 init 函数在哪里可以发挥作用。总之，我们看到 init 函数会导致一些问题：

- 它们可以限制错误管理。
- 它们会使实现测试的方式复杂化（例如，必须设置外部依赖，这对于单元测试的范围可能不是必需的）。
- 如果初始化需要我们设置一个状态，那就必须通过全局变量来完成。

我们应该谨慎使用 init 函数。然而，它们在某些情况下也是有用的，例如定义静态配置，正如我们在本节中看到的。在大多数情况下，我们应该通过特别殊函数处理初始化。

2.4　#4：过度使用 getter 和 setter

在编程中，数据封装指的是隐藏对象的值或状态。getter 和 setter 是通过在不可导出的对象字段基础上提供可导出方法来启用封装的。

在 Go 中，并不像我们在某些语言中看到的那样，自动支持 getter 和 setter。使用 getter 和 setter 来访问结构体字段也被认为既不是强制性的，也不是惯用的。例如，标准库实现了可以直接访问某些字段（例如 time.Time）的结构体。time.Time 结构体如下：

```go
timer := time.NewTimer(time.Second)
<-timer.C // C 是一个<-chan Time 字段
```

尽管不建议这样做，但我们甚至可以直接修改 C（但不再接收事件）。然而，这个例子说明了标准 Go 库并不强制使用 getter 和/或 setter，即使我们不应该修改一个字段。

另一方面，使用 getter 和 setter 具有一些优点，包括：

- 它们封装了与获取或设置字段相关的行为，允许稍后添加新功能（例如，验证字段、返回计算值或用互斥锁封装对字段的访问）。
- 它们隐藏了内部实现，使我们在暴露内容时可更灵活地操作。
- 当属性在运行时发生更改时，它们提供了一个调试拦截点，使调试变得更容易。

如果遇到这些情况，或者当我们保证向前兼容的时候预见到一个可能的情况，那么使用 getter 和 setter 可以带来一些好处。例如，如果将它们与一个名为 `balance` 的字段一起使用，我们应该遵循以下命名约定：

- getter 方法应该被命名为 `Balance`（而不是 `GetBalance`）。
- setter 方法应该被命名为 `SetBalance`。

这里有一个例子：

```
currentBalance := customer.Balance()  // Getter
if currentBalance < 0 {
    customer.SetBalance(0)     // Setter
}
```

总之，如果结构体上的 getter 和 setter 没有任何价值，我们就不应该用它们淹没代码。我们应该实事求是，努力在效率和遵循在其他编程范例中有时被认为是无可争议的习惯用法之间找到正确的平衡。

记住，Go 是一种独特的语言，在设计上有许多特点，包括简单性。然而，如果我们发现需要 getter 和 setter，或者如前所述，在保证向前兼容的同时预见未来的需要，那么使用它们并没有什么问题。

接下来，我们将讨论过度使用接口的问题。

2.5 #5：避免接口污染

在设计和构造代码时，接口是 Go 语言的基石之一。然而，就像许多工具或概念一样，滥用它们通常不是一个好主意。接口污染就是用不必要的抽象使我们的代码变得难以理解。这是来自另一种编程语言具有不同习惯的开发人员经常犯的错误。在深入讨论这个话题之前，让我们重新思考一下 Go 的接口。然后，我们将看到什么时候使用接口是合适的，什么时候可能被认为是污染。

2.5.1 概念

接口提供了一种方法来指定对象的行为。我们使用接口来创建多个对象实现的公共抽象。Go 接口与其他一些接口的不同之处在于它们是隐式的，没有像 implements 这样的显式关键字来标记对象 X 实现了接口 Y。

为了理解是什么使接口如此强大，我们将深入研究标准库中的两个流行接口：io.Reader 和 io.Writer。io 包为 I/O 原语提供抽象。在这些抽象概念中，io.Reader 涉及从数据源读取数据，io.Writer 向目标写入数据，如图 2.3 所示。

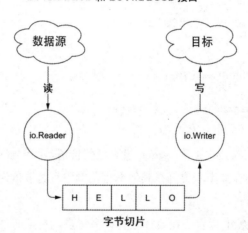

图 2.3   io.Reader 从数据源读取到数据并填充到字节切片，而 io.Writer 从字节切片将数据写入目标

io.Reader 只包含一个 Read 方法：

```
type Reader interface {
    Read(p []byte) (n int, err error)
}
```

io.Reader 接口的自定义实现是接收了一个字节切片，用接收的数据填充字节切片，并返回读取的字节数或一个错误。

另一方面，io.Writer 定义了一个方法 Write：

```
type Writer interface {
    Write(p []byte) (n int, err error)
}
```

io.Writer 接口的自定义实现是将来自字节片的数据写入目标，并返回写入的字节数或一个错误。因此，这两个接口都提供了基本的抽象：

- io.Reader 从源读取数据。
- io.Writer 将数据写入目标。

在该语言中使用这两个接口的基本原理是什么?创建这些抽象的意义是什么？

假设我们需要实现一个函数，该函数将一个文件的内容复制到另一个文件。我们可以创建一个特定的函数，将两个 *os.Files 作为输入。或者，我们可以选择使用 io.Reader 和 io.Writer 抽象创建一个更泛型的函数：

```
func copySourceToDest(source io.Reader, dest io.Writer) error {
    // ...
}
```

这个函数可以与参数 *os.File（如 *os.File 同时实现 io.Reader 和 io.Writer）及实现这些接口的任何其他类型一起工作。例如，我们可以创建自己的写入数据库的 io.Writer，代码将保持不变。它增加了函数的泛型；因此，它具有可重用性。

此外，为这个函数编写单元测试更容易，因为不必处理文件，我们可以使用有助于实现的 Strings 和 bytes 包：

```
func TestCopySourceToDest(t *testing.T) {
    const input = "foo"
    source := strings.NewReader(input)    // 创建一个 io.Reader
    dest := bytes.NewBuffer(make([]byte, 0))   // 创建一个 io.Writer
    // 从一个*strings.Reader 和一个*bytes.Buffer 调用 copySourceToDest
    err := copySourceToDest(source, dest)
    if err != nil {
        t.FailNow()
    }

    got := dest.String()
    if got != input {
        t.Errorf("expected: %s, got: %s", input, got)
    }
}
```

在本例中，source 是一个 *strings.Reader，而 dest 是一个 *bytes.Buffer。

在这里，我们在不创建任何文件的情况下测试 `copySourceToDest` 的行为。

在设计接口时，粒度（接口包含多少方法）也是需要被重点考虑的。Go 中有一句谚语（参见链接 9）是关于接口应该是多大的：

> 接口越大，抽象越弱。

> —Rob Pike

实际上，向接口添加方法会降低其可重用性水平。`io.Reader` 和 `io.Writer` 是强大的抽象，因为它们不能再简单了。此外，我们还可以结合细粒度的接口来创建更高级别的抽象。`io.ReadWriter` 就是这样的，它结合了读和写的行为：

```
type ReadWriter interface {
    Reader
    Writer
}
```

注意   正如一句名言所说：一切都应该尽可能地简单，但不应该过于简单。应用于接口，这意味着为接口找到完美的粒度不一定是一个简单的过程。

现在让我们讨论推荐的使用接口的常见情况。

2.5.2   何时使用接口

我们应该什么时候在 Go 中创建接口呢？让我们看三个具体的例子，接口通常被认为可以带来价值。注意，我们的目标不是穷尽无遗，因为我们添加的例子越多，它们就越依赖于上下文。不过，这三个例子应该能给我们一个大致的概念：

- 常见的行为
- 解耦
- 限制行为

常见的行为

我们讨论的第一个用例是，在多个类型实现一个公共行为时使用接口。在这种情况下，我们可以分解出接口内部的行为。如果查看标准库，可以找到许多这种用例。例如，可以通过以下三种方法对排序进行分解：

- 检索集合中元素的数量。

- 报告一个元素是否必须排在另一个元素之前。
- 交换两个元素。

因此，下面的接口被添加到 sort 序包中：

```
type Interface interface {
    Len() int    // 元素的数量
    Less(i, j int) bool  // 检查两个元素
    Swap(i, j int)   // 交换两个元素
}
```

这个接口具有很强的可重用性，因为它包含了对任何基于索引的集合进行排序的常见行为。

在整个 sort 包中，我们可以找到几十个实现。例如，如果在某个时刻计算一个整数集合，并想对它排序，那么我们是否一定要对实现类型感兴趣呢？排序算法是归并排序还是快速排序重要吗？在很多情况下，我们不在乎。因此，排序行为可以被抽象，并且可以依赖 sort.interface。

找到正确的抽象来分解一个行为也会带来很多好处。例如，sort 包提供了同样依赖于 sort.Interface 的实用函数，例如检查集合是否已经被排序。例如，

```
func IsSorted(data Interface) bool {
    n := data.Len()
    for i := n - 1; i > 0; i-- {
        if data.Less(i, i-1) {
            return false
        }
    }
    return true
}
```

因为 sort.Interface 是正确的抽象级别，所以它非常有价值。

现在让我们看看使用接口时的另一个主要用例。

解耦

另一个重要的用例是关于将代码与实现分离的。如果我们依赖抽象而不是具体的实现，实现本身就可以用另一个实现替换，甚至不需要更改代码。这就是 Liskov 替换原则（Robert C. Martin 的 SOLID 设计原则中的 L）。

解耦的一个好处与单元测试有关。假设我们想要实现一个 CreateNewCustomer 方

法，该方法创建一个新消费者并存储它。我们决定直接依赖具体实现（比如 mysql.Store 结构体）：

```
type CustomerService struct {
    store mysql.Store   // 这取决于具体的实现
}

func (cs CustomerService) CreateNewCustomer(id string) error {
    customer := Customer{id: id}
    return cs.store.StoreCustomer(customer)
}
```

现在，如果我们想测试这个方法呢？因为 customerService 依赖于实际实现来存储 Customer，所以必须通过集成测试来测试它，这需要启动一个 MySQL 实例（除非使用 go-sqlmock 等替代技术，但这不在本节的讨论范围内）。尽管集成测试很有帮助，但这并不总是我们想要做的。为了提供更多的灵活性，应该将 CustomerService 从实际的实现中分离出来，可以通过这样的接口来完成：

```
type customerStorer interface {   // 创建存储抽象
    StoreCustomer(Customer) error
}

type CustomerService struct {
    storer customerStorer   // 将 CustomerService 与实际实现分离
}

func (cs CustomerService) CreateNewCustomer(id string) error {
    customer := Customer{id: id}
    return cs.storer.StoreCustomer(customer)
}
```

因为存储消费者现在是通过接口来完成的，所以这在测试方法的实现方式上给了我们更大的灵活性。例如，可以

- 通过集成测试使用具体实现。
- 通过单元测试使用模拟（或任何类型的双重测试）。
- 以上两者都可以。

现在让我们讨论另一个用例：限制行为。

限制行为

我们将要讨论的最后一个用例乍一看可能非常不可思议。它是关于将一种类型限制到特定的行为的。假设我们实现了一个自定义配置包来处理动态配置。我们通过一个 `IntConfig` 结构体为 `int` 配置创建一个特定的容器，该结构体还公开了两个方法：`Get` 和 `Set`。下面是代码：

```
type IntConfig struct {
    // ...
}

func (c *IntConfig) Get() int {
    // 检索配置
}

func (c *IntConfig) Set(value int) {
    // 更新配置
}
```

现在，假设我们收到一个 `IntConfig`，它包含一些特定的配置，比如阈值。然而，在代码中，我们只对检索配置值感兴趣，并且希望阻止它的更新。如果不想改变配置包，我们将如何从语义上强制这个配置是只读的？可通过创建一个抽象来限制行为只检索配置值：

```
type intConfigGetter interface {
    Get() int
}
```

然后，在代码中，我们可以依赖 `intConfigGetter` 而不是具体的实现：

```
type Foo struct {
    threshold intConfigGetter
}

func NewFoo(threshold intConfigGetter) Foo {  // 注入配置 getter
    return Foo{threshold: threshold}
}

func (f Foo) Bar() {
    threshold := f.threshold.Get()  // 读取配置
    // ...
}
```

在本例中，配置 getter 被注入 NewFoo 工厂方法。它不会影响这个函数的客户端，因为它仍然可以在实现 `intConfigGetter` 时传递一个 `IntConfig` 结构体。然后，我们只能读取 `Bar` 方法中的配置，而不能修改它。因此，我们也可以使用接口将类型限制为特定的行为，这样做的原因有很多，比如语义强制。

在本节中，我们看到了三个潜在的用例，在这些用例中，接口通常被认为是有价值的：分解出公共行为、创建一些解耦及将类型限制为特定的行为。同样，这个列表并不是详尽的，但它能让我们大致了解接口在 Go 中什么时候是有用的。

现在，让我们结束这一节，讨论接口污染问题。

2.5.3 接口污染

在 Go 项目中过度使用接口是很常见的。也许开发人员的工作背景是 C# 或 Java，他们发现在创建具体类型之前创建接口是很自然的。然而，在 Go 中是不应该这样工作的。

正如我们所讨论的，创建接口是为了创建抽象。当编程时遇到抽象，主要的注意事项是记住应该发现抽象，而不是创建抽象。这是什么意思？这意味着如果没有直接的理由，不应该在代码中创建抽象。我们不应该用接口来设计，而应该等待具体的需求。换句话说，应该在需要的时候创建一个接口，而不是在预见到可能需要它的时候。

如果过度使用接口，带来的主要问题是什么？答案是，它们使代码流更加复杂。添加一个无用的间接层面并不会带来任何价值；它创建了一个毫无价值的抽象，使代码更难以阅读、理解和推理。如果没有充分的理由添加接口，也不清楚接口如何使代码变得更好，那么我们应该质疑这个接口的目的。为什么不直接调用实现呢？

> **注意** 当通过接口调用方法时，也可能会遇到性能开销。这需要在哈希表的数据结构中查找，以找到接口所指向的具体类型。但这在很多情况下都不是问题，因为开销很小。

总之，当我们在代码中创建抽象时，应该谨慎，应该发现抽象，而不是创建抽象。对于软件开发人员来说，过度设计代码是很常见的，因为我们总是试图根据我们认为以后可能需要的东西来猜测完美的抽象级别是什么。应该避免这个过程，因为在大多数情况下，它会用不必要的抽象污染我们的代码，使代码变得更加复杂。

不要用接口进行设计，要发现它们。

—Rob Pike

不要试图抽象地解决问题，而是应解决现在必须解决的问题。最后，但同样重要的是，如果不清楚接口如何使代码变得更好，我们可能应该考虑删除它，以使代码更简单。

下一节继续讨论这个线程，并讨论一个常见的接口错误：在生产者端创建接口。

2.6 #6：在生产者端的接口

在上一节中看到了接口何时被认为是有价值的。但是 Go 开发者经常误解一个问题：接口应该放在哪里？

在深入讨论这个话题之前，让我们先确定在这一节中使用的术语是清楚的：

- 生产者端——在与具体实现相同的包中定义的接口（参见图 2.4）。
- 消费者端———在使用它的外部包中定义的接口（参见图 2.5）。

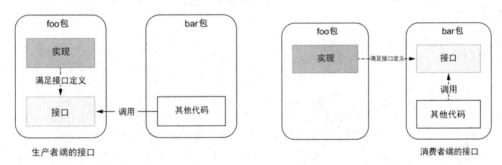

图 2.4　在与具体实现相同的包中定义的接口　　图 2.5　在使用它的外部包中定义的接口

经常可以看到开发人员在生产者端创建接口，同时创建具体的实现。这种设计可能是具有 C# 或 Java 背景的开发人员的习惯。但在 Go 中，大多数情况下不应该这么做。

让我们讨论下面的例子。在这里，我们创建一个特定的包来存储和检索客户数据。同时，仍然是在同一个包中，我们决定所有的调用必须通过以下接口：

```
package store
type CustomerStorage interface {
    StoreCustomer(customer Customer) error
    GetCustomer(id string) (Customer, error)
    UpdateCustomer(customer Customer) error
    GetAllCustomers() ([]Customer, error)
    GetCustomersWithoutContract() ([]Customer, error)
    GetCustomersWithNegativeBalance() ([]Customer, error)
}
```

我们可能认为有一些很好的理由在生产者端创建和暴露这个接口。也许这是将客户端代码与实际实现分离的好方法。或者，也许我们可以预见它将帮助客户端创建测试副本。不管是什么原因，这都不是 Go 中的最佳实践。

如前所述，在 Go 中，接口是隐式满足的，与具有显式实现的语言相比，这往往是游戏规则的改变者。在大多数情况下，遵循的方法类似于在前一节中描述的：应该发现抽象，而不是创建抽象。这意味着生产者不能强制所有客户端使用给定的抽象。相反，由客户来决定它是否需要某种形式的抽象，然后为它的需求确定最佳的抽象级别。

在前面的例子中，可能有一个客户端对解耦其代码不感兴趣。也许另一个客户端想要解耦其代码，但只对 GetAllCustomers 方法感兴趣。在这种情况下，这个客户端可以用一个方法创建一个接口，从外部包引用 Customer 结构体：

```
package client

type customersGetter interface {
    GetAllCustomers() ([]store.Customer, error)
}
```

图 2.6 显示了包组织的调用关系。有几点需要注意：

- 因为 customersGetter 接口只在客户端包中使用，所以它可以保持不被导出。
- 从视觉上看，在图 2.6 中，它看起来像循环依赖关系。但是，从 Stere 到 client 之间没有依赖关系，因为接口是隐式满足的。这就是为什么这种方法在具有显式实现的语言中并不总是可行的原因。

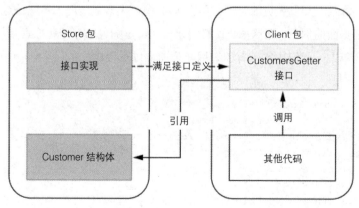

图 2.6   client 包通过创建自己的接口来定义它所需要的抽象

　　重点是，client 包现在可以为其需求定义最精确的抽象（这里只有一个方法）。它与接口隔离原则（SOLID 中的 I）的概念有关，该原则指出，任何客户端都不应该被迫依赖它不使用的方法。因此，在这种情况下，最好的方法是在生产者端公开具体的实现，并让客户端决定如何使用它以及是否需要抽象。

　　为了完整起见，让我们讨论在标准库中使用的方法——生产者端的接口。例如，encoding 包定义了由其他子包（如 encoding/json 或 encoding/binary）实现的接口。encoding 包在这方面是错误的吗？绝对不会。在这种情况下，encoding 包中定义的抽象在整个标准库中使用，语言设计人员知道预先创建这些抽象是有价值的。回到前一节的讨论：如果你认为抽象可能在想象的未来有帮助，或者你不能证明这个抽象是有效的，就不要创建抽象。

　　在大多数情况下，接口应该位于消费者端。然而，在特定的上下文中（例如，当我们知道——而不是预见——抽象将对消费者有帮助时），我们可能希望在生产者端使用它。如果这样做了，应该努力使它尽可能少，增加它的可重用潜力，使它更容易组合。

　　让我们继续在函数签名上下文中讨论接口。

2.7　#7：返回接口

　　在设计函数签名时，可能必须返回接口或具体实现。让我们来了解一下为什么在很多情况下返回一个接口被认为是一个糟糕的做法。

　　刚刚介绍了为什么接口通常存在于消费者端。图 2.7 显示了如果函数返回接口而不是结构体，将会发生的依赖关系。我们将看到它会导致出现问题。

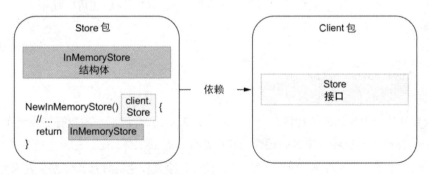

图 2.7　store 包与 client 包之间存在依赖关系

我们将考虑两个包：

- client，它包含一个 Store 接口。
- store，其中包含 Store 的实现。

在 store 包中，我们定义了一个实现 Store 接口的 InMemoryStore 结构体。同时，我们创建了一个 NewInMemoryStore 函数来返回一个 Store 接口。在此设计中，实现了包与客户端包之间存在的依赖关系，这听起来可能有点儿奇怪。

例如，client 包再也不能调用 NewInMemoryStore 函数了；否则，就会出现循环依赖关系。一种可能的解决方案是从另一个包调用此函数，并将 Store 实现注入 client 包。然而，被迫这么做意味着设计应该受到挑战。

此外，如果另一个客户端使用 InMemoryStore 结构体会发生什么呢？在这种情况下，也许我们希望将 Store 接口移到另一个包中，或者移回到实现包中——但是我们讨论了为什么在大多数情况下，这不是最佳实践。这看起来像是代码异味。

因此，一般来说，返回一个接口限制了灵活性，因为我们强制所有客户端使用一种特定的抽象类型。在大多数情况下，可以从波斯特尔定律中得到启发（参见链接 10）：

做什么要保守，接收什么要自由。

—传输控制协议

如果把这个谚语用在 Go 中，它的意思是

- 返回结构体而不是接口。
- 尽可能地接收接口。

当然，也有一些例外。作为软件工程师，我们很熟悉这样一个事实：规则从来都不是 100% 正确的。最相关的是 error 类型，即由许多函数返回的接口。我们还可以使用 io 包检查标准库中的另一个异常：

```
func LimitReader(r Reader, n int64) Reader {
    return &LimitedReader{r, n}
}
```

在这里，函数返回一个导出的结构体，io.LimitedReader。然而，函数签名是一个接口，io.Reader。打破我们已经讨论过的规则的理由是什么？io.Reader 是一个抽象概念。它不是由客户端定义的，但它是被迫的，因为语言设计者事先知道这种抽象级别将是有帮助的（例如，在可复用性和可组合性方面）。

总之，在大多数情况下，我们不应该返回接口，而应该返回具体的实现。否则，由于包

的依赖关系，它会使我们的设计更加复杂，并且会限制灵活性，因为所有的客户端都必须依赖于相同的抽象。同样，结论与前面的部分相似：如果知道（而不是预见到）一个抽象将对客户端有帮助，那么可以考虑返回一个接口。否则，不应该强制抽象；它们应该由客户端发现。如果客户端出于某种原因需要抽象实现，那它仍然可以在客户端完成。

在下一节中，我们将讨论与使用 any 有关的一个常见错误。

2.8 #8: any 意味着 nothing

在 Go 中，没有指定方法的接口类型被称为空接口，interface{}。在 Go 1.18 中，预先声明的类型 any 成为空接口的别名。因此，所有出现的 interface{} 都可以被 any 替换。在许多情况下，any 可以被认为是一种过度泛化；正如 Rob Pike 所提到的，any 并不能传达任何信息（参见链接 11）。让我们先回顾一下核心概念，然后再讨论潜在的问题。

any 类型可以包含任何值类型：

```
func main() {
    var i any

    i = 42                  // int 类型
    i = "foo"               // string 类型
    i = struct {            // 结构体类型
        s string
    }{
        s: "bar",
    }
    i = f                   // 函数类型

    _ = i                   // 赋值给空白标识符，以便编译示例
}

func f() {}
```

在将值赋给 any 类型时，将丢失所有类型信息，这需要通过类型断言从 i 变量中获得任何有用的信息，如上例所示。让我们看另一个例子，在这个例子中使用 any 并不准确。在下面，我们实现了一个 Store 结构体及 Get 和 Set 两个方法的框架。我们使用这些方法来存储不同的结构体类型，Customer 和 Contract：

```
package store

type Customer struct{
```

```
    // 一些代码
}
type Contract struct{
    // 一些代码
}

type Store struct{}

func (s *Store) Get(id string) (any, error) {  // 返回 any
    // ...
}

func (s *Store) Set(id string, v any) error {  // 接收 any
    // ...
}
```

尽管 Store 在编译方面没有什么问题，但我们还是应该花一些时间考虑一下方法签名。因为我们接收并返回 any 参数，所以这些方法缺乏表达性。如果未来的开发人员需要使用 Store 结构体，他们可能必须深入研究文档或阅读代码，以理解如何使用这些方法。因此，接收或返回 any 类型不会传递有意义的信息。此外，因为在编译时没有任何保护措施，所以调用者可以使用任何数据类型调用这些方法，比如 int 类型：

```
s := store.Storc{}
s.Set("foo", 42)
```

使用 any，我们失去了 Go 作为静态类型语言的一些好处。应该避免使用 any 类型，并尽可能使用显式签名。对于我们的例子，这可能意味着复制每个类型的 Get 和 Set 方法：

```
func (s *Store) GetContract(id string) (Contract, error) {
    // ...
}

func (s *Store) SetContract(id string, contract Contract) error {
    // ...
}

func (s *Store) GetCustomer(id string) (Customer, error) {
    // ...
}

func (s *Store) SetCustomer(id string, customer Customer) error {
    // ...
}
```

在这个版本中，方法是富有表现力的，减少了因不理解而产生的风险。拥有更多的方法并不一定是问题，因为客户端也可以使用接口创建自己的抽象。例如，如果客户端只对 Contract 方法感兴趣，可以这样写：

```
type ContractStorer interface {
    GetContract(id string) (store.Contract, error)
    SetContract(id string, contract store.Contract) error
}
```

在什么情况下 any 是有用的呢？让我们看一下标准库及两个例子，其中函数或方法接收 any 参数。第一个例子在 encoding/json 包中。因为可以接收任何类型的参数，所以 Marshal 函数接收 any 参数：

```
func Marshal(v any) ([]byte, error) {
    // ...
}
```

另一个例子在 database/sql 包中。如果查询是参数化的（例如，SELECT * FROM FOO WHERE id = ?），则参数可以是任何类型的。因此，它也使用 any 参数：

```
func (c *Conn) QueryContext(ctx context.Context, query string,
    args ...any) (*Rows, error) {
    // ...
}
```

总之，如果确实需要接收或返回任何可能的类型（例如，当涉及编码或格式化时），any 是很有帮助的。一般来说，我们应该不惜一切代价避免过度泛化所编写的代码。如果可以改进其他方面，比如代码的表达性，那么少量的重复代码有时可能会更好。

接下来，我们将讨论另一种类型的抽象：泛型。

2.9 #9：不知道什么时候使用泛型

Go 1.18 为该语言添加了泛型。简而言之，这允许编写带有类型的代码，这些类型可以在以后指定并在需要时实例化。但是，什么时候使用泛型，什么时候不使用泛型，会让人感到困惑。在本节中，我们将描述 Go 中泛型的概念，然后看看常见的用法和错误。

2.9.1 概念

思考下面的函数，它从 map[string]int 类型中提取所有键：

```
func getKeys(m map[string]int) []string {
    var keys []string
    for k := range m {
        keys = append(keys, k)
    }
    return keys
}
```

如果想对另一种映射类型，如 map[int]string，使用类似的特性，该怎么办呢？在使用泛型之前，Go 开发人员有几种选择：使用代码生成、反射或复制代码。例如，我们可以编写两个函数，每个映射类型对应一个函数，或者尝试扩展 getKeys 以接收不同的映射类型：

```
func getKeys(m any) ([]any, error) {    // 接收并且返回一个 any 类型
    switch t := m.(type) {
    default:
    // 如果类型尚未实现，则处理运行时错误
        return nil, fmt.Errorf("unknown type: %T", t)
    case map[string]int:
        var keys []any
        for k := range t {
            keys = append(keys, k)
        }
        return keys, nil
    case map[int]string:
        // 复制提取逻辑
    }
}
```

在这个例子中，我们注意到一些问题。首先，它增加了重复代码。实际上，当我们想要添加一个 case 时，它需要复制 range 循环。同时，函数现在接收 any 类型，这意味着我们失去了 Go 作为类型化语言的一些好处。实际上，检查是否支持某种类型是在运行时而不是编译时完成的。因此，如果所提供的类型未知，也需要返回一个错误。最后，因为键类型可以是 int 或 string 的，所以我们必须返回 any 类型的切片来分解键类型。这种方法增加了调用方的工作量，因为客户端可能还需要执行键的类型检查或额外的转换。多亏了泛型，我们现在可以使用类型参数重构这段代码。

　　类型参数是可以与函数和类型一起使用的泛型类型。例如，下面的函数接收一个类型参数：

```
func foo[T any](t T) {  // T是一个类型参数
    // ...
```

```
}
```

调用 foo 时，传递 any 类型的类型参数。提供类型参数称为实例化，该工作在编译时完成。这将类型安全作为核心语言特性的一部分，并避免运行时开销。

让我们回到 getKeys 函数，并使用类型参数来编写一个接收任何类型映射的泛型版本：

```
// 键是 comparable 类型的，而值是 any 类型的
func getKeys[K comparable, V any](m map[K]V) []K {
    var keys []K   // 创建键的切片
    for k := range m {
        keys = append(keys, k)
    }
    return keys
}
```

为了处理映射，我们定义了两种类型参数。首先，值可以是 any 类型：V any。然而，在 Go 中，映射键不能是 any 类型。例如，我们不能使用切片：

```
var m map[[]byte]int
```

这段代码会导致编译错误：invalid map key type []byte（无效的映射键类型 []byte）。因此，我们不接收任何键类型，而且必须限制类型参数，以使键类型满足特定的要求。这里的要求是，键类型必须是可比较的（我们可以使用==或!=）。因此，我们将 K 定义为 comparable 的而不是 any 的。

限制类型参数以匹配特定的需求称为约束。约束是接口类型，其包含：

- 一组行为（方法）
- 任意类型

让我们来看后者的一个具体例子。假设不想让map键类型接收任何 comparable 的类型。例如，我们希望将其限制为 int 或 string 类型，可以这样定义一个自定义约束：

```
type customConstraint interface {
    ~int | ~string // 定义一个自定义类型，限制其类型为 int 和 string
}

// 将类型参数 K 更改为 customConstraint 类型
func getKeys[K customConstraint,
        V any](m map[K]V) []K {
    // 同样的实现逻辑
}
```

首先，我们定义一个 customConstraint 接口，使用联合操作符 | 将类型限制为 int 或 string（稍后将讨论 ~ 的使用）。K 现在是一个 customConstraint 类型的，而不是以前 comparable 类型的。

getKeys 的签名强制我们可以用任何值类型的映射调用它，但键类型必须是 int 或 string——例如，在调用方：

```
m = map[string]int{
    "one":   1,
    "two":   2,
    "three": 3,
}
keys := getKeys(m)
```

注意，Go 可以推断 getKeys 是用 string 类型参数调用的。前面的调用相当于：

```
keys := getKeys[string](m)
```

~int vs int

使用 ~int 的约束和使用 int 的约束有什么区别？使用 int 将其限制为 int 类型，而使用 ~int 将其限制为基础类型是 int 的所有类型。为了说明这一点，让我们想象一个约束，我们想要将一个类型限制为实现 String() 字符串方法的任何 int 类型：

```
type customConstraint interface {
    ~int
    String() string
}
```

使用此约束将类型参数限制为自定义类型。例如，

```
type customInt int

func (i customInt) String() string {
    return strconv.Itoa(int(i))
}
```

因为 customInt 是 int 类型的，并实现了 String() 字符串方法，所以 customInt 类型满足已定义的约束。但是，如果将约束更改为包含 int 而不是 ~int，则使用 customInt 会导致编译错误，因为 int 类型没有实现 String() 字符串。

到目前为止，我们已经讨论了函数使用泛型的例子。也可以在数据结构中使用泛型。例如，可以创建包含任何类型的值的链表。为此，我们将编写一个 Add 方法来追加一个节点：

```
type Node[T any] struct { // 使用类型参数
    Val   T
    next *Node[T]
}

func (n *Node[T]) Add(next *Node[T]) {  // 实例化一个类型接收器
    n.next = next
}
```

在本例中，我们使用类型参数来定义 T，并在 Node 中使用这个字段。对于方法，接收者被实例化。实际上，因为 Node 是泛型的，所以它也必须遵循已定义的类型参数。

关于类型参要注意的最后一点是，它们不能与方法参数一起使用，只能与函数参数或方法接收器一起使用。例如，下面的方法不能编译：

```
type Foo struct {}

func (Foo) bar[T any](t T) {}
```

```
./main.go:29:15: methods cannot have type parameters
```

如果想在方法中使用泛型，则接收器需要是类型参数。

现在，让我们研究一下哪些情况下应该使用泛型，哪些情况下不应该使用泛型。

2.9.2 常见的使用方法和误用

什么时候泛型有用？让我们讨论一些推荐的泛型的常见用法。

- 数据结构——如果要实现一个二叉树、一个链表，或者堆，可以使用泛型提取出元素类型。
- 处理任何类型的切片、map 和 channel 的函数——例如，合并两个 channel 的函数可用于任何 channel 类型。因此，可以使用类型参数来分解 channel 类型：

  ```
  func merge[T any](ch1, ch2 <-chan T) <-chan T {
      // ...
  }
  ```

- 提取行为而不是类型——例如，sort 包包含一个 sort.Interface 接口，接口有三个方法：

```go
type Interface interface {
    Len() int
    Less(i, j int) bool
    Swap(i, j int)
}
```

这个接口由不同的函数使用，比如 sort.Ints 或 sort.Float64s。使用类型参数，可以分解出排序行为（例如，通过定义一个包含切片和比较函数的结构体）：

```go
type SliceFn[T any] struct {  // 使用类型参数
    S        []T
    Compare func(T, T) bool  // 比较两个 T 元素
}
```

```go
func (s SliceFn[T]) Len() int
func (s SliceFn[T]) Less(i, j int) bool { return s.Compare(s.S[i], s.S[j]) }
func (s SliceFn[T]) Swap(i, j int) { s.S[i], s.S[j] = s.S[j], s.S[i] }
```

然后，因为 SliceFn 结构体可实现 sort.Interface，所以可以使用 sort.Sort (sort. Interface) 函数对提供的切片进行排序：

```go
s := SliceFn[int]{
  S: []int{3, 2, 1},
  Compare: func(a, b int) bool {
      return a < b
  },
}
sort.Sort(s)
fmt.Println(s.S)
```

```
[1 2 3]
```

在本例中，分解出一个行为可避免每种类型创建一个函数。

什么时候不使用泛型呢？

- 当调用类型参数的方法时——考虑一个接收 io.Writer 的函数并调用 Write 方法，例如：

```go
func foo[T io.Writer](w T) {
    b := getBytes()
    _, _ = w.Write(b)
}
```

在这种情况下，使用泛型不会给代码带来任何价值。我们应该将 `w` 参数直接写为 `io.Writer`。

■ 当泛型使代码更加复杂时——泛型从来都不是强制性的，作为 Go 开发人员，我们已经有十多年没有泛型了。如果我们正在编写泛型函数或结构，并且发现它并不能使代码更清晰，那应该重新考虑对那个特定用例的决定。

尽管泛型在特定的情况下是有用的，但是要注意什么时候应使用它们，什么时候不应使用它们。一般来说，如果要回答什么时候不应使用泛型，那我们可以想想什么时候不应该使用接口。的确，泛型引入了一种抽象形式，我们必须记住，不必要的抽象会引入复杂性。

同样，不要用不必要的抽象来污染代码，现在让我们专注于解决具体的问题。这意味着不应该过早地使用类型参数。让我们在编写样板代码时再考虑使用泛型。

在下一节中，我们将讨论使用类型嵌入时可能出现的问题。

2.10　#10：没有意识到类型嵌入可能存在的问题

在创建结构体时，Go 提供了类型嵌入的选项。如果我们不理解类型嵌入的所有含义，那有时会导致意料之外的行为发生。在本节中，我们将讨论如何进行类型嵌入、这些类型带来什么及可能出现的问题。

在 Go 中，如果声明一个结构体字段时没有名称，则称其为嵌入式字段。例如，

```
type Foo struct {
    Bar  // 嵌入式字段
}

type Bar struct {
    Baz int
}
```

在 Foo 结构体中，Bar 类型声明时没有关联名称；因此，它是一个嵌入式字段。

我们使用嵌入来提升类型嵌入的字段和方法。因为 Bar 包含一个 Baz 字段，这个字段被提升为 Foo（参见图 2.8）。因此，Baz 在 Foo 中是可获得的：

```
foo := Foo{}
foo.Baz = 42
```

注意，Baz 可以从两个不同的路径获得：从使用 Foo.Baz 的升级路径获得；或者从名义

上的 Bar——Foo.Bar.Baz 获得。两者都涉及同一个字段。

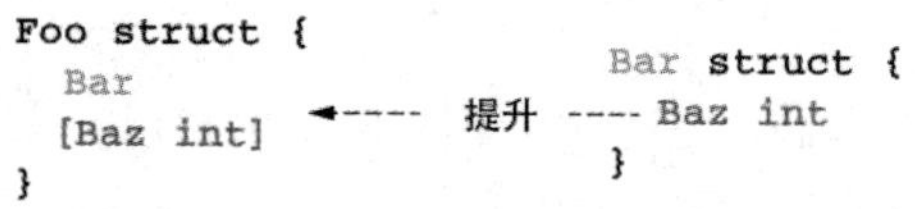

```
Foo struct {
    Bar                              Bar struct {
    [Baz int]    ◄---- 提升 ----  Baz int
}                                    }
```

图 2.8　baz 被提升了

接口和嵌入

在接口中也可使用嵌入来与其他接口组成一个接口，在下面的例子中，io.ReadWriter 由 io.Reader 和 io.Writer 组成：

```
type ReadWriter interface {
  Reader
  Writer
}
```

但本节的讨论范围只与结构体中的嵌入式字段相关。

现在我们已经提醒了自己什么是类型嵌入，看一个错误用法的例子。在下面的代码中，我们实现了一个结构体，该结构体保存了一些内存中的数据，我们希望使用互斥锁来保护它不被并发访问：

```
type InMem struct {
    sync.Mutex    // 嵌入式字段
    m map[string]int
}


func New() *InMem {
    return &InMem{m: make(map[string]int)}
}
```

我们决定不导出 map，这样客户端就不能直接与它交互，而只能通过导出的方法进行。同时，互斥锁被嵌入。因此，我们可以这样实现 Get 方法：

```
func (i *InMem) Get(key string) (int, bool) {
    i.Lock()        // 直接访问 Lock 方法
    v, contains := i.m[key]
    i.Unlock()      // Unlock 方法也是如此
    return v, contains
}
```

因为互斥锁是嵌入的，所以我们可以直接从 i 接收器访问 Lock 和 Unlock 方法。

我们提到过，这样的例子是类型嵌入的错误用法。这是什么原因呢？因为 sync.Mutex 是一种嵌入式类型，Lock 和 Unlock 方法将被提升。因此，这两个方法对使用 InMem 的外部客户端都是可见的：

```
m := inmem.New()
m.Lock() // ??
```

这种提升可能不是你想要的。在大多数情况下，互斥锁是我们希望被封装在结构体中并使其对外部客户端不可见的东西。因此，在这种情况下，不应该将它设置为一个嵌入式字段：

```
type InMem struct {
    mu sync.Mutex    // 指定不嵌入 sync.Mutex 字段
    m map[string]int
}
```

因为互斥锁没有嵌入，而且没有导出，所以不能从外部客户端访问它。现在让我们来看另一个例子，但这一次嵌入可以被认为是一种正确的方法。

我们希望编写一个包含 io.WriteCloser 并公开两个方法—— write 和 Close —— 的自定义记录器。如果 io.WriteCloser 不是嵌入的，我们需要这样写：

```
type Logger struct {
    writeCloser io.WriteCloser
}

func (l Logger) Write(p []byte) (int, error) {
    return l.writeCloser.Write(p)   // 将调用转发到 writeCloser
}

func (l Logger) Close() error {
    return l.writeCloser.Close()   // 将调用转发到 writeCloser
}

func main() {
    l := Logger{writeCloser: os.Stdout}
    _, _ = l.Write([]byte("foo"))
    _ = l.Close()
}
```

Logger 必须同时提供 Write 和 Close 方法，该方法仅用于 io.WriteCloser 的调用。然而，如果字段现在被嵌入，我们可以删除这些转发方法：

```
type Logger struct {
    io.WriteCloser // 嵌入 io.Writer
}

func main() {
    l := Logger{WriteCloser: os.Stdout}
    _, _ = l.Write([]byte("foo"))
    _ = l.Close()
}
```

对于导出 Write 和 Close 方法的客户端，实现方式是相同的。但是这个例子阻止了这些额外的方法来转发一个调用的实现。此外，当 Write 和 Close 被提升时，这意味着 Logger 满足 io.WriteCloser 接口。

嵌入 vs OOP 子类化

嵌入和 OOP 子类化有时会令人困惑，二者主要的区别在于方法接收者的身份。让我们看看下图。左边表示嵌入到 Y 中的 X 类型，而在右边，Y 扩展了 X。

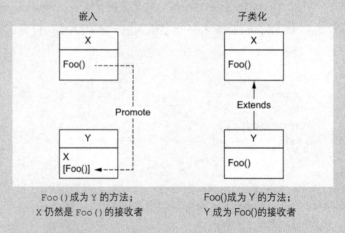

Foo()成为 Y 的方法；
X 仍然是 Foo() 的接收者

Foo()成为 Y 的方法；
Y 成为 Foo()的接收者

通过嵌入，嵌入的类型仍然是方法的接收者。相反，通过子类化，子类成为方法的接收者。

通过嵌入，Foo 的接收者仍然是 X。然而，通过子类化，Foo 的接收者变成了子类 Y。嵌入是关于组合的，而不是继承的。

关于类型嵌入我们能得出什么结论？首先，我们注意到，它很少是必要的，这意味着无论什么情况，我们都可以在不进行类型嵌入的情况下解决问题。使用类型嵌入主要是为了方便：在大多数情况下，是为了提升行为。

如果决定使用类型嵌入，那需要记住以下两个主要约束：

- 它不应该仅仅被用作简化访问字段的语法糖（例如，是 `Foo.Baz()` 而不是 `Foo.Bar.Baz()`）。如果这是唯一的理由，那么我们就不嵌入内部类型，而是使用字段。
- 它不应该提升我们想要隐藏的数据（字段）或行为（方法）：例如，如果它允许客户端访问一个应该对结构体保持私有的锁定行为。

> **注意**　有些人可能还认为，使用类型嵌入可能会导致在导出结构体的上下文中进行额外的维护工作。实际上，在导出的结构体中嵌入类型意味着在该类型演变时应保持谨慎。例如，如果我们向内部类型添加一个新方法，那应该确保它不会破坏后一个约束。因此，为了避免这种额外的工作，团队还可以防止在公共结构体中嵌入类型。

记住这些约束，有意识地使用类型嵌入，可以避免使用附加转发方法的样板代码。然而，应确保我们不只是为了装饰而这么做，也不提升那些本应隐藏的元素。

在下一节中，我们将讨论处理可选配置的通用模式。

2.11　#11：不使用函数式选项模式

在设计 API 时，可能会出现一个问题：如何处理可选配置？有效地解决这个问题可以提高 API 的便捷性。本节将介绍一个具体的示例，并介绍处理可选配置的不同方法。

对于本例，假设我们必须设计一个公开函数以创建 HTTP 服务器的库。该函数将接收不同的输入：地址和端口。下面是该函数的框架：

```
func NewServer(addr string, port int) (*http.Server, error) {
    // ...
}
```

库的客户端已经开始使用这个函数，大家都很高兴。但是在某些时候，某个客户端开始抱怨这个函数受到了一定的限制，并且缺少其他参数（例如，写超时和连接上下文）。但是，我们注意到添加新的函数参数会破坏兼容性，迫使客户端修改调用 `NewServer` 的方式。同时，我们希望通过这种方式丰富与端口管理相关的逻辑（见图2.9）：

- 如果未设置端口，则使用默认端口。
- 如果端口为负数，则返回一个错误。

- 如果端口为 0，则使用随机端口。

- 否则，使用客户端提供的端口。

如何以 API 友好的方式实现这个函数呢？让我们看看不同的方法。

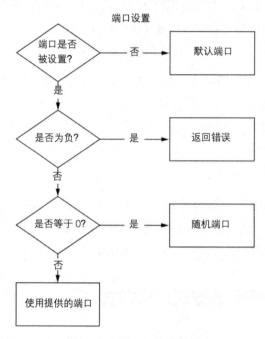

图 2.9　与端口相关的逻辑

2.11.1　配置结构体

因为 Go 不支持函数签名中的可选参数，所以第一种可能的方法是使用配置结构体来传递哪些是必选的，哪些是可选的。例如，强制参数可以作为函数参数存在，而可选参数可以在 Config 结构体中被处理：

```
type Config struct {
    Port        int
}

func NewServer(addr string, cfg Config) {
}
```

这个解决方案解决了兼容性问题。事实上，如果我们添加新的选项，它将不会导致原本的请求在客户端中断。但是，这种方法并不能解决开发者与端口管理相关的需求。实际上，我们应该记住，如果没有提供结构体字段，它将被初始化为它的 0 值：

- 整数为 0。
- 浮点类型为 0.0。
- 字符串类型为" "。
- 切片、map、channel、指针、接口和函数为 Nil。

因此，在下面的例子中，这两个结构体是相等的：

```
c1 := httplib.Config{
    Port: 0,    // 初始化端口为 0
}
c2 := httplib.Config{
            // 端口缺失，因此初始化为 0
}
```

在例子中，我们需要找到一种方法来区分故意设置为 0 的端口和丢失的端口。一种选择可能是将配置结构体的所有参数都处理为指针：

```
type Config struct {
    Port        *int
}
```

使用整数指针，从语义上讲，可以突出显示值 0 和缺失值（nil 指针）之间的差异。

这种选择是可行的，但也有一些缺点。首先，客户端提供整数指针并不方便。客户端必须创建一个变量，然后以下面这种方式传递一个指针：

```
port := 0
config := httplib.Config{
    Port: &port,    // 提供整数指针
}
```

它本身并不是一个十分重要的东西，但是整个 API 使用起来有点儿不方便。此外，我们添加的选项越多，代码就会变得越复杂。

第二个缺点是，使用默认配置的库的客户端需要像下面这样传递一个空结构体：

```
httplib.NewServer("localhost", httplib.Config{})
```

这段代码看起来不太好。读者必须理解这个神奇的结构体的含义。

另一种选择是使用经典的生成器模式，详见下一节。

2.11.2　生成器模式

生成器模式最初是四个设计模式的一部分，它为各种对象创建问题提供了灵活的解决方案。Config 的构造与结构体本身是分离的。它需要一个额外的结构体 ConfigBuilder，它接收配置和构建 Config 的方法。

来看一个具体的例子，看看它如何帮助我们设计一个友好的 API 来满足我们的所有需求，包括端口管理：

```go
type Config struct {     // 配置结构体
    Port int
}

type ConfigBuilder struct {   //配置生成器结构体，包含一个可选端口
    port *int
}

func (b *ConfigBuilder) Port(
    port int) *ConfigBuilder {      // 设置端口的公共方法
    b.port = &port
    return b
}

func (b *ConfigBuilder) Build() (Config, error) {    // 构建方法以创建配置结构体
cfg := Config{}

    if b.port == nil {     //涉及端口管理的主要逻辑
        cfg.Port = defaultHTTPPort
    } else {
        if *b.port == 0 {
            cfg.Port = randomPort()
        } else if *b.port < 0 {
            return Config{}, errors.New("port should be positive")
        } else {
            cfg.Port = *b.port
        }
    }
    return cfg, nil
}
```

```
func NewServer(addr string, config Config) (*http.Server, error) {
    // ...
}
```

ConfigBuilder 结构体保存客户端配置。它公开了一个 Port 方法来设置端口。通常，这样的配置方法返回生成器本身，以便我们可以使用方法链接（例如，builder.Foo("foo").Bar("bar")）。它还公开了一个 Build 方法，该方法保存了初始化端口值的逻辑（指针是否为 nil 等），并在创建之后返回一个 Config 结构体。

> **注意**   生成器模式没有单一的实现。例如，有些人可能倾向于将定义最终端口值的逻辑放在 port 方法中而不是 Build 方法中。本节的讨论范围是介绍生成器模式，而不是查看所有可能的不同变体。

然后，客户端将用以下方式使用我们基于生成器的 API（假设已经将代码放在了 httplib 包中）：

```
builder := httplib.ConfigBuilder{}    // 创建生成器配置
builder.Port(8080)                    // 设置端口
cfg, err := builder.Build()           // 构建配置结构体
if err != nil {
    return err
}

server, err := httplib.NewServer("localhost", cfg)  // 传递配置结构体
if err != nil {
    return err
}
```

首先，客户端创建一个 ConfigBuilder，并使用它设置一个可选字段，例如，端口。然后，它调用 Build 方法检查错误。如果 OK，则将配置传递给 NewServer。

　　这种方法使端口管理更加方便。它不需要传递整数指针，因为 Port 方法接收整数。但是，如果客户端想使用默认配置，仍然需要传递一个配置结构体，该结构体可以为空：

```
server, err := httplib.NewServer("localhost", nil)
```

在某些情况下，另一个缺点与错误管理有关。在抛出异常的编程语言中，如果输入无效，Port 等生成器方法可能引发异常。如果我们想要保持链接调用的能力，函数就不能返回错误。因此，必须延迟 Build 方法中的验证。如果客户端可以传递多个选项，但我们希望精确地处理端口无效的情况，这将使错误处理更加复杂。

现在让我们看另一种被称为函数式选项模式的方法，它依赖于可变参数。

2.11.3　函数式选项模式

我们将讨论的最后一种方法是函数式选项模式（见图 2.10）。虽然有不同的实现和微小的变化，主要思想如下：

- 未导出的结构体保存着配置：options。
- 每个选项都是返回相同类型的函数：type Option func(options *options) error。例如，WithPort 接收一个表示端口的 int 参数，并返回一个表示如何更新 options 结构体的 Option 类型。

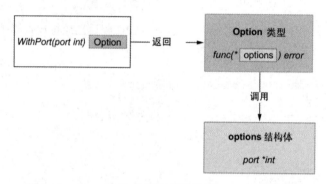

图 2.10　WithPort 选项更新最终的 options 结构体

下面是 options 结构体、Option 类型和 WithPort 选项的 **Go** 实现：

```go
type options struct {      // 配置结构体
    port *int
}

type Option func(options *options) error    // 表示更新配置结构体的函数类型

func WithPort(port int) Option {        // 更新端口的配置函数
    return func(options *options) error {
        if port < 0 {
            return errors.New("port should be positive")
        }
        options.port = &port
        return nil
    }
}
```

这里，`WithPort` 返回一个闭包。闭包是一个匿名函数，它引用自身外部的变量；在本例中，是 `port` 变量。闭包使用 `Option` 类型并实现端口验证逻辑。每个配置字段都需要创建一个公共函数（按照约定以 `With` 前缀开头），其中包含类似的逻辑：在需要时验证输入并更新配置结构体。

让我们看看提供者端的最后一部分：`NewServer` 的实现。我们将把选项作为可变参数传递。因此，我们必须迭代这些选项来改变 `options` 配置结构体：

```go
func NewServer(addr string, opts ...Option) (  // 接收可变的 Option 参数
    *http.Server, error) {
    var options options                 // 创建一个空的 options 结构体
    for _, opt := range opts {          // 遍历所有输入选项
        err := opt(&options) //调用每个选项，从而修改通用的 options 结构体
        if err != nil {
            return nil, err
        }
    }

    // 在此阶段，将构建 options 结构体并包含配置
    // 因此，我们可以实现与端口配置相关的逻辑
    var port int
    if options.port == nil {
        port = defaultHTTPPort
    } else {
        if *options.port == 0 {
            port = randomPort()
        } else {
            port = *options.port
        }
    }

    // ...
}
```

首先创建一个空的 `options` 结构体。然后，迭代每个 `Option` 参数并执行它们以改变 `options` 结构体（请记住，`Option` 类型是一个函数）。一旦构建了 `options` 结构体，我们就可以实现关于端口管理的最终逻辑。

因为 `NewServer` 接收可变的 `Option` 参数，所以客户端现在可以通过在强制的地址参数后面传递多个选项来调用这个 API。例如，

```
server, err := httplib.NewServer("localhost",
   httplib.WithPort(8080),
   httplib.WithTimeout(time.Second))
```

然而，如果客户端需要默认配置，那就不必提供参数（例如，一个空结构体，正如我们在前面的方法中看到的那样）。客户端的调用现在可能看起来像这样：

```
server, err := httplib.NewServer("localhost")
```

这个模式就是函数式选项模式。它提供了一种方便且 API 友好的方式来处理选项。尽管生成器模式可以是一个有效的选项，但它有一些小缺点，往往使函数式选项模式成为 Go 中处理这个问题的惯用方法。我们还要注意，这个模式可在不同的 Go 库中使用，比如 gRPC。

下一节将讨论另一个常见的错误：组织混乱。

2.12 #12：项目组织混乱

组织一个 Go 项目不是一件容易的事。因为 Go 语言在设计包和模块方面提供了很大的自由，所以最佳实践并不像它们应该的那样普遍存在。本节首先讨论组织项目的常用方法，然后讨论一些最佳实践，展示如何改进组织项目的方法。

2.12.1 项目结构

Go 语言维护者对于用 Go 构造项目没有很强的约定。然而，多年来出现了一种布局：项目布局（参见链接 12）。

如果我们的项目足够小（只有几个文件），或者我们的组织已经创建了它的标准，它可能不值得使用或迁移到项目布局。否则，可能值得考虑。让我们看一下这个布局，看看主目录是什么：

- /cmd——主源文件。foo 应用程序的 main.go 应该位于 /cmd/foo/main.go 中。
- /internal——我们不希望其他人为其应用程序或库导入的私有代码。
- /pkg——我们希望向他人公开的公共代码。
- /test——额外的外部测试和测试数据。Go 中的单元测试与源文件在同一个包中。但是，例如，公共 API 测试或集成测试应该位于 /test 中。
- /configs——配置文件。

- /docs——设计文档和用户文档。
- /examples——应用程序或者公共库的示例。
- /api——API 契约文件（Swagger、协议缓冲区等）。
- /web——特定于 Web 应用程序的资产（静态文件等）。
- /build——打包和持续集成（CI）文件。
- /scripts——用于分析、安装等的脚本。
- /vendor——应用程序依赖（例如，Go 模块依赖）。

Go 不像其他语言那样有 /src 目录。其原因是 /src 太通用；因此，这种布局更倾向于使用 /cmd、/internal 或 /pkg 等目录。

> **注意** 在 2021 年，Go 的核心维护者之一拉斯·考克斯（Russ Cox）批评了这种布局。尽管不是官方标准，但项目主要存在于 GitHub golang 标准组织之下。在任何情况下，我们必须记住，关于项目结构，没有强制性的约定。这篇文章可能对你有帮助，也可能没有，但重要的是，优柔寡断是唯一错误的决定。因此，在布局上达成一致，以保持组织中的内容一致，以便开发人员不会浪费时间从一个存储库切换到另一个存储库。

现在，我们讨论一下如何组织 Go 存储库的主要逻辑。

2.12.2 包组织

在 Go 中，没有子包的概念。但是，我们可以决定在子目录中组织包。如果我们看一下标准库，可以看到 net 目录是这样组织的：

```
/net
    /http
        client.go
        ...
    /smtp
        auth.go
        ...
    addrselect.go
    ...
```

net 既充当包，又充当包含其他包的目录。但是 net/http 不继承自 net，也没有对 net 包的特定访问权限。net/http 中的元素只能看到导出的 net 元素。子目录的主要好处是将包保存在具有高内聚性的地方。

关于整个代码组织，存在一些不同的看法。例如，我们应该按上下文还是按层组织应用程序？这取决于我们的喜好。我们可能倾向于对每个上下文（例如，消费者上下文、契约上下文等）中的代码进行分组，或者可能倾向于遵循六边形体系结构原则，并对每个技术层进行分组。如果我们所做的决定符合我们的用例，那么只要与它保持一致，就不可能是错误的决定。

关于包，我们应该遵循多种最佳实践。首先，我们应该避免过早地打包，因为这可能会使我们的项目过于复杂。有时，最好使用一个简单的组织，并让我们的项目在我们理解它所包含的内容时不断发展，而不是强迫自己预先做出完美的结构。

粒度是需要考虑的另一个基本问题。我们应该避免让几十个纳米包只包含一个或两个文件。如果这样做了，那可能是因为我们错过了这些包之间的一些逻辑连接，使读者更难理解我们的项目。相反，还应该避免巨大的包，因为它减弱了包名的含义。

对于包的命名也应该谨慎考虑。我们都知道（作为开发人员），命名非常困难。为了帮助客户理解一个 Go 项目，我们应该根据包所提供的内容来对其命名，而不是根据包所包含的内容。此外，名称应该是有意义的。因此，包名应该简短、有表现力，按照惯例，应该是一个小写单词。

关于导出什么，规则非常简单。我们应该尽可能减少应该导出的内容，以减少包之间的耦合，并隐藏不必要的导出元素。如果不确定是否导出一个元素，则默认不导出。之后，如果发现需要导出它，可以调整代码再对它进行导出。我们还应记住一些例外情况，例如，将字段导出，以便可以使用 encoding/json 对结构体进行解码。

组织一个项目并不简单，但遵循这些规则有助于组织进行维护。然而，记住一致性对于简化可维护性是至关重要的。因此，让我们确保在代码库中尽可能保持一致。

在下一节中，将讨论实用程序包。

2.13 #13：创建实用程序包

本节将讨论一个常见的不良实践：创建 utils、common 和 base 等共享包。我们将用一些方法检查问题，并学习如何改进我们的组织。

来看一个受官方 Go 博客启发的例子，它是关于实现数据结构的问题（一个值被忽略的 map）。在 Go 中进行实现的惯用方法是通过 map[K]struct{} 类型来处理它，K 可以是 map 中允许的任何作为键值的类型，而值是 struct{} 类型的。实际上，值类型为

struct{} 的 **map** 表示我们对值本身不感兴趣。让我们在 util 包中公开两个方法：

```
package util

func NewStringSet(...string) map[string]struct{} {   // 创建一个字符串集
   // ...
}

func SortStringSet(map[string]struct{}) []string {   // 返回已排序的键列表
   // ...
}
```

客户端将像下面这样使用这个包：

```
set := util.NewStringSet("c", "a", "b")
fmt.Println(util.SortStringSet(set))
```

这里的问题是，util 是没有意义的。我们可以称它为 common、shared 或 base，但它仍然是一个没有意义的名称，不能提供关于包能提供什么的任何见解。

我们不应该创建实用程序包，而应该创建一个有表现力的包名，例如 stringset。举个例子：

```
package stringset

func New(...string) map[string]struct{} { ... }
func Sort(map[string]struct{}) []string { ... }
```

在这个例子中，我们去掉了 NewStringSet 和 SortStringSet 的后缀，将它们分别变成了 New 和 Sort。在客户端，它现在看起来像这样：

```
set := stringset.New("c", "a", "b")
fmt.Println(stringset.Sort(set))
```

> **注意** 在 2.12.2 节中，我们讨论了纳米包的概念。我们提到了如果在一个应用程序中创建几十个纳米包，会使代码路径更加复杂。然而，纳米包的想法本身并不一定是坏的。如果一个小的代码组具有高内聚性，并且实际上不属于其他地方，则完全可以将其组织到特定的包中。没有一个严格的规则必须遵守，通常，挑战是找到正确的平衡。

我们甚至可以更进一步。可以不公开实用函数，而是创建一个特定的类型，并通过以下方式将 Sort 作为方法公开：

```
package stringset

type Set map[string]struct{}
func New(...string) Set { ... }
func (s Set) Sort() []string { ... }
```

此更改使客户端更加简单，只有一个对 stringset 包的引用：

```
set := stringset.New("c", "a", "b")
fmt.Println(set.Sort())
```

通过这个小的重构，我们去掉了一个毫无意义的包名，从而公开了一个具有表达性的 API。正如 Dave Cheney（Go 的一个项目成员）所提到的，我们经常可以找到处理公共因素的实用程序包。例如，如果我们有一个客户端包和一个服务器包，应该把常见类型放在哪里？在这种情况下，一种可能的解决方案是将客户端、服务器和公共代码合并到一个包中。

　　为包命名是应用程序设计的关键部分，我们也应该对此保持谨慎。根据经验，创建没有有意义的名称的共享包不是一个好主意；这包括实用程序包，如 utils、common 或 base。另外，请记住，根据包提供的内容而不是包包含的内容来命名包，这是一种提高其表现力的有效方法。

　　在下一节中，我们将讨论包和包冲突。

2.14   #14：忽略包名称冲突

　　当变量名与现有包名冲突时，就会发生包冲突，从而阻止包被重用。让我们看一个具体的例子，一个公开的 Redis 客户端的库：

```
package redis

type Client struct { ... }

func NewClient() *Client { ... }

func (c *Client) Get(key string) (string, error) { ... }
```

现在，让我们跳到客户端。尽管包名为 redis，但在 Go 中也可以创建一个名为 redis 的变量：

```
redis := redis.NewClient()    // 从 redis 包调用 NewClient
v, err := redis.Get("foo")    // 使用 redis 变量
```

这里，`redis` 变量名与 `redis` 包名冲突。即使这是允许的，也应该避免。实际上，在整个 `redis` 变量的范围内，`redis` 包将不可访问。

假设一个限定符通过一个函数同时引用一个变量和一个包名。在这种情况下，代码的阅读者可能不知道限定符指的是什么。有哪些选择可以避免这种冲突呢？第一个选项是使用不同的变量名。例如，

```
redisClient := redis.NewClient()
v, err := redisClient.Get("foo")
```

这可能是最直接的方法。但是，如果出于某种原因我们更喜欢保持名为 `redis` 的变量，那可以使用包导入。使用包导入时，可以使用别名来更改引用 `redis` 包的限定符。例如，

```
import redisapi "mylib/redis"   // 为 redis 包创建一个别名

// ...

redis := redisapi.NewClient()   // 通过 redisapi 别名访问 redis 包
v, err := redis.Get("foo")
```

在这里，我们使用 `redisapi` 导入别名来引用 `redis` 包，这样就可以保留变量名 `redis` 了。

> **注意**　还可以使用点符号导入来访问包的所有公共元素，而不使用包限定符。然而，这种方法往往会导致混乱，在大多数情况下应该避免。

还要注意，我们应该避免变量和内置函数之间的命名冲突。例如，可以这样做：

```
copy := copyFile(src, dst)   // 复制变量与复制内置函数冲突
```

在这种情况下，只要 `copy` 变量存在，就不能访问 `copy` 内置函数。总之，应该防止变量名冲突，以避免歧义。如果遇到冲突，应该找到另一个有意义的名称，或者使用导入别名。

在下一节中，我们将看到一个与代码文档相关的常见错误。

2.15　#15：缺少代码文档

文档是编码的一个重要方面。它简化了客户端使用 API 的方式，也有助于维护项目。在 Go 中，我们应该遵循一些规则来使代码具有惯用性。让我们来研究一下这些规则。

首先，必须记录每个导出的元素。无论它是一个结构体、一个接口、一个函数还是其他

什么，如果它被导出，它都必须被记录。惯例是添加注释，从导出元素的名称开始。如下所示：

```
// Customer 实现一个消费者
type Customer struct{}

// ID 返回的是消费者的标识符
func (c Customer) ID() string { return "" }
```

按照惯例，每个评论都应该是一个完整的句子。还要记住，当我们记录一个函数（或一个方法）时，应该强调函数要做什么，而不是它如何做；这属于函数和注释的核心，而不是文档。此外，在理想情况下，文档应该提供足够的信息，让使用者不必查看代码就能理解如何使用导出的元素。

弃用元素

可以使用// Deprecated:注释来弃用导出的元素：

```
// ComputePath 返回两点之间最快的路径
// 弃用：该函数使用已弃用的方法来计算最快路径
// 使用 ComputeFastestPath 代替
func ComputePath() {}
```

然后，如果开发人员使用 ComputePath 函数，他们应该得到一个警告。（大多数 IDE 能处理已弃用的注释。）

当记录变量或常量时，我们可能感兴趣的是两个方面的信息：目的和内容。前者应该作为代码文档存在，以便对外部客户端有用。后者不一定是公开的。例如，

```
// DefaultPermission 是存储引擎使用的默认权限
const DefaultPermission = 0o644 // 需要读和写访问
```

此常量表示默认权限。代码文档传达了它的目的，而常量旁边的注释描述了它的实际内容（读和写访问）。

为了帮助客户和维护人员理解包的范围，我们还应该记录每个包。约定以// Package 开头，后面跟着包名：

```
// math 包提供基本的常量和数学函数
// 这个包不保证跨体系结构的位相同的结果
```

```
package math
```

　　包注释的第一行应该是简洁的。这是因为，它将出现在包中（图 2.11 提供了一个示例）。然后，可以在下面的行中提供所有我们需要的信息。

Name	Synopsis
archive	
tar	Package tar implements access to tar archives.
zip	Package zip provides support for reading and writing ZIP archives.
bufio	Package bufio implements buffered I/O. It wraps an io.Reader or io.Writer object, creating another object (Reader or Writer) that also implements the interface but provides buffering and some help for textual I/O.
builtin	Package builtin provides documentation for Go's predeclared identifiers.
bytes	Package bytes implements functions for the manipulation of byte slices.

图 2.11　生成的 Go 标准库的一个示例

　　可以在任何 Go 文件中记录一个包；没有规则。通常，我们应该将包文档放在与包同名的相关文件中，或者放在特定的文件中，例如 doc.go。

　　关于包文档，最后要提到的一点是，它省略了与声明不相邻的注释。例如，以下版权注释将在生成的文档中不可见：

```
// Copyright 2009 The Go Authors. All rights reserved.
// Use of this source code is governed by a BSD-style
// license that can be found in the LICENSE file.
// Package math provides basic constants and mathematical functions.
//             // 空行。前面的注释将不被包括在文档中
// This package does not guarantee bit-identical results
// across architectures.
package math
```

　　总之，应该记住，每个导出的元素都需要有文档记录。记录代码不应成为一个约束。我们应该抓住这个机会，确保它能帮助客户和维护人员理解代码。

　　最后，在本章的最后一节中，我们将看到一个关于工具的常见错误：不使用代码检查工具。

2.16　#16：不使用代码检查工具

　　linter 是分析代码和捕获错误的自动化工具。本节的讨论范围并不是给出一个现有辅助工具的详尽列表；因为它可能很快就会被弃用。但我们应该理解并记住，为什么代码检查工具对于大多数 Go 项目是必不可少的。

　　为了理解为什么代码检查工具很重要，让我们举一个具体的例子。在错误#1 中，我们讨

论了与变量隐藏相关的潜在错误。使用 vet（来自 Go 工具集的标准代码检查工具）和 shadow，可以检测隐藏变量：

```
package main

import "fmt"

func main() {
    i := 0
    if true {
        i := 1    // 隐藏变量
        fmt.Println(i)
    }
    fmt.Println(i)
}
```

因为 vet 被包含在 Go 二进制文件中，所以我们先安装 shadow，将其与 Go vet 链接起来，然后在前面的例子中运行它：

```
$ go install \
    golang.org/x/tools/go/analysis/passes/shadow/cmd/shadow  // 安装 shadow
$ go vet -vettool=$(which shadow)    // 链接到使用 vettool 参数的 Go vet
./main.go:8:3:
    declaration of "i" shadows declaration at line 6  // Go vet 检查隐藏变量
```

正如我们所看到的，vet 告诉我们变量 i 在这个例子中被隐藏了。使用适当的代码检查工具可以使代码更健壮，并可检测潜在的错误。

> **注意** 书中并没有将错误全部罗列出来。因此，建议你继续阅读。

本节的目标不是列出所有可用的辅助工具。然而，如果你不是一个经常使用代码检查工具的人，这里有一个你可能想每天使用的列表，参见链接 13。

除了代码检查工具，我们还应该使用代码格式化工具来修复代码样式。链接 14 所示的是一些代码格式化器的列表，供尝试。

同时，我们还应该看看 golangci-lint（参见链接 15）。它是一个检查工具，在许多有用的检查工具和格式化工具之上提供了一个可视化界面。此外，它还允许运行并行代码检查工具以提高分析速度，这非常方便。

代码检查工具和格式化工具是提高代码库质量和一致性的强大助手。让我们花点时间来了解我们应该使用哪一个，并确保能自动化地执行它们（例如 CI 或 Git 预提交钩子）。

总结

- 避免使用隐藏变量可以帮助防止引用错误的变量或混淆读者。

- 避免多级嵌套和保持将正确路径左对齐可使构建思维代码模型更容易。

- 初始化变量时，请记住 init 函数中错误处理是有限的，并使状态处理和测试更加复杂。在大多数情况下，初始化应该作为使用特定的函数来处理。

- 强制使用 getter 和 setter 在 Go 中不是惯用的。要做到务实，应在效率和盲从某些惯用法之间找到平衡。

- 应该发现抽象，而不是创建抽象。为了避免不必要的复杂性，在需要时创建接口，而不是在预期需要时，或者至少在可以证明抽象是有效的时候创建接口。

- 将接口保留在客户端，可以避免不必要的抽象。

- 为了防止在灵活性方面受到限制，函数在大多数情况下不应该返回接口，而应该返回具体实现。相反，一个函数应该尽可能接收接口。

- 只有在需要接收或返回任何可能的类型时才使用 any，例如 json.Marshal。否则，any 不能提供有意义的信息，并且它允许调用者调用具有任何数据类型的方法，这可能导致编译时问题。

- 依赖泛型和类型参数可以防止编写样板代码来分解元素或行为。但是，不要过早地使用类型参数，只有在看到具体需要时才使用。否则，它们会引入不必要的抽象和复杂性。

- 使用类型嵌入也可以帮助避免样板代码；但是，要确保这样做不会导致一些本该隐藏的字段变为可见的问题。

- 要以 API 友好的方式方便地处理选项，请使用函数式选项模式。

- 遵循项目布局是开始构建 Go 项目的好方法，特别是如果你希望标准化地生成一个新项目。

- 命名是应用程序设计的关键部分。创建 common、util 和 shared 等包不会给读者带来太多价值。应为这些包重建有意义的和特定的包名。

- 为了避免变量和包之间的命名冲突，导致混淆甚至错误，请为每个变量和包使用唯一的名称。如果不可行，则使用导入别名更改限定符，以将包名与变量名区分开来，或者考虑一个更好的名称。

- 为了帮助客户和维护人员理解代码的用途，请记录导出的元素。

- 为了提高代码质量和一致性，请使用代码检查工具和格式化工具。

数据类型

3

本章涵盖：

- 与基本类型相关的常见错误
- 了解切片和 map 的基本概念，以防止出现可能的错误、泄漏，
  或者不确定性
- 值的比较

处理数据类型对软件工程师来说是一项非常频繁的操作。本章将深入研究与基本类型、切片和 map 相关的常见错误。字符串类型不在本章的讨论范围之内，后续会有专门的章节来探讨它。

3.1　#17：使用八进制字面量会带来混淆

首先看一个常见的八进制表示法带来误解的示例，在这个例子里会带来混淆甚至错误。你认为以下代码会输出什么？

```
sum := 100 + 010
fmt.Println(sum)
```

乍一看，我们可能预期此代码打印 100 + 10 = 110 的结果。但是它打出了 108，这是怎么回事呢？

在 Go 中，以 0 开头的整数字面量被视为八进制整数，因此 10 在八进制中等于十进

制中的 8。因此，在前面的例子中为 100 + 8 = 108。这是需要我们牢记于心的整数字面量的一个重要特性。

八进制整数在不同的场景中是很有用的。例如，假设我们想使用 os.OpenFile 打开一个文件。此函数要求传入一个 uint32 类型的数字作为权限，我们可以传入一个八进制的数字而不是一个十进制的数字：

```
file, err := os.OpenFile("foo", os.O_RDONLY, 0644)
```

在本例中，0644 表示特定的 Linux 权限（对所有用户都是读取权限，仅对当前用户有写入权限）。也可以在零后面添加 o 字符（小写字母 o）：

```
file, err := os.OpenFile("foo", os.O_RDONLY, 0o644)
```

使用 0o 与使用 0 作为前缀表示相同的意思。但使用 0o 可以使代码更清晰。

> **注意**　也可以使用大写 O 代替小写 o。但是传递 OO644 可能会产生混淆，因为根据字符字体，0 看起来与大写字母 O 非常类似。

我们还应注意其他整数字面量的表述：

- 二进制使用 0b 或 0B 前缀（例如，0b100 等于十进制数 4）。
- 十六进制使用 0x 或 0X 前缀（例如，0xF 等于十进制数 15）。
- 虚数使用 i 后缀（例如，3i）。

最后，还可以使用下画线字符（_）作为分隔符来提升可读性。例如，可以这样写 10 亿：1_000_000_000。还可以将下画线字符与其他表示一起使用（例如，0b00_00_01）。

总之，Go 可以处理二进制数、十六进制数、虚数和八进制数。八进制数以 0 开头。然而，从为将来的代码阅读者提高可读性和避免潜在错误的角度出发，请使用 0o 前缀明确表示八进制数字。

在下一节中我们将深入研究如何在 Go 中处理整数的溢出问题。

3.2 #18：容易忽视的整数溢出

如果不了解在 Go 中如何处理整数溢出问题，可能会导致非常严重的错误。本节将深入探讨这个主题。但是首先，我们需要记住一些与整数有关的概念。

3.2.1 概念

Go 总共提供了 10 种整数类型。有 4 种有符号整数类型和 4 种无符号整数类型，具体如下表所示。

有符号整数	无符号整数
int8 (8 位)	uint8 (8 位)
int16 (16 位)	uint16 (16 位)
int32 (32 位)	uint32 (32 位)
int64 (64 位)	uint64 (64 位)

其他两种整数类型是最常用的：int 和 uint。这两种类型的大小取决于操作系统：在 32 位系统中大小为 32 位，在 64 位系统中大小为 64 位。

现在我们讨论溢出问题。假设我们将一个 int32 类型的整数初始化为其最大值，然后将其递增。下面代码的行为应该是什么？

```
var counter int32 = math.MaxInt32
counter++
fmt.Printf("counter=%d\n", counter)
```

此段代码可编译，并且在运行时不会挂掉。但是，counter++ 语句会造成整数的溢出：

```
counter=-2147483648
```

当算术运算所得到的值超出其字节码所表示的范围时，会发生整数溢出。一个 int32 类型的整数用 32 位表示，以下是一个 int32 类型的整数的最大值（math.MaxInt32）的二进制表示形式：

```
01111111111111111111111111111111
|------31 位置为 1-------|
```

由于 int32 是有符号整数，所以最左边的位表示整数的符号：0 表示正，1 表示负。如果我们递增这个整数，就没有空间来表示新值了。因此，这会导致整数溢出。在二进制表示中，以下为它的新值：

```
10000000000000000000000000000000
|------31 位置为 0-------|
```

正如我们所看到的，在二进制中，符号位等于 1，表示负。这个值可能是一个 32 位有符号整数的最小值。

注意　最小负值可能并不是 11111111111111111111111111111111。事实上，大多数系统都依赖于补码运算来表示二进制数（反转每一个位并加 1）。此操作的主要目的是让 x +（−x）等于 0，而不用考虑 x 的具体值。

在 Go 中，在编译时检测到的整数溢出会产生编译错误。例如，

```
var counter int32 = math.MaxInt32 + 1
constant 2147483648 overflows int32
```

然而，在运行时，整数上溢或下溢都是静默的；这都不会导致应用程序的 panic。牢牢记住这种特性是非常重要的，因为它可能会导致潜在的错误（例如，整数增量或正整数相加会导致负结果）。

在深入研究如何使用常见操作检测整数溢出之前，让我们考虑一下什么时候应该关注这个问题。在大多数情况下，像处理请求计数或基本的加法/乘法运算时，如果我们使用正确的整数类型，不必太担心。但在某些情况下，例如使用较小整数类型的内存受限项目、处理较大数字或进行转换操作时，就需要检查可能发生的溢出了。

注意　1996 年，Ariane 5 发射失败，原因就是将 64 位浮点转换为 16 位有符号整数时发生了溢出（参见链接 16）。

3.2.2　在递增操作时检测整数溢出

如果我们想在基于已定义大小的类型（int8、int16、int32、int64、uint8、uint16、uint32 或 uint64）的整数的增量操作期间检测整数溢出，可以使用 math 常量检查该值。例如，对于 int32 类型的整数：

```
func Inc32(counter int32) int32 {
    if counter == math.MaxInt32 { **1**      //与 math.MaxInt32 比较

        panic("int32 overflow")
    }
    return counter + 1
}
```

此函数通过检查输入是否等于 math.MaxInt32 来判断。在这个例子中，我们就可以判断增量计算是否会导致溢出。

那么对于 int 和 uint 类型的整数呢？在 Go 1.17 之前，我们必须手动构建这些常

量。但是现在，math 包中已经提供了 math.MaxInt、math.MinInt 和 math.MaxUint。
如果我们要测试 int 类型的溢出情况，可以使用 math.MaxInt：

```go
func IncInt(counter int) int {
    if counter == math.MaxInt {
        panic("int overflow")
    }
    return counter + 1
}
```

判断 uint 溢出的逻辑也是一样的，可以使用 math.MaxUint：

```go
func IncUint(counter uint) uint {
    if counter == math.MaxUint {
        panic("uint overflow")
    }
    return counter + 1
}
```

在本节中，我们学习了如何在增量操作后检查整数溢出情况。接下来可以看一下加法操作。

3.2.3　在加法操作中检测整数溢出

如何在加法操作过程中检测整数溢出呢？答案依然是使用 math.MaxInt：

```go
func AddInt(a, b int) int {
    if a > math.MaxInt-b { // 检查是否会发生整数溢出
        panic("int overflow")
    }
    return a + b
}
```

在本例中，a 和 b 是两个操作数。如果 a 大于 math.MaxInt - b，该操作将导致整数
溢出。现在，让我们看一下乘法运算。

3.2.4　在乘法操作中检测整数溢出

乘法操作处理起来有点儿复杂。我们需要使用最小整数 math.MinInt 来执行检查：

```go
func MultiplyInt(a, b int) int {
    if a == 0 || b == 0 {   // 如果其中一个操作数等于 0，则直接返回 0
        return 0
    }
```

```
result := a * b
if a == 1 || b == 1 { // 检查其中一个操作数是否等于 1
    return result
}
 // 检查其中一个操作数是否等于 math.MinInt
if a == math.MinInt || b == math.MinInt {
    panic("integer overflow")
}
if result/b != a {  // 检查乘法操作是否会导致整数溢出
    panic("integer overflow")
}
return result
}
```

对乘法操作检查整数溢出需要多个步骤。首先，需要测试其中一个操作数是否等于 0、1 或 math.MinInt。然后将乘法结果除以 b。如果结果不等于原始因子（a），则表示发生了整数溢出。

总之，整数溢出（或者下溢）是 Go 中的静默操作。如果我们想检查溢出以避免潜在错误，可以使用本节中描述的实用程序函数。还要记住，Go 提供了一个处理大数字的包：math/big。如果 int 不够用，使用这个包可能会是一个选择。

在下一节中，我们将继续讨论 Go 基本类型中的浮点类型。

3.3　#19：不了解浮点数

在 Go 中，有两种浮点类型（如果省略虚数的话）：float32 和 float64。浮点数是解决整数不能表示小数的问题而出现的。为了避免意外，我们需要知道，浮点运算的结果是实际计算结果的近似值。让我们看看使用近似值的影响，以及如何提高精度。为此，来看一个乘法示例：

```
var n float32 = 1.0001
fmt.Println(n * n)
```

我们可能期望此代码打印的结果为 1.0001 * 1.0001 = 1.00020001，对吗？然而，在大多数 x86 处理器上运行它会打印 1.0002。想要解释这个问题，需要先了解浮点运算。

以 float64 类型为例。请注意，在 math.SmallestNonzeroFloat64（float64 的最小值）和 math.MaxFloat64（float64 的最大值）之间存在着无穷多的数字。而 float64 类型具有有限的位数：64 位。因为让有限的空间来表示无限的值是不可能的，所以我们必须使用近似值。因此，可能会失去精度。float32 类型也是同样的逻辑。

　　Go 中的浮点数遵循 IEEE-754 标准，一些位表示尾数，其他位表示指数。尾数是基值，而指数是应用于尾数的乘数。在单精度浮点类型（float32）中，8 位表示指数，23 位表示尾数。在双精度浮点类型（float64）中，指数和尾数的值分别为 11 位和 52 位。剩余的位用于表示符号。要将浮点数转换为十进制数，我们使用以下计算方法：

```
sign * 2^exponent * mantissa
```

图 3.1 展示了一个 float32 类型的 1.0001 的二进制码。指数部分使用 8 位来标记：指数值 01111111 表示 2^0，尾数等于 1.000100016593933（这个数字是怎么来的这里不进行解释）。因此，十进制值等于 $1 \times 2^0 \times 1.000100016593933$。所以，我们存储在单精度浮点值中的不是 1.0001，而是 1.000100016593933。精度不足会影响存储值的准确性。

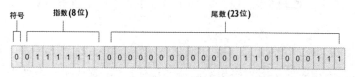

图 3.1　float32 类型的 1.0001

我们理解了 float32 和 float64 是近似值，那么对于开发人员来说，意味着什么呢？首先影响的是比较操作。使用 == 运算符比较两个浮点数可能会导致不准确。我们应该比较它们的差异，看看差异是否小于一个小的误差值。例如，测试库 testify（参见链接 17）中有一个 InDelta 函数用来断言两个值的差在给定的误差值内。

　　还要记住，浮点数计算的结果取决于实际的处理器。大多数处理器都有一个浮点单元（FPU）来处理这种计算。不能保证在一台机器上执行的结果在另一台具有不同 FPU 的机器上相同。使用误差值比较两个值可能是跨不同机器实现有效测试的解决方案。

浮点数的种类

　　在 Go 中还有三种特殊的浮点数：

- 正无穷大

- 负无穷大

- NaN（非数字），表示一个未定义或者不可表示的结果

根据 IEEE-754，NaN 是唯一满足 f != f 的浮点数。下面是一个构建这些特殊类型

数字的示例，以及输出：

```
var a float64
positiveInf := 1 / a
negativeInf := -1 / a
nan := a / a
fmt.Println(positiveInf, negativeInf, nan)

+Inf -Inf NaN
```

我们可以使用 `math.IsInf` 检查浮点数是否为无穷大，使用 `math.IsNaN` 检查它是否为 NaN。

到目前为止，我们已经看到，十进制数到浮点数的转换可能导致精度的损失。这是由于转换导致的错误。还要注意，错误可能在一系列浮点运算中不断累积。

让我们看一个示例，其中有两个函数以不同的顺序执行相同的操作序列。在我们的示例中，f1 首先将 `float64` 初始化为 10 000，然后重复将 1.0001 加到这个结果上 n 次。f2 执行相同的操作，但顺序相反（最后加 10 000）：

```
func f1(n int) float64 {
    result := 10_000.
    for i := 0; i < n; i++ {
        result += 1.0001
    }
    return result
}

func f2(n int) float64 {
    result := 0.
    for i := 0; i < n; i++ {
        result += 1.0001
    }
    return result + 10_000.
}
```

现在，让我们在 x86 处理器上运行这些函数。我们将调整 n 的大小。

n	预期结果	f1	f2
10	10010.001	10010.000999999993	10010.001
1000	11000.1	11000.099999999293	11000.099999999982
10^6	1.0101e+06	1.0100999999761417e+06	1.0100999999766762e+06

注意，n 越大，越不精准。然而我们也可以看到，f2 的精度比 f1 好。请记住，浮点计算的顺序会影响结果的精度。

当执行一系列加法和减法运算时，我们应该对不相近的数进行分组，分别对具有相似数量级的值进行加或减。因为 f2 是在最后加上 10 000 的，所以最终它产生的结果比 f1 更精确。

对于乘法和除法呢？假设我们想计算以下内容：

```
a × (b + c)
```

众所周知，这个计算等于

```
a × b + a × c
```

运行这两个计算，其中 a 的数量级与 b 和 c 的数量级不同：

```
a := 100000.001
b := 1.0001
c := 1.0002
fmt.Println(a * (b + c))
fmt.Println(a*b + a*c)

200030.00200030004
200030.0020003
```

准确的结果为 200 030.002。可见，第一次计算的精度最差。事实上，当执行涉及加法、减法、乘法或除法的浮点数计算时，应先完成乘法和除法运算，以获得更好的精度。有时，这会影响执行时间（在前面的示例中，它需要三个操作而不是两个）。在这种情况下，需要在准确性和执行时间之间做出选择。

Go 中的 float32 和 float64 类型的数是近似值。因此，我们必须牢记几条规则：

- 当比较两个浮点数时，请检查它们的差是否在预期的范围内。
- 当执行加法或减法运算时，为了获得更好的精度，可以将操作数按照相似的数量级进行分组并计算。
- 如果运算包含加法、减法、乘法或除法等一系列操作，为了提高准确性，请先执行乘法和除法运算。

接下来的一节我们将开始审视与切片相关的问题。主要讨论两个关键概念：切片的长度和容量。

3.4　#20：不了解切片的长度和容量

对于 Go 开发人员来说，将切片长度和容量混为一谈或完全不理解它们是很常见的。透彻理解这两个概念对于有效处理切片的核心操作至关重要（如切片初始化、使用 append 添加元素、复制或切割等）。这种误解可能会导致使用切片的效果不够理想，甚至导致内存泄漏（我们将在后面的章节中看到）。

在 Go 中，一个切片的底层是由数组来实现的。这意味着切片的数据被连续存储在数组数据结构中。当添加元素时，切片还需要处理一些额外的逻辑，如，在数组已满或者数组非常空闲的时候缩小数组。

在内部，一个切片包含一个指向数组的指针，加上一个长度和一个容量。长度是指切片包含的元素数，而容量是指数组中可容纳的元素数。让我们通过几个例子来了解这两个概念。首先，初始化一个具有给定长度和容量的切片：

```
s := make([]int, 3, 6)        //长度为 3、容量为 6 的切片
```

第一个参数表示长度，是必需的。但是，第二个表示容量的参数是可选的。图 3.2 显示了此代码在内存中的结果。

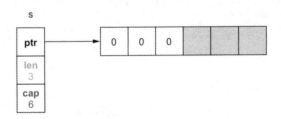

图 3.2　一个长度为 3 、容量为 6 的切片

在这种情况下，make 命令创建了一个由 6 个元素组成的数组（容量）。但由于长度被设置为 3，所以 Go 只初始化了前 3 个元素。此外，由于切片是[]int 类型的，前 3 个元素被初始化为零值 int:0。灰色元素被分配但尚未使用。

如果我们打印这个切片，会得到长度范围内的元素：[0 0 0]。如果将 s[1] 设置为 1，切片的第二个元素将被更新，但不会影响其长度或容量。图 3.3 对此进行了说明。

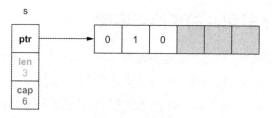

图 3.3　更新切片的第二个元素：s[1] = 1

然而，访问长度范围之外的元素是被禁止的，即使它已经在内存中被分配了。例如，设置 s[4]=0 将导致以下的 panic：

```
panic: runtime error: index out of range [4] with length 3
```

我们如何使用切片的剩余空间呢？答案是，通过使用内置函数 append：

```
s = append(s, 2)
```

此代码将向现有的 s 切片追加一个新元素。它使用第一个灰色元素（已分配但尚未使用）来存储元素 2，如图 3.4 所示。

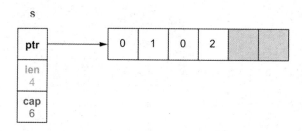

图 3.4　追加一个元素到 s

因为切片现在包含 4 个元素，所以切片的长度会从 3 更新为 4。现在，如果我们再添加 4 个元素，使得底层的数组不够大，会发生什么？

```
s = append(s, 3, 4, 5)
fmt.Println(s)
```

如果运行此段代码，我们会看到切片能够处理我们的请求：

```
[0 1 0 2 3 4 5]
```

因为数组是一个固定大小的结构，所以元素 4 和它之前的新元素都可以被存下。当想插入元素 5 时，数组已经满了：Go 将在内部创建另一个数组，方法是将容量加倍，复制所有原始数组中的元素，然后插入元素 5。图 3.5 显示了这个过程。

图 3.5 由于原始的数组已满，Go 将创建另一个数组并复制所有元素

注意 在 Go 中，当一个切片包含小于或等于 1024 个元素时，它会每次按一倍的容量增加，当超过 1024 个元素后，会按 25% 的容量增长。

当切片引用了新的数组以后，那原始数组会发生什么变化呢？如果一个元素在堆上被分配，当它不再被引用时，会被垃圾收集器（GC）释放。（我们将在错误#95 中讨论堆内存，并在错误#99 中讨论 GC 如何工作。）

当执行切割操作的时候会发生什么呢？切割操作是对数组或切片执行的操作，支持传入一个半开区间：包含第一个索引，不包含第二个索引。通过以下示例可以看到切割效果，图 3.6 显示了在内存中的结果：

```
s1 := make([]int, 3, 6) // 长度为 3、容量为 6 的切片
s2 := s1[1:3] [2]  // 从 1 到 3 进行切割
```

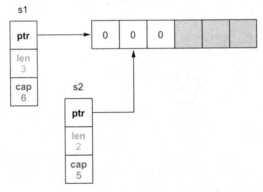

图 3.6 切片 s1 和 s2 引用同一个底层的数组，有不同的长度和容量

首先，s1 被创建为长度 3、容量 6 的切片。当通过切割 s1 创建 s2 时，两个切片都引用同一个底层的数组。然而，s2 使用一个与 s1 不同的索引，1，作为起始索引。因此，它的长度和容量（长度 2，容量 5）与 s1 不同。如果我们更新 s1[1] 或 s2[0]，则会对同

一个底层数组进行更改，因此更新的元素在两个切片中都可见，如图 3.7 所示。

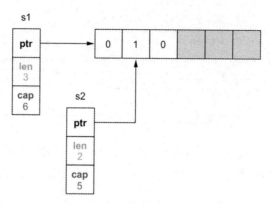

图 3.7　因为 s1 和 s2 使用的是同一个底层的数组，更新公共的元素后，在两个切片中都可见

　　现在，如果我们将一个元素追加到 s2，会发生什么？下面的代码是否也更改了 s1？

```
s2 = append(s2, 2)
```

共享的底层数组被修改了，但只有 s2 的长度发生了变化。图 3.8 显示了将元素附加到 s2 的结果。

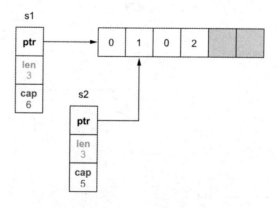

图 3.8　追加一个元素到 s2

　　s1 仍然是一个长度为 3、容量为 6 的切片。因此，如果打印 s1 和 s2，则添加的元素仅对 s2 可见：

```
s1=[0 1 0], s2=[1 0 2]
```

搞清楚这个特性很重要，这样我们在使用 append 操作时就不会做出错误的预期。

　　注意　在这些示例中，数组是内部的，Go 开发人员无法直接使用。唯一的例外是，通过使用现有数组进行切割操作来创建切片。

　　最后要注意的一件事是：如果我们一直将元素添加到 s2，直到把底层数组填满会发生什么呢？从内存的角度来看，它的状态会是什么样的？让我们再添加 3 个元素，这样底层数组就没有足够的容量了：

```
s2 = append(s2, 3)
s2 = append(s2, 4)
s2 = append(s2, 5)  // 在当前状态下，底层数组已经满了
```

执行此段代码导会创建另一个底层数组。图 3.9 显示了内存中的状况。

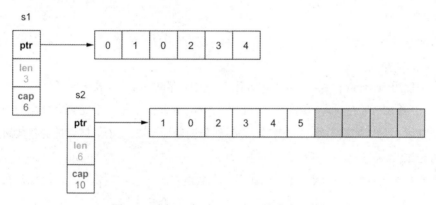

图 3.9　追加元素到 s2 直到填满底层数组

s1 和 s2 现在引用两个不同的底层数组。由于 s1 仍然是一个长度为 3、容量为 6 的切片，它仍然有一些空间可用，因此它继续引用初始的那个数组。此外，s2 的新的底层数组是通过从初始的底层数组的索引 1 开始复制而来的。这就是为什么新数组以元素 1 开始，而不是 0。

　　总之，切片长度是切片中可用元素的数量，而切片容量是底层数组中元素的数量。将一个元素添加到一个满了的切片（长度==容量）中会创建一个具有新容量的新的底层数组，并且将前一个数组中的所有元素复制到新数组，同时更新切片的指针以指向新的数组。

　　在下一节中，我们将用长度和容量的概念来讨论切片初始化问题。

3.5 #21：低效的切片初始化

在使用 make 初始化切片时，参数长度是必选的，容量是可选的。没有给这两个参数传入合理的值是一个非常普遍的错误。让我们看一下如何评估这两个参数的合理性。

假设我们想实现一个 convert 函数，将切片 Foo 中的值全部映射到切片 Bar 中，之后两个切片将具有相同数量的元素。以下为第一个实现：

```
func convert(foos []Foo) []Bar {
    bars := make([]Bar, 0)    // 创建用于保存最终结果的切片
    for _, foo := range foos {
        // 把 Foo 转换成 Bar，并把它添加到切片中
        bars = append(bars, fooToBar(foo))

    }
    return bars
}
```

首先，我们使用 make([]Bar, 0) 初始化一个用于存储 Bar 元素的空的切片。然后，使用 append 添加 Bar 元素。起初，bars 是空的，因此添加第一个元素会分配一个大小为 1 的底层数组。每当底层数组被充满时，Go 都会创建一个 2 倍于当前容量的新数组（在上一节中讨论过）。

如果切片的当前数组已满，那么创建另一个数组的逻辑会被重复多次，比如，在我们添加第 3 个元素、第 5 个元素、第 9 个元素时等。假设输入切片有 1000 个元素，该算法需要分配 10 个底层数组，并将 1000 多个元素从一个数组复制到另一个。这导致 GC 需要付出很多额外的工作来清理所有这些临时的底层数组。

就性能而言，我们必须帮助 Go 运行时解决这个问题。有两种不同的选择。第一种选择是：还是使用与上面类似的代码，但分配一个具有给定容量的切片：

```
func convert(foos []Foo) []Bar {
    n := len(foos)
    bars := make([]Bar, 0, n)    //初始化切片时选择长度 0，并指定一个具体的容量

    for _, foo := range foos {
        bars = append(bars, fooToBar(foo))              // 更新 bars，填充一个新的元素
    }
    return bars
}
```

唯一的变化是在创建 bars 时指定了一个与 foos 长度相同的容量 n。

在内部，Go 预先分配了一个由 n 个元素组成的数组。因此，添加 n 个元素都会使用同一个底层数组，从而大幅减少分配数组的数量。第二种选择是在创建 bars 的时候给定长度：

```go
func convert(foos []Foo) []Bar {
    n := len(foos)
    bars := make([]Bar, n)          // 初始化时给定长度

    for i, foo := range foos {
        bars[i] = fooToBar(foo)     // 设定切片中第 i 个元素的值
    }
    return bars
}
```

因为我们用长度初始化切片，所以已经分配了 n 个元素并将其初始化为 Bar 的零值。因此，要设置元素的值，我们必须使用 bars[i] 而不是 append。

哪种选择更好？让我们用这三种方案分别输入 100 万个元素来做一下测试：

```
BenchmarkConvert_EmptySlice-4 22 49739882 ns/op          // 使用空切片
// 使用指定容量的切片，然后用 append 添加元素
BenchmarkConvert_GivenCapacity-4 86 13438544 ns/op
// 使用指定长度的切片，然后用 bars[i] 赋值
BenchmarkConvert_GivenLength-4 91 12800411 ns/op
```

正如我们所看到的，第一个方案在性能方面与其他两个方案的差距是非常大的。由于我们不停地分配数组和复制元素，导致第一个测试比其他两个多用了将近 3 倍的时间。比较第二种和第三种方案，第三种大约比第二种快 4%，因为它避免了对内置 append 函数的重复调用，相对来说直接赋值的开销要小一些。

如果设置容量并使用 append，那将比设置长度并分配给直接索引的方法效率低，为什么我们会在 Go 项目中使用这种方法呢？让我们看一个 Pebble 中的具体例子，Pebble 是一个由 Cockroach Labs 开发的开源 key-value 存储库（参见链接 18）。

一个名为 collectAllUserKeys 的函数需要迭代一个固定数据结构体的切片，并将其格式化为特定的字节切片。生成的切片将是输入切片长度的两倍：

```go
func collectAllUserKeys(cmp Compare,
    tombstones []tombstoneWithLevel) [][]byte {
    keys := make([][]byte, 0, len(tombstones)*2)
```

```
    for _, t := range tombstones {
        keys = append(keys, t.Start.UserKey)
        keys = append(keys, t.End)
    }
    // ...
}
```

这里选择使用指定容量然后 append 的方案的原因是什么？如果我们使用给定长度的方案，代码如下：

```
func collectAllUserKeys(cmp Compare,
    tombstones []tombstoneWithLevel) [][]byte {
    keys := make([][]byte, len(tombstones)*2)
    for i, t := range tombstones {
        keys[i*2] = t.Start.UserKey
        keys[i*2+1] = t.End
    }
    // ...
}
```

值得注意的是，处理切片的索引会让代码看起来非常复杂，而这个函数对性能其实并不是很敏感，所以选择了更加易读的方案。

切片和条件

如果切片未来的长度并不能被很准确地预测，该怎么办？例如，如果切片最终的长度取决于一些条件，该怎么办呢？

```
func convert(foos []Foo) []Bar {
    // 初始化 bars
    for _, foo := range foos {
        if something(foo) {  //仅当特定的条件有效时才添加一个 Foo 元素
            // 添加一个 bar 元素
        }
    }
    return bars
}
```

在本例中，仅在特定条件（if something(foo)）下才将 Foo 元素转换为 Bar 并添加到切片中。我们应该将 bars 初始化为空切片还是具有给定长度或容量的切片呢？

这里没有严格的规定。这是一个传统的软件问题：CPU 和内存哪个更值得购买？如果在 99% 的情况下 something(foo) 都是 true 的话，那么给定长度或容量来初始化 bars 是值得的。具体如何决策，要取决于我们的用例。

将一种切片类型转换为另一种类型是 Go 开发人员经常用到的操作。正如我们所看到的，如果能够知道未来切片的长度，那么一开始就没有必要分配一个空的切片。我们应该分配一个具有给定容量或给定长度的切片。在这两种方案中，我们发现第二种方案的速度稍快。但在某些场景中，使用给定的容量然后 append 会使代码更容易实现且更易读。

下一节我们将讨论 nil 和空切片之间的区别，以及为什么搞懂它对 Go 开发者来说很重要。

3.6　#22：对 nil 和空切片的困惑

Go 开发人员经常性地将 nil 和空切片搞混。在不同的场景下，我们可能希望使用它们中的一个而不是另一个，使用一些库可以将两者区分开来。要精通切片，需要确保不混淆这两个概念。在看具体的例子之前，我们先讨论一些定义：

- 如果切片长度等于 0，则切片为空。
- 如果切片长度等于 nil，则切片为 nil。

现在，让我们看看初始化切片的不同方法。你能猜出下面代码的输出吗？每次打印的切片是空还是 nil：

```
func main() {
    var s []string // 选项 1（一个 0 值）
    log(1, s)
    s = []string(nil) // 选项 2
    log(2, s)
    s = []string{} // 选项 3
    log(3, s)
    s = make([]string, 0) // 选项 4
    log(4, s)
}

func log(i int, s []string) {
    fmt.Printf("%d: empty=%t\tnil=%t\n", i, len(s) == 0, s == nil)
}
```

这个例子的输出如下：

```
1: empty=true nil=true
2: empty=true nil=true
3: empty=true nil=false
4: empty=true nil=false
```

所有切片都是空的，这意味着切片长度等于 0。因此，nil 切片也是空切片。然而，只有前两个是 nil 切片。如果我们有多种选项来初始化一个切片，应该选择哪个呢？有两件事需要注意：

- nil 和空切片之间的主要区别之一是资源分配。初始化 nil 切片不需要任何资源分配，而空切片则需要。
- 无论切片是否为 nil，调用 append 内置函数都能正常工作。例如：

```
var s1 []string
fmt.Println(append(s1, "foo")) // [foo]
```

因此，如果一个函数返回一个切片，我们大可不必像其他语言那样，出于防御原因返回一个非 nil 的集合。因为 nil 切片不需要任何资源分配，所以我们应该倾向于返回 nil 切片而不是空切片。让我们看一下下面这个函数，它返回一个存储字符串类型的切片：

```
func f() []string {
    var s []string
    if foo() {
        s = append(s, "foo")
    }
    if bar() {
        s = append(s, "bar")
    }
    return s
}
```

如果 foo 和 bar 都为 false，我们将得到一个空切片。为了防止无缘无故地分配空切片，应该优先使用选项 1（var s []string）。我们可以用选项 4（make([]string, 0)）来生成 0 长度的字符串类型的切片，但这样做与选项 1 相比不会带来任何价值，而且它会带来资源的分配。

　　然而，在一些场景下我们必须生成具有已知长度的切片，这时应该使用选项 4，s:=make([]string, length)，如下例所示：

```
func intsToStrings(ints []int) []string {
    s := make([]string, len(ints))
    for i, v := range ints {
        s[i] = strconv.Itoa(v)
    }
    return s
}
```

正如在错误#21 中所讨论的，我们需要在这种情况下设置长度（或容量），以避免额外的分配和复制。现在，示例中还有另外两个选项，它们用了不同的方式来初始化切片：

- 选项 2：s := []string(nil)
- 选项 3：s := []string{}

选项 2 不是使用最广泛的选项。但它可以作为语法糖使用，因为我们使用它可以在单行代码中传递一个 nil 切片，例如，使用 append：

```
s := append([]int(nil), 42)
```

如果我们使用了选项 1（vars s []string），则需要两行代码才行。这可能不是最重要的代码可读性优化方法，但它仍然值得了解。

> **注意**　在错误#24 中，我们会看到将一个元素 append 到 nil 切片的基本原理。

现在，让我们看看选项 3：s := []string{}。推荐使用这种方式来创建包含初始元素的切片：

```
s := []string{"foo", "bar", "baz"}
```

如果创建切片时不需要初始化元素，那就不应该使用这种方式。它的作用与选项 1（vars []string）相同，只是切片不是 nil，但是它需要资源分配。因此，不需要初始化元素时应避免使用选项 3。

> **注意**　一些代码检查工具（linter）可以在没有初始值的情况下捕获选项 3，并建议将其更改为选项 1。但是，我们应该记住这个改变的真实意图，其是将一个非 nil 切片更改为 nil 切片。

我们还应该知道，一些库区分 nil 和空切片。例如，encoding/json 包就是这种情况。以下示例分别编码了两个结构体，一个包含 nil 切片，另一个包含非 nil 的空切片：

```
var s1 []float32 // nil 切片
customer1 := customer{
    ID: "foo",
    Operations: s1,
}
b, _ := json.Marshal(customer1)
fmt.Println(string(b))

s2 := make([]float32, 0) // 非 nil, 空切片
```

```
customer2 := customer{
    ID: "bar",
    Operations: s2,
}
b, _ = json.Marshal(customer2)
fmt.Println(string(b))
```

运行此示例时，请注意这两个结构体的编码处理结果的不同：

```
{"ID":"foo","Operations":null}
{"ID":"bar","Operations":[]}
```

这里，nil 切片被编码为 null 元素，而非 nil 的空切片被编码为空数组。如果我们在需要区分 null 和 [] 的严格 JSON 客户端的上下文中工作，那么必须牢记这一区别。

encoding/json 包并不是标准库中唯一一个做出这种区分的包。例如，如果我们使用 reflect.DeepEqual 来比较 nil 和非 nil 空切片也将会返回 false，在单元测试的上下文中，这是经常要用到的。无论如何，在使用标准库或外部库时，我们应该确保无论使用哪个版本，代码都不会产生意外的结果。

总之，在 Go 中，nil 切片和空切片是有区别的。nil 切片等于 nil，而空切片的长度为零。nil 切片是空的，但空的切片不一定是 nil。同时，nil 切片不需要任何资源分配。在本节中，我们已经了解了基于不同的上下文环境如何初始化切片。

- var s[]string：如果不确定切片的最终长度，并且切片可以为空。
- []string(nil)：作为语法糖来创建 nil 切片。
- make([]string, length)：创建一个已知长度的切片。

如果在没有要初始化的元素的情况下初始化切片，则应避免使用最后一个选项（[]string{}）。最后，我们需要检查使用的库是否区分 nil 和空切片，以防止发生意外行为。

在下一节中，我们将继续讨论切片问题，了解在调用函数后检查空切片的最佳方法。

3.7 #23：未正确检查切片是否为空

我们在上一节中了解了 nil 和空切片的区别。了解了这些概念以后，我们进一步思考，检查切片是否包含元素的惯用方法是什么呢？如果没有明确的判断结果可能会导致一些错误。

在下面的例子中，我们调用一个 getOperations 函数，该函数返回一个 float32 类型的切片。只有当该切片包含元素时，我们才希望调用 handle 函数。这是第一个错误的版本：

```go
func handleOperations(id string) {
    operations := getOperations(id)
    if operations != nil { // 检查 operations 切片是否为 nil
        handle(operations)
    }
}

func getOperations(id string) []float32 {
    operations := make([]float32, 0) // 初始化切片 operations
    if id == "" {
        return operations // 如果传入的 id 是空的,则返回 operations
    }

    // 将元素添加到 operations

    return operations
}
```

我们通过检查 Operations 切片是否不是 nil 来确定切片是否含有元素。但这段代码有一个问题：getOperations 从不返回 nil 切片；相反，它返回一个空切片。因此，operations != nil 的校验将始终为 true。

在这种情况下我们该怎么做？一种可行的解法是修改 getOperations，使其在 id 为空时返回 nil 切片：

```go
func getOperations(id string) []float32 {
    operations := make([]float32, 0)

    if id == "" {
        return nil // 返回 nil 而不是 operations
    }

    // 将元素添加到 operations

    return operations
}
```

如果 id 为空，我们不返回 operations，而是返回 nil。通过这种方式，可以判断切片是否为 nil。然而，这种方法并不适用于所有情况，因为我们并不总是处于可以更改被调用者的环境中。例如，如果使用一个外部库，那么不会创建一个拉请求将代码中返回的空切片更改为 nil 切片。

那么如何检查切片是空的还是 `nil` 呢？解决方案是检查切片的长度：

```
func handleOperations(id string) {
    operations := getOperations(id)
    if len(operations) != 0 { // 检查切片的长度
        handle(operations)
    }
}
```

我们在上一节中提到过，空切片的长度被定义为零。同时，`nil` 切片总是空的。因此，通过检查切片的长度，覆盖盖了所有场景：

- 如果切片为 `nil`，则 `len(operations) != 0` 为 false。
- 如果切片不是 `nil` 而是空的，则 `len(operations) != 0` 也为 false。

因此，检查长度是最好的选择，因为我们不是总能控制所调用的函数采用的方法。同时，正如 Go wiki 所说，在设计接口时，我们应该避免区分 `nil` 和空切片，这会导致不易察觉的程序错误。当返回切片时，如果我们返回一个 `nil` 或空切片，那么这既不会产生语义上的差异，也不会产生技术上的差异。两者对于调用者的意义是相同的。这一原则与 map 相同。要检查 map 是否为空，请检查其长度，而不是它是否为 `nil`。

在下一节中，我们将了解如何正确复制切片。

3.8 #24：无法正确复制切片

内置函数 `copy` 可以将元素从源切片复制到目标切片。虽然它是一个方便使用的内置函数，但 Go 开发人员有时并不完全理解它。让我们看一个常见的错误，它会导致复制错误数量的元素。

在下面的示例中，我们创建一个切片并将其元素复制到另一个切片。此代码的输出应该是什么？

```
src := []int{0, 1, 2}
var dst []int
copy(dst, src)
fmt.Println(dst)
```

如果我们运行此段示例，它将打印 [], 而不是 [0 1 2]。哪里搞错了？

为了有效地使用 `copy`，必须了解要复制的元素数量，以及以下两者之间的最小值：

- 源切片的长度

- 目标切片的长度

在上面的示例中，src 是一个长度为 3 的切片，但 dst 是一个长度为 0 的切片，因为它被初始化为零值。因此，在本例中，copy 函数复制最小数量的元素为 0（3 和 0 的最小值），则最后结果切片为空。

如果要执行完整的复制，目标切片的长度必须大于或等于源切片的长度。这里，我们需要基于源切片设置长度：

```
src := []int{0, 1, 2}
dst := make([]int, len(src)) // 创建具有给定长度的 dst 切片
copy(dst, src)
fmt.Println(dst)
```

因为 dst 现在是一个长度为 3 的切片，所以复制了 3 个元素。这一次，如果我们运行代码，它将打印 [0 1 2]。

> **注意**　另一个常见错误是在调用 copy 时颠倒了参数的顺序。记住，前一个参数是目标切片，后一个参数是源切片。

我们还要注意，使用内置函数 copy 并不是复制切片元素的唯一方法。还有其他的替代方案，最常用的可能是使用 append：

```
src := []int{0, 1, 2}
dst := append([]int(nil), src...)
```

我们将源切片中的元素添加到 nil 切片中。因此，这段代码创建了一个长度为 3、容量为 3 的切片。这种方案的优点是使用 1 行代码即可完成。然而使用 copy，尽管需要额外多写 1 行代码，但它更加原生，也更容易理解。

将元素从一个切片复制到另一个切片是相当频繁的操作。在使用 copy 时，必须记住，复制到目标的元素的个数取决于相关的两个切片的长度之间的最小值。还要记住，复制切片还有其他替代方案，所以如果在代码库中发现这些代码，不应该感到惊讶。

让我们继续讨论使用 append 时的一个常见错误。

3.9　#25：使用 append 的副作用

本节讨论使用 append 时的一个常见错误，在某些情况下可能会产生意想不到的副作用。在下面的示例中，我们初始化 s1 切片，通过对切片 s1 进行切割来创建 s2，并通过

向 s2 添加元素来创建 s3：

```
s1 := []int{1, 2, 3}
s2 := s1[1:2]
s3 := append(s2, 10)
```

我们初始化一个包含 3 个元素的 s1 切片，并对 s1 进行切割创建 s2。然后调用 append 创建 s3。你能猜出这段代码执行完以后这三个切片的状态是什么样的吗？

在第二行创建 s2 之后，图 3.10 显示了内存中两个切片的状态。s1 是一个长度为 3、容量为 3 的切片，s2 是一个长度为 1、容量为 2 的切片。它们都基于一个底层数组。使用 append 添加元素，并检查切片是否已满（length==capacity）。如果未满，append 函数将元素添加到底层数组并返回一个长度加 1 的切片。

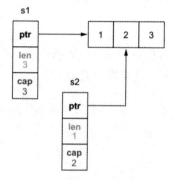

图 3.10 两个切片具有相同的底层数组，但长度和容量不同

在本例中，s2 未满；它可以再接收一个元素。图 3.11 显示了这三个切片的最终状态。

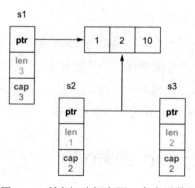

图 3.11 所有切片拥有同一个底层数组

在底层数组中，我们将最后一个元素更新为 10。因此，如果打印所有切片，将得到以下输出：

s1=[1 2 10], s2=[2], s3=[2 10]

即使我们没有直接更新 s1[2] 或 s2[1]，s1 切片的内容依然被修改了。我们应该牢记这一点，以避免产生意外结果。

让我们看一个例子，感受一下将切割操作的结果传递给函数所带来的影响。在下文中，我们给一个切片初始化了 3 个元素，然后调用一个函数，传入使用切割操作生成的前两个元素的切片：

```go
func main() {
    s := []int{1, 2, 3}

    f(s[:2])
    // 使用 s
}

func f(s []int) {
    // 更新 s
}
```

在这个实现中，如果 f 更新了前两个元素，那么这些更改对于 main 中的切片是可见的。然而，如果 f 调用 append，它将更新切片的第三个元素，即使我们只传递两个元素。例如，

```go
func main() {
    s := []int{1, 2, 3}

    f(s[:2])
    fmt.Println(s) // [1 2 10]
}

func f(s []int) {
    _ = append(s, 10)
}
```

如果出于防御的原因想要保护第三个元素，也就是说，要确保 f 不会更新它，我们有两个选择。

第一种方法是构造一个新的切片，然后从源切片复制元素并作为参数传入 f：

```go
func main() {
    s := []int{1, 2, 3}
    sCopy := make([]int, 2)
    copy(sCopy, s) // 将 s 的前两个元素复制到 sCopy 中

    f(sCopy)
    result := append(sCopy, s[2]) // 将 s[2] 追加到 sCopy 以构造结果切片
    // 使用结果
}

func f(s []int) {
    // 更新 s
}
```

因为我们将副本传递给 f，所以即使该函数调用 append，也不会导致前两个元素范围之外的副作用出现。此选项的缺点是，它让代码读起来更复杂，还增加了额外的副本，如果切片很大，这可能是一个问题。

第二个选项可以将潜在副作用的影响范围限制于前两个元素之内。此选项引入了一个叫作完整切片表达式的语句：s[low:high:max]。该语句创建了一个类似于使用 s[low:high] 创建的切片，不同的是，生成的切片的容量等于 max-low。下面是调用 f 时的示例：

```go
func main() {
    s := []int{1, 2, 3}
    f(s[:2:2]) // 使用完整切片表达式传递子切片
    // 使用 s
}

func f(s []int) {
    // 更新 s
}
```

这里，传递给 f 的切片不是 s[:2] 而是 s[:2:2]，因此，切片的容量为 $2-0=2$，如图 3.12 所示。

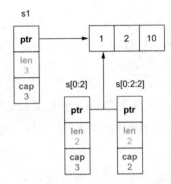

图 3.12　s[0:2] 创建了一个长度为 2、容量为 3 的切片，
而 s[0:2:2] 创建了一个长度为 2、容量为 2 的切片

当传递 s[:2:2] 时，我们可以将作用范围限制在前两个元素。这样做还可以避免执行切片复制。

使用切割操作时，必须记住，我们可能面临出现意外副作用的情况。如果生成的切片的长度小于其容量，append 可以对原始切片进行修改。如果想限制可能的副作用的影响范围，可以使用切片复制，也可以使用完整切片表达式来避免额外的切片复制。

在下一节中，我们将继续讨论切片，但主要的内容是关于内存泄漏的。

3.10　#26：切片和内存泄漏

在本节你将看到，在某些情况下对现有切片或数组进行切割操作可能会导致内存泄漏。我们讨论两种情况：一种是容量的泄漏，另一种情况与指针相关。

3.10.1　容量泄漏

对于第一种情况，容量泄漏，让我们想象一下实现一个自定义的二进制协议。消息可以包含 100 万字节，前 5 字节表示消息类型。在我们的代码中使用这些消息，出于审计目的，我们希望在内存中存储最新的 1000 种消息类型。下面是我们的功能框架：

```
func consumeMessages() {
    for {
        msg := receiveMessage() //接收一个新的 []byte 切片并赋值给 msg
        // 对 msg 执行一些操作
        storeMessageType(getMessageType(msg))//在内存中存储最新的 1000 种消息类型
    }
}
```

```
}

func getMessageType(msg []byte) []byte {  //对 msg 进行切割，计算消息类型
    return msg[:5]
}
```

getMessageType 函数通过对输入的切片进行切割来计算消息类型。我们测试了这个实现，一切正常。然而，当部署应用程序时，我们注意到，应用程序消耗了大约 1GB 的内存。这怎么可能呢？

使用 msg[:5] 对 msg 进行切割操作会创建一个长度为 5 的切片。然而，它的容量仍然与初始切片相同。剩余的元素仍然分配在内存中，即使最终没有引用 msg。让我们看一个消息长度为 100 万字节的示例，如图 3.13 所示。

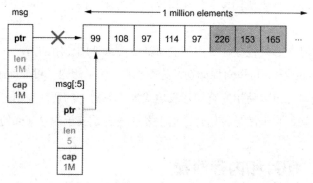

图 3.13   在循环迭代完成后，已经不再使用 msg 了。然而，msg[:5] 仍将使用其底层的数组

切割操作完成后，切片的底层数组仍包含 100 万字节。因此，如果在内存中保存 1000 条消息，我们实际保存的数据量大约为 1GB，而不是 5KB。

怎么解决这个问题呢？可以使用 copy 制作切片副本，而不是对 msg 进行切割：

```
func getMessageType(msg []byte) []byte {
    msgType := make([]byte, 5)
    copy(msgType, msg)
    return msgType
}
```

因为 msgType 是一个长度为 5、容量为 5 的切片，所以当我们使用 copy 复制时，不管接收到的消息大小如何，每个消息类型都只需存储 5 字节。

完整切片表达式和容量泄漏

使用完整切片表达式可以解决这个问题吗？让我们看看这个例子：

```
func getMessageType(msg []byte) []byte {
    return msg[:5:5]
}
```

这里，getMessageType 返回了初始切片的缩小版本：一个长度为 5、容量为 5 的切片。但是 GC 是否能够从这个 5 字节的切片中回收那些不可访问的空间呢？Go 规范中并没有解释这个特性。但是，通过使用 runtime.Memstats，我们可以记录有关内存分配器的统计信息，例如堆上分配的字节数：

```
func printAlloc() {
    var m runtime.MemStats
    runtime.ReadMemStats(&m)
    fmt.Printf("%d KB\n", m.Alloc/1024)
}
```

如果在调用 getMessageType 和 runtime.GC()（强制运行垃圾收集）之后调用这个函数，那么不可访问的空间没有被回收。整个底层数组仍保存在内存中。因此，使用完整切片表达式并不是一个有效的方案（除非未来 Go 能解决这一问题）。

作为经验法则，请记住，切割一个大的切片或数组可能会导致潜在的高内存消耗。剩余的空间不会被 GC 回收，尽管只使用了几个元素，我们仍然需要保留一个大的底层数组。使用切片副本是防止这种情况的解决方案。

3.10.2　切片和指针

我们已经看到，由于切片容量的原因，进行切片操作可能会导致泄漏。但是元素呢？这些元素仍然是底层数组的一部分，只是它们在长度范围之外吗？GC 是否会回收它们呢？让我们使用一个包含字节切片的 Foo 结构体来检查这个问题：

```
type Foo struct {
    v []byte
}
```

我们希望在以下的每个步骤后检查内存分配：

1. 分配 1000 个 Foo 元素的切片。

2. 遍历每个 Foo 元素，并为每个元素的 v slice 分配 1 MB 字节。

3. 调用 keepFirstTwoElementsOnly 函数，它使用切片操作只返回前两个元素，然后调用 GC。

我们想了解在调用 keepFirstTwoElementsOnly 后和垃圾收集后内存的状况。以下是使用 Go 的代码实现（重用了前面提到的 printAlloc 函数）：

```go
func main() {
    foos := make([]Foo, 1_000) // 给切片分配 1000 个元素
    printAlloc()

    for i := 0; i < len(foos); i++ { // 为每个元素分配 1 MB 的切片
        foos[i] = Foo{
            v: make([]byte, 1024*1024),
        }
    }
    printAlloc()

    two := keepFirstTwoElementsOnly(foos) // 只保留前两个元素
    runtime.GC() // 运行 GC 以强制清理堆
    printAlloc()
    runtime.KeepAlive(two) // 保持对变量 two 的引用
}

func keepFirstTwoElementsOnly(foos []Foo) []Foo {
    return foos[:2]
}
```

在本例中，我们分配 foos 切片，为每个元素分配 1MB 的切片，然后调用 keepFirstTwoElementsOnly 和 GC。最后，我们使用 runtime.KeepAlive 在垃圾收集之后保留对变量 two 的引用，保证其不被回收。

我们希望 GC 可以回收剩余的 998 个 Foo 元素和分配给切片的数据，因为这些元素无法再被访问。然而，事实并非如此。代码会输出以下内容：

```
83 KB
1024072 KB
1024072 KB // 在执行切割操作后
```

第一个输出显示分配了大约 83KB 的数据，因为我们分配了 1000 个零值的 Foo。第二个
结果因为我们给每个切片分配了 1 MB，内存增加了。然而值得请注意的是，在最后一步之
后，GC 并没有回收剩余的 998 个元素。原因是什么？

在处理切片时必须记住这一规则：如果元素是指针或具有指针字段的结构体，则元素不
会被 GC 回收。在我们的示例中，因为 Foo 包含一个切片（而切片包含一个指向底层数组
顶部的指针），所以剩余的 998 个 Foo 元素及其切片不会被回收。因此，即使这 998 个元
素无法被访问，只要引用了 keepFirstTwoElementsOnly 返回的变量，它们就会留在内
存中。

有哪些选项可以确保我们不会泄漏剩余的 Foo 元素呢？同样，第一个选项是创建切片
的副本：

```
func keepFirstTwoElementsOnly(foos []Foo) []Foo {
    res := make([]Foo, 2)
    copy(res, foos)
    return res
}
```

因为复制了切片的前两个元素，GC 可以判断出剩余 998 个元素将不再被引用，现在可以被
回收了。

如果想保持 1000 个元素的容量，还有第二个选项可用，那就是将切片的剩余元素显式
标记为 nil：

```
func keepFirstTwoElementsOnly(foos []Foo) []Foo {
    for i := 2; i < len(foos); i++ {
        foos[i].v = nil
    }
    return foos[:2]
}
```

这里，返回一个长度为 2、容量为 1000 的切片，但我们将切片剩余元素设置为 nil。因此，
GC 可以回收底层数组中的 998 个元素。

哪个选项较好？如果不想将容量保持在 1000 个元素，那么第一个选项可能是较好的。
然而，最终的选择也可以取决于元素的比例。图 3.14 提供了一个我们可以选择的选项的可
视化示例，假设一个切片包含 n 个元素，其中我们希望保留 i 个元素。

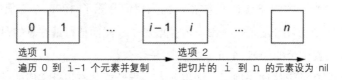

图 3.14　i 之前选择选项 1，i 之后选择选项 2

第一个选项创建 *i* 个元素的副本。因此，它必须从元素 0 迭代到 *i*。第二个选项将剩余切片设置为 nil，因此必须从元素 *i* 迭代到 *n*。如果性能很重要，并且在 0 和 *n* 中 *i* 更接近 *n*，则可以考虑第二个选项。如何抉择，取决于哪个选项迭代更少的元素（至少，可以用这两个选项进行基准测试）。

在本节中，我们看到了两个潜在的内存泄漏问题。第一个是对现有切片或数组进行切割并保存部分容量。如果我们处理大的切片并重新切割它们以保留一小部分片段，那么许多内存将依然被分配且未使用。第二个问题是，当我们使用带有指针或带有指针字段的结构体的切割操作时，需要知道 GC 不会回收这些元素。在这种情况下，有两个选项，要么执行复制，要么将其余元素或其字段显式标记为 nil。

现在，让我们一起来讨论 map 的初始化。

3.11　#27：低效的 map 初始化

本节将讨论一个类似切片初始化的问题，不同的是，这里是 map。但首先，我们需要了解有关 map 在 Go 中是如何实现的，进一步了解 map 初始化为什么非常重要。

3.11.1　概念

map 提供了一个无序的键值对（key-value）集合，其中所有的键都是不同的。在 Go 中，map 基于哈希表数据结构。在内部，哈希表是一个桶的数组，每个桶都是一个指向键值对数组的指针，如图 3.15 所示。

在图 3.15 所示的哈希表中，底层是由 4 个元素组成的数组。如果检查数组索引，我们会注意到一个桶包含一个键值对（元素）："two"/2。每个桶有固定大小的 8 个元素。

每个操作（read、update、insert、delete）都是通过将键与数组索引相关联来完成的。此步骤依赖于哈希函数。这个函数是稳定的，因为我们希望它在给定相同键的情况下返回同一个桶。在前面的示例中，hash("two") 返回 0；因此，元素存储在数组索引 0 引用的桶中。

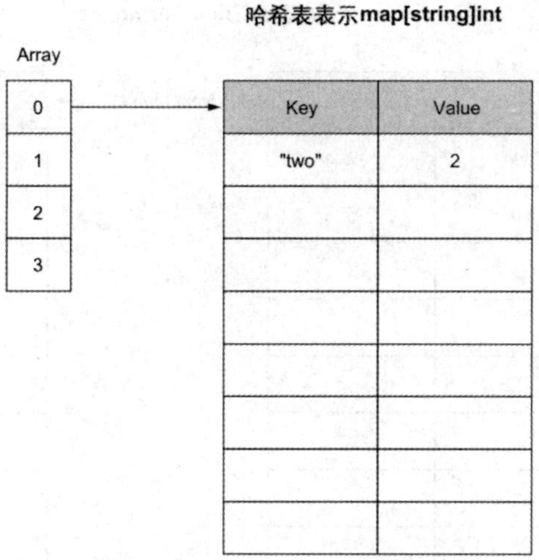

哈希表表示map[string]int

图 3.15　一个哈希表示例

　　如果我们插入另一个元素,并且哈希键返回相同的索引,Go 会向同一个桶添加这个元素。图 3.16 显示了这一结果。

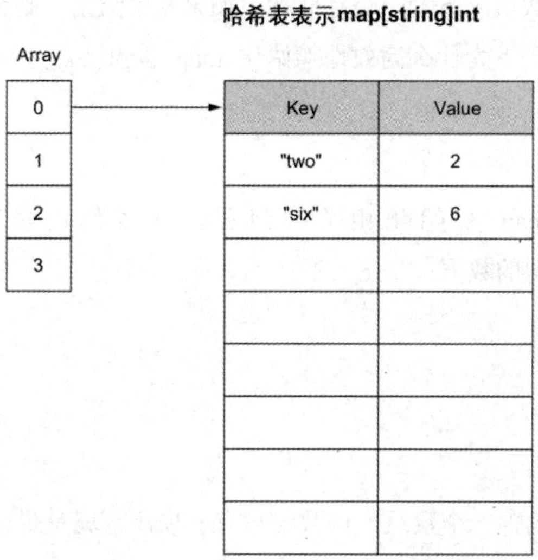

哈希表表示map[string]int

图 3.16　hash("six") 返回 0,因此,元素被存储在同一个桶中

在这个例子中,往已满的桶中插入元素(桶溢出),Go 将创建另一个包含 8 个元素的桶,并将前一个桶链接到它。图 3.17 展示了这一结果。

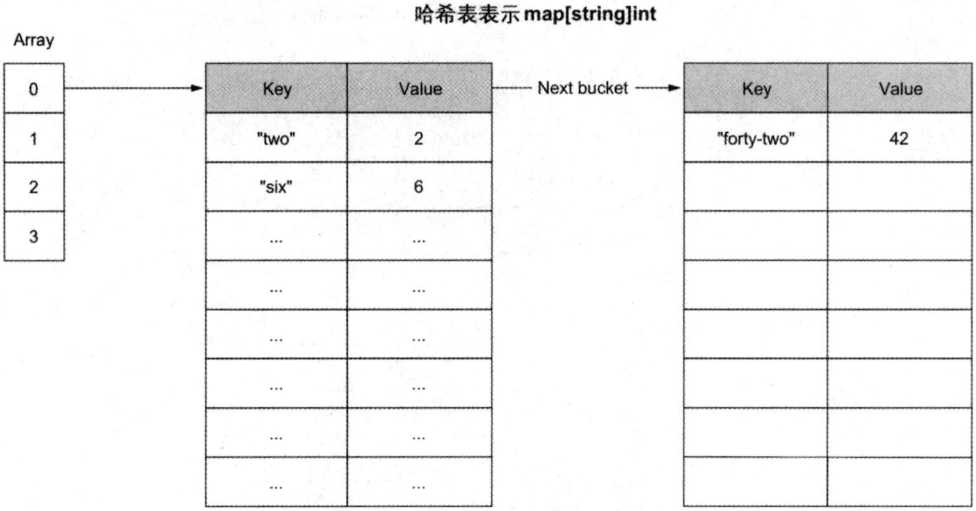

哈希表表示 **map[string]int**

Array		Key	Value	Next bucket	Key	Value
0	→					
1		"two"	2		"forty-two"	42
2		"six"	6			
3		...	...			
		...	...			
		...	...			
		...	...			
		...	...			

图 3.17 在桶溢出的情况下，Go 分配一个新的桶并将上一个桶链接到它上

关于读取、更新和删除，Go 必须计算出相应的数组索引。然后 Go 依次遍历所有键，直到找到所指定的键。因此，这三个操作的最坏情况的时间复杂度为 $O(p)$，其中 p 存储的是桶中的元素总数（默认情况下为一个存储桶，如果发生溢出，则为多个存储桶）。

现在，让我们讨论一下为什么高效地初始化 map 很重要。

3.11.2 初始化

为了理解低效 map 初始化相关的问题，让我们创建一个包含三个元素的 map[string]int 类型的数据：

```
m := map[string]int{
    "1": 1,
    "2": 2,
    "3": 3,
}
```

在内部，该 map 底层包含一个数组，该数组只有一项，也就是说，它只有一个桶。如果我们向其中添加 100 万个元素会发生什么？在这种情况下，一个桶是不够的，因为在最坏的情况下，找到一个键意味着要遍历数千个桶。这就是为什么 map 应该能够自动增长以应对元素数量的增长。

当 map 增长时，它的桶数会增加一倍。map 增长的条件是什么？

- 桶中的平均条目数量（称为负载系数）大于一个常量。该常量等于 6.5（但在未来版本中可能会有变化，因为它是 Go 的内部变量）。
- 溢出的桶太多（包含 8 个以上的元素）。

当 map 增长时，所有的键都会被再次分配给所有存储桶。这就是为什么在最坏的情况下，插入一个键可以是一个 $O(n)$ 复杂度的操作，其中 n 是 map 中元素的总数。

我们看到，当使用切片时，如果事先知道要添加到切片中的元素的数量，我们可以使用给定的大小或容量来初始化它。这避免了不断重复的切片增长带来的消耗。这一想法与 map 是相似的。实际上，我们可以使用 make 内置函数在创建 map 时提供初始大小。例如，如果想初始化一个包含 100 万个元素的 map，可以这样做：

```
m := make(map[string]int, 1_000_000)
```

使用 map，我们可以像对待切片一样给内置函数 make 一个初始大小，它没有容量参数，因此只有一个参数。

通过指定大小，我们提供了关于预期要存入 map 中的元素的数量。在内部，将使用适当数量的桶来创建 map，以存储 100 万个元素。这节省了大量的计算时间，因为 map 不必动态地创建桶并重新分布桶中的元素。

此外，指定大小 n 并不意味着 map 的最大存储数量是 n 个元素。如果需要，我们仍然可以添加 n 个以上的元素。这意味着要求 Go 运行时为这个 map 至少分配可以存储 n 个元素的空间，如果已经预先知道了大小，这将非常有用。

为了理解为什么指定大小很重要，让我们运行两个基准测试。第一个在 map 中插入 100 万个元素，而不设置初始大小，而第二个使用指定的大小来初始化 map：

```
BenchmarkMapWithoutSize-4 6 227413490 ns/op
BenchmarkMapWithSize-4 13 91174193 ns/op
```

在第二个版本中初始化时指定了大小，大约快 60%。通过提供大小数值，我们可以在插入元素的时候防止 map 的增长。

因此，就像切片一样，如果预先知道 map 将包含的元素数量，那我们应该在创建它时提供它的初始大小。这样做可以避免潜在的 map 增长带来的大量计算，因为这需要重新分配足够的空间并重新平衡所有元素。

让我们继续讨论 map，来看一个导致内存泄漏的常见错误。

3.12 #28：map 和内存泄漏

在 Go 中使用 map 时，我们需要了解关于它的一些重要特征，如，map 是如何增长以及收缩的。我们需要对此进行深入研究，以防止那些可能导致内存泄漏的问题。

首先，为了看到能够产生这些问题的具体例子，我们来设计一个场景，在这个场景中将使用下面的 map：

```
m := make(map[int][128]byte)
```

m 中的每个值都是一个 128 字节的数组。我们将执行以下操作：

1. 分配一个空的 map。
2. 在其中添加 100 万个元素。
3. 删除所有元素，并运行 GC。

在每个步骤之后，我们都将打印堆的大小（这次使用 MB 为单位），来展示这个示例在内存方面的表现：

```
n := 1_000_000
m := make(map[int][128]byte)
printAlloc()

for i := 0; i < n; i++ { // 添加 100 万个元素
    m[i] = randBytes()
}
printAlloc()

for i := 0; i < n; i++ { // 删除 100 万个元素
    delete(m, i)
}

runtime.GC() // 手动触发 GC
printAlloc()
runtime.KeepAlive(m) // 保留对 m 的引用，以便不被自动回收
```

我们分配一个空的 map，向其中添加了 100 万个元素，又删除了 100 万个元素，然后运行 GC。我们使用 runtime.KeepAlive 来保持对 map 的引用，确保 map 不会被回收。下面运行一下这个示例：

```
0 MB   // 分配 m 后
461 MB // 添加 100 万个元素后
293 MB // 删除 100 万个元素后
```

我们能看出什么？一开始，堆大小是很小的。然后，在 map 中添加了 100 万个元素后，它显著增长。但是，如果认为移除了所有的元素后堆的大小就会降回去那就大错特错了。在 Go 中，map 不是这样工作的。即使到最后，GC 回收了所有元素，堆大小仍然是 293 MB。所以内存虽然缩小了，但并不像我们预期的那样。原因是什么呢？

我们在上一节讨论了，map 是由包含 8 个元素的桶组成的。在底层，Go 中的一个 map 是指向 runtime.hmap 结构体的指针。该结构体包含多个字段，其中有一个 B 字段，这个字段给出了 map 中的桶的数量：

```
type hmap struct {
    B uint8 // 等于以 2 为底的"桶的数量"的对数
            // （可以容纳负载系数 * 2ᴮ 项）
    // ...
}
```

添加 100 万个元素后，B 的值等于 18，这意味着 $2^{18} = 262\,144$ 个桶。当我们去掉 100 万个元素时，B 的值是多少呢？依然是 18。因此，map 仍然包含相同数量的桶。

原因是，map 中的桶数不能减少。因此，从 map 中删除元素不会影响现有存储桶的数量；它只是将桶中的位置设为了零值。一个 map 只能增长并拥有更多的桶；它从不缩小。

在前面的示例中，内存从 461 MB 降低到 293 MB，是因为元素被回收了，但运行 GC 不会影响 map 本身。即使是由于溢出而额外创建的桶也保持不变。

让我们回过头来讨论 map 不能收缩这一事实何时会成为问题。想象一下，如果使用 map[int][128]byte 来构建缓存。此 map 保存每个客户 ID（int），这是一个 128 字节的序列。现在，假设我们想保存最后 1000 个客户，那么 map 的大小将是一个固定的值，因此我们不必担心 map 无法缩小的这个问题。

然而，假设我们想存储一小时的数据。与此同时，我们公司决定为"黑色星期五"举办一次大型促销活动：一小时内，系统可能会连接数百万名客户。但在"黑色星期五"之后的几天，我们的 map 将包含与高峰时段相同数量的桶。这就解释了为什么在这种情况下，内存的消耗并没有显著减少。

如果不想手动重新启动服务来清理 map 所消耗的内存量，那么有什么解决方案吗？一种解决方案是重新创建一个当前 map 的副本。例如，每一小时，我们构建一个新的 map，复制所有元素，然后释放掉上一个。该选项的主要缺点是，在复制之后，直到下一次垃圾收集之前，可能会在这段时间内消耗双份的内存。

另一种解决方案是更改 map 的类型，改成存储数组指针：map[int]*[128]byte。

但这并不能解决这样一个事实：我们将在 map 中拥有大量的桶；每个桶都将为元素保留指针的大小的空间（64 位系统为 8 字节，32 位系统为 4 字节），而不是 128 字节。

回到最初的场景，让我们比较一下每个步骤之后每个 map 的类型的内存消耗。下表显示了比较结果。

步骤	map[int][128]byte	map[int]*[128]byte
分配一个空 map	0 MB	0 MB
添加 100 万个元素	461 MB	182 MB
删除 100 万个元素并执行 GC	293 MB	38 MB

正如我们所看到的，删除所有元素后，map[int]*[128]byte 类型所需的内存量明显减少。而且，在这个例子中，由于通过优化已减少了内存消耗，所以在高峰时所需内存量也有明显减少。

> **注意**　如果键或值超过 128 字节，Go 不会将其直接存储在 map 的桶中，Go 将存储一个指针来引用它们。

正如我们所看到的，向一个 map 添加 n 个元素，然后再删除它们，意味着在内存中将依然会保留着这些桶。所以，必须记住，因为在 Go 中 map 的大小只能增加，所以它占用的内存也会增加。目前没有自动化的策略来缩小它。如果这导致了高内存消耗，可以选择一些方法来解决这个问题，例如，强制 Go 重新创建一个 map 或者看一下是否可以使用指针来优化它。

在本章的最后一节中，我们将会讨论 Go 中比较值的问题。

3.13　#29：比较值时发生的错误

比较值是软件开发中的常见操作。我们经常实现的比较有：编写一个函数来比较两个对象，测试一个值和一个期望值等。我们的第一直觉可能是到处使用 == 运算符。但正如我们将在本节中看到的，情况不应该总是这样。那么什么时候使用 == 是合适的，还有哪些替代方案？

为了回答这些问题，让我们从一个具体的例子开始。我们创建一个基本的 customer 结构体，并使用 == 来比较两个实例。你认为这段代码的输出应该是什么？

```
type customer struct {
    id string
```

```
}

func main() {
    cust1 := customer{id: "x"}
    cust2 := customer{id: "x"}
    fmt.Println(cust1 == cust2)
}
```

比较这两个 customer 结构体是 Go 中的有效操作，它将打印 true。现在，如果我们对
customer 结构体稍作修改，给它添加一个切片字段，将会发生什么呢？

```
type customer struct {
    id string
    operations []float64 // 新的字段
}

func main() {
    cust1 := customer{id: "x", operations: []float64{1.}}
    cust2 := customer{id: "x", operations: []float64{1.}}
    fmt.Println(cust1 == cust2)
}
```

我们可能期望此代码也打印为 true。然而，它甚至没有编译成功：

```
invalid operation:
    cust1 == cust2 (struct containing []float64 cannot be compared)
```

这个问题与 == 和 != 是怎么工作的有关。这些操作符不适用于切片或者 map。因此，由于
customer 结构体包含一个切片，所以程序不能编译成功。

要想有效地进行比较，了解如何使用 == 和 != 是至关重要的。我们能够在可比较的操
作数上使用以下这些运算符。

- 布尔值：比较两个布尔值是否相等。
- 数字（int、float 以及 complex 类型）：比较两个数字是否相等。
- 字符串：比较两个字符串是否相等。
- channel：比较两个 channel 是否由同一调用创建或者两者是否都为 nil。
- 接口：比较两个接口是否具有相同的动态类型和相等的动态值，或者两者是否都为
  nil。
- 指针：比较两个指针在内存中指向的是否是相同的值，或者两者是否都为 nil。
- 结构体和数组：比较它们是否由相同类型组成。

注意 也可以使用 ?、>=、<、和 > 运算符，对于数值类型，会比较它们的值，对于字符串，则比较字母顺序。

在前面的示例中，我们的代码未能编译成功，因为结构体是由不可比较的类型（切片）组成的。

我们还需要知道使用 == 和 != 来比较 any 类型时可能存在的问题。例如，允许比较分配给 any 类型的两个整数：

```
var a any = 3
var b any = 3
fmt.Println(a == b)
```

以上代码输出：

```
true
```

但是，如果我们初始化两个 customer（包含切片字段的那个版本）类型并将它们赋值给两个 any 类型的变量会怎样呢？看下面的例子：

```
var cust1 any = customer{id: "x", operations: []float64{1.}}
var cust2 any = customer{id: "x", operations: []float64{1.}}
fmt.Println(cust1 == cust2)
```

这段代码虽然编译成功了，但是它们的类型是不能被比较的，因为 customer 结构体中含有一个切片字段，它导致了一个运行时错误：

```
panic: runtime error: comparing uncomparable type main.customer
```

考虑到这些行为，如果我们必须比较两个切片、两个 map 或两个包含不可比较类型的结构体，有什么选择呢？如果我们坚持使用标准库，一个选择是使用 reflect 包的运行时反射能力。

反射是元编程的一种形式，它指的是应用程序自省和修改其结构和行为的能力。例如，在 Go 中，我们可以使用 reflect.DeepEqual。此函数通过递归遍历两个值来报告两个元素是否深度相等，它接收的元素是基本类型加上数组、结构体、切片、map、指针、接口和函数。

注意 reflect.DeepEqual 会根据我们提供的不同类型而表现出不同的行为，使用前，请仔细阅读相关文档。

让我们重新运行第一个示例，这一次添加了 reflect.DeepEqual：

```
cust1 := customer{id: "x", operations: []float64{1.}}
cust2 := customer{id: "x", operations: []float64{1.}}
fmt.Println(reflect.DeepEqual(cust1, cust2))
```

即使 customer 结构体包含不可比较的类型（切片），它也仍按预期运行，打印了 true。

然而，在使用 reflect.DeepEqual 时需要记住两件事。第一，它区分了空集合和 nil 集合，正如错误#22 中所讨论的。这是问题吗？不一定；这取决于我们的用例。例如，如果我们想比较两个解码操作的结果（例如从 JSON 到 Go 结构体），可能需要这种差异，但我们必须记住这种行为才能有效地使用 reflect.DeepEqual。

第二件事在大部分语言中都是非常通用的。因为一个函数使用了反射，它在运行时会对值进行内省，以发现它们是如何形成的，所以它会导致性能损失。我们使用不同大小的结构在本地进行一些基准测试，平均来说， == 比 reflect.DeepEqual 快大约 100 倍。这可能是支持在测试环境中而不是在运行时使用 reflect.DeepEqual 的原因。

如果性能是一个关键因素，另一种选择可能是实现我们自己的比较方法。下面是一个比较两个 customer 结构体并返回布尔值的示例：

```
func (a customer) equal(b customer) bool {
    if a.id != b.id { // 比较 id 字段
        return false
    }
    if len(a.operations) != len(b.operations) { // 检查两个切片的长度
        return false
    }
    for i := 0; i < len(a.operations); i++ { // 比较两个切片的每个元素
        if a.operations[i] != b.operations[i] {
            return false
        }
    }
    return true
}
```

在这段代码中，我们通过对 customer 结构体的不同字段进行自定义检查来构建比较方法。在由 100 个元素组成的切片上运行本地基准测试表明，我们的自定义 equal 方法比 reflect.DeepEqual 快 96 倍。

通常，我们应该记住， == 运算符的使用是非常有限的。例如，它不适用于切片和 map。在大多数情况下，使用 reflect.DeepEqual 是一个解决方案，但其主要的缺点是性能损失。在单元测试的上下文中，还可以使用其他一些选项，例如使用外部库 go-cmp（参见链接 19）或 testify（参见链接 20）。然而，如果性能在运行时至关重要，那么实现自定义方法可能是最好的解决方案。

还有一点需要注意，标准库有一些现成的比较方法。例如，我们可以使用优化的 bytes.Compare 函数比较两个字节切片。所以在实现自定义方法之前，还需要确保不会重新发明轮子。

总结

- 阅读代码时，请记住，以 0 开头的整数是八进制数。此外，为了提高可读性，可以通过在八进制整数前加 0o。

- 因为整数上溢和下溢是在 Go 中被静默处理的，所以可以实现自己的函数来捕获它们。

- 使用给定的差值进行浮点数比较可以判断代码是否是可移植的。

- 在执行加法或减法运算时，将操作数按相似的数量级进行分组操作，可提高准确性。此外，在加法和减法运算之前执行乘法和除法运算。

- 了解切片长度和容量的差异应该是 Go 开发人员应掌握的核心知识的一部分。切片长度是切片中可用元素的数量，而切片容量是底层数组中元素的数量。

- 创建切片时，如果已知其长度，请使用给定的长度或容量对其进行初始化。这可减少资源分配的数量并可提高性能。同样的逻辑也适用于 map，需要在初始化它们时指定大小。

- 如果两个不同的函数使用的切片共用同一个底层数组，则使用复制或完整切片表达式可以防止 append 时产生冲突。然而，如果你想缩小一个大的切片，只有使用切片复制可以防止内存泄漏。

- 要使用 copy 内置函数将一个切片复制到另一个切片，请记住，复制的元素数取决于两个切片长度之间的最小值。

- 使用带有指针字段的指针切片或结构体，可以通过将切割操作排除的元素标记为 nil 来避免内存泄漏。

- 为了防止常见的混淆，例如在使用 encoding/json 或 reflect 包时，需要了解 nil 和空切片之间的区别。两者都是零长度、零容量切片，但只有 nil 切片不需要资源分配。

- 要检查切片是否不包含任何元素，请检查其长度。无论切片是 nil 还是空，此检查都有效。对于 map 也是如此。
- 要设计明确的 API，不应区分 nil 和空切片。
- map 可以在内存中不断增长，但它永远不会缩小。因此，如果它导致一些内存问题，可以尝试选择不同的方法解决，例如强制 Go 重新创建 map 或者使用指针。
- 要比较 Go 中的类型，如果两种类型是可比较的，可以使用 == 和 != 运算符，如，布尔型、数字、字符串、指针、channel 和完全由可比较的类型组成的结构体。否则，你可以使用 reflect.DeepEqual，但需要为使用反射付出代价，或者也可以使用自定义的实现和一些库来进行比较。

控制结构 4

本章涵盖：

- range 循环是如何为元素赋值并如何为表达式求值的
- 处理 range 循环和指针
- 避免常见的 map 迭代和循环中断错误
- 在循环中使用 defer

Go 语言中的控制结构与 C 和 Java 中的类似，但又有显著的不同。比如， Go 语言中没有 do 和 while 循环，只有一个通用的 for 循环。本章将深入探讨与控制结构相关的常见错误，并重点关注经常被误解的 range 循环。

4.1 #30：忽视在 range 循环中元素被复制的事实

range 循环是遍历各种数据结构的一种便利方式，我们不必处理索引和终止状态。Go 开发者可能忘记或不知道 range 循环是如何进行赋值操作的，因此产生了一些常见的错误。首先让我们回顾一下如何使用 range 循环，然后再看看如何赋值。

4.1.1 概念

range 循环允许迭代不同的数据结构：

- 字符串

- 数组
- 指向数组的指针
- 切片
- map
- 接收 channel

与传统的 `for` 循环相比，`range` 循环借助其简洁的语法，可以便捷地遍历这些数据结构中的所有元素。它也不容易出错，因为我们不必手动处理条件表达式和迭代变量，这可以避免诸如 off-by-one（差一错误）[①]之类的错误，这里有一个遍历字符串切片的例子：

```
s := []string{"a", "b", "c"}
for i, v := range s {
    fmt.Printf("index=%d, value=%s\n", i, v)
}
```

这段代码循环遍历切片中的每个元素。在切片的每次迭代中，`range` 生成一对值：一个索引和一个元素值，分别赋值给 `i` 和 `v`。总之，除了接收 channel 每次生成一个元素（值），其他数据结构都会产生两个值。

在有些情况下，我们只关心元素值而不关心索引。由于没有使用局部变量不会导致编译错误，所以可以使用下画线代替索引变量，就像下面这样：

```
s := []string{"a", "b", "c"}
for _, v := range s {
    fmt.Printf("value=%s\n", v)
}
```

借助下画线，我们可以忽略索引而只将元素值赋值给 v 来遍历每个元素。

如果不关心值，可以忽略第二个元素：

```
for i := range s {}
```

我们回顾了如何使用 `range` 循环，来看看每次迭代的返回值是什么。

4.1.2 值复制

理解每次迭代中值是怎么被处理的，对于高效用好 `range` 循环至关重要。让我们用一

---

① 差一错误通常指计算循环边界条件时多了一或少了一的错误。——译者注

个具体的例子来看看这是如何工作的。

我们创建一个 account 结构体，包含一个 balance 字段：

```
type account struct {
    balance float32
}
```

下一步我们创建 account 结构体的切片，然后用 range 循环遍历每一个元素，在每一次迭代中，增加每个 account 的 balance 值。

```
accounts := []account{
    {balance: 100.},
    {balance: 200.},
    {balance: 300.},
}
for _, a := range accounts {
    a.balance += 1000
}
```

通过分析上面的代码，在下面两个选项中，你认为哪一个是这个切片的内容？

- [{100} {200} {300}]
- [{1100} {1200} {1300}]

答案是 [{100} {200} {300}]。在这个例子中，range 循环没有影响到切片的内容，让我们看看为什么。

在 Go 语言中，一切赋值都是一个拷贝：

- 使用函数返回的结构体进行赋值，实际赋值给变量的是这个结构体的拷贝。
- 使用函数返回的指针进行赋值，实际赋值给变量的是这个内存地址的拷贝（64 位架构的地址长度是 64 比特）。

牢记这一点对避免常见错误至关重要，包括那些与 range 循环相关的错误。当一个 range 循环遍历一个数据结构时，它会将每个元素复制到值变量中（第二个变量）。

回到我们的例子，遍历每一个 account 元素会导致结构体被复制并赋值到值变量 a 中，因此通过 a.balance += 1000 增加 balance 只改变了值变量 (a)，而没有改变切片中的元素。

那如果我们想更新切片中的元素，该怎么办呢？主要有两个方法，第一个方法是使用切片的索引访问元素，这可以通过传统的 for 循环或使用索引而不是值变量的 range 循环实现[①]：
```
for i := range accounts {              // 使用索引变量访问切片中的元素
    accounts[i].balance += 1000
}

for i := 0; i < len(accounts); i++ {  // 使用传统的 for 循环实现
    accounts[i].balance += 1000
}
```

这两种方式具有相同的作用：更新 accounts 切片的元素。

　　我们应该用哪一种方法呢？这取决于上下文，如果想遍历每一个元素，第一种方式读写更简便。如果想控制哪些元素要更新（比如二选一），应选用第二种方式。

更新切片元素：第三个方法

　　第三个方法仍然是使用 range 循环访问元素，但需将切片类型改为 account 指针的 切片：

```
accounts := []*account{            // 将切片类型更新为 []*account
    {balance: 100.},
    {balance: 200.},
    {balance: 300.},
}
for _, a := range accounts {
    a.balance += 1000              // 直接更新切片元素
}
```

　　在这个例子中，正如我们提到的，变量 a 是切片里 account 指针的拷贝，由于两个指针都指向同一结构体，因此 a.balance += 100 将更新切片元素。

　　然而，这种方法有两个主要的缺点。第一个是，它需要改变切片类型，这不总是可行的。第二个是，如果性能很重要，我们可能注意到了，由于缺乏可预测性，CPU 在指针上的迭代效率可能较低（我们将在错误#91 中讨论）。

　　总之，我们需要记住，在 range 循环中，值元素是一个拷贝。因此，如果需要改变的值元素是一个结构体，将只更新它的拷贝，而不是元素本身，除非修改的值或字段是一个指

---

① 原文只介绍了一个方法的两种方式，没有介绍第二个方法。——译者注

针。首选的方式是使用 range 循环或传统的 for 循环通过索引访问元素。

下一节,我们继续讨论 range 循环,看看 range 表达式是如何求值的。

4.2   #31: 忽视 range 循环中参数是如何求值的

range 循环的语法需要一个表达式,比如在 for i, v := range exp 中,exp 就是表达式。正如我们看到的,它可以是字符串、数组、指向数组的指针、切片、map 或 channel。现在让我们讨论这个问题:这个表达式是如何求值的?当使用 range 循环时,这是避免常见错误的关键点。

让我们看一下下面的例子,它循环地往切片里追加元素,你认为迭代会终止吗?

```
s := []int{0, 1, 2}
for range s {
    s = append(s, 10)
}
```

要理解这个问题,我们应该知道,当使用 range 循环时,只在开始循环前对提供的表达式求值一次。在这里,"求值"的含义是将表达式复制到一个临时变量,然后 range 循环迭代这个临时变量。在这个例子中,当对表达式 s 求值时,结果是切片的拷贝,就像图 4.1 所示。

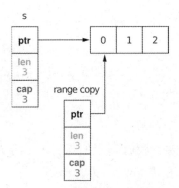

图 4.1   s 被复制到临时变量

range 循环使用了这个临时变量,原来的切片仍然在每次迭代时被更新。因此,三次迭代后,状态如图 4.2 所示。

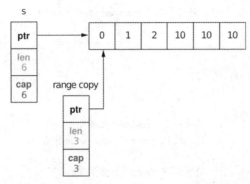

图 4.2　临时变量仍然是长度为 3 的切片，因此迭代会终止

每一步会追加一个新元素，经过 3 步后，我们已经遍历完所有元素。range 循环使用的临时切片保持长度为 3，因此循环 3 次后结束。

和传统 for 循环的行为是不同的：

```
s := []int{0, 1, 2}
for i := 0; i < len(s); i++ {
    s = append(s, 10)
}
```

在这个例子中，循环不会结束。len(s)表达式在每次迭代时被求值，又因为我们持续添加元素，循环将永远达不到结束状态。要准确使用 Go 循环，必须牢记这一区别。

回到 range 操作符，我们描述的行为（表达式只求值一次）适用于提供的所有数据类型。作为一个例子，让我们看看这个行为对其他两种类型的影响：channel 和数组。

4.2.1　channel

让我们看看使用 range 循环迭代 channel 的具体示例。我们创建了两个 goroutine，它们将元素发送到两个不同的 channel，然后在父 goroutine 中，我们使用 range 循环实现了一个 channel 的消费者，在每次迭代中将 channel 切换到另一个：

```
ch1 := make(chan int, 3)  // 创建第一个 channel，其将会包含 0, 1, 2
go func() {
    ch1 <- 0
    ch1 <- 1
    ch1 <- 2
    close(ch1)
}()
```

```
ch2 := make(chan int, 3)   // 创建第二个 channel，将会包含 10，11，12
go func() {
    ch2 <- 10
    ch2 <- 11
    ch2 <- 12
    close(ch2)
}()
ch := ch1                  // 将第一个 channel 赋值给变量 ch
for v := range ch {        // 通过迭代 ch 创建 channel 消费者
    fmt.Println(v)
    ch = ch2               // 将第二个 channel 赋值给 ch
}
```

在这个例子中，同样的逻辑也适用于 range 表达式是如何求值的，这个提供给 range 循环的表达式是指向 ch1 的 channel ch。因此 range 对 ch 求值，将其复制到一个临时变量并从中迭代得到数据，尽管有 ch = ch2 语句，但 range 持续迭代 ch1 而不是 ch2：

```
0
1
2
```

不过 ch = ch2 语句并非没有作用。由于我们将 ch 赋值为第二个变量的值，所以如果接下来调用 close(ch)，将关闭第二个 channel，而不是第一个。

接下来让我们看看 range 运算符在和数组一起使用时，只对表达式求一次值的影响。

4.2.2 数组

对数组使用 range 循环有什么影响呢？由于 range 表达式是在循环开始前求值的，所以赋值到循环临时变量的是这个数组的拷贝。让我们通过下面的例子来看看这个原理，它在迭代过程中更新一个特定的数组索引：

```
a := [3]int{0, 1, 2}     // 创建一个有 3 个元素的数组
for i, v := range a {    // 迭代这个数据
    a[2] = 10            // 更新最后一个索引
    if i == 2 {          // 打印最后一个索引的内容
        fmt.Println(v)
    }
}
```

这段代码将最后一个索引值更新为 10。然后，运行这段代码，它没有打印 10，而是 2，如图 4.3 所示。

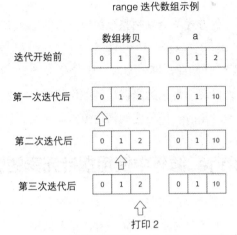

图 4.3　range 迭代数组拷贝（左侧）、同时循环体更新 a（右侧）

正如我们之前提到的，range 运算符创建数组的拷贝。同时，循环不会更新这个拷贝，它更新原始的数组：a，因此最后一次迭代时 v 的值是 2，不是 10。

如果想打印最后一个元素的实际值，可以通过以下两种方式实现。

- 使用索引访问元素：

```
a := [3]int{0, 1, 2}
for i := range a {
    a[2] = 10
    if i == 2 {
        fmt.Println(a[2])  // 使用 a[2] 而不是 range 的值变量获取
    }
}
```

因为我们访问的是原始数组，所以这段代码打印 10 而不是 2。

- 使用数组指针：

```
a := [3]int{0, 1, 2}
for i, v := range &a {   // 遍历 &a 而不是 a
    a[2] = 10
    if i == 2 {
        fmt.Println(v)
    }
}
```

我们把数组指针的拷贝赋值给 range 使用的临时变量。因为两个指针都指向同一个数组，所以访问 v 会返回 10。

两种方式都是有效的，但第二种方式不会复制整个数组，在数组非常大时需要注意这一点。

总之，range 循环只会在循环开始前，通过复制（无论什么类型）的方式，对表达式求值一次，我们应该记住这个行为以避免常见的错误，例如访问错了元素。

下一节，我们将了解带指针的 range 循环应如何避免常见错误。

4.3 #32：忽视在 range 循环中使用指针元素的影响

本节讨论使用带有指针元素的 range 循环的一个具体错误。如果不够谨慎，可能会导致引用错误的元素，让我们研究一下这个问题以及如何解决这个问题。

在开始之前，让我们明确使用带有指针元素的切片或 map 的根本原因，主要有以下三种情况。

- 在语义方面，使用指针语义存储数据意味着共享元素。比如下面这个方法中有将元素插入缓存的逻辑：

```
type Store struct {
    m map[string]*Foo
}
func (s Store) Put(id string, foo *Foo) {
    s.m[id] = foo
    // ...
}
```

这里，使用指针意味着 Foo 的元素由 Put 的调用者和 Store 结构体共享。

- 有时我们已经操作了指针，因此可以方便地直接在集合里存储指针而不是值。
- 如果我们存储大型结构体，并且这些结构体经常被更新，可以使用指针以避免每次更新时都进行复制和添加操作。

```
func updateMapValue(mapValue map[string]LargeStruct, id string) {
    value := mapValue[id]        // 复制
    value.foo = "bar"
    mapValue[id] = value         // 添加
}

func updateMapPointer(mapPointer map[string]*LargeStruct, id string) {
    mapPointer[id].foo = "bar"    // 直接更新 map 元素
}
```

因为 updateMapPointer 接收一个 map 指针，所以更新 foo 字段可以一步完成。

现在是时候讨论 range 循环中带指针元素的常见错误了。我们将考虑以下两个结构体：

- Customer 结构体代表一个客户。
- Store 结构体保存 map 指针 Customer。

```
type Customer struct {
    ID      string
    Balance float64
}

type Store struct {
    m map[string]*Customer
}
```

下面这个方法迭代 Customer 切片，并将其元素存入 map m 中：

```
func (s *Store) storeCustomers(customers []Customer) {
    for _, customer := range customers {
        s.m[customer.ID] = &customer        // 将 customer 指针存入 map
    }
}
```

在这个例子中，我们使用 range 操作符迭代输入的切片，并将 Customer 指针存入 map，但是这个方法是否和我们预期的一致？

让我们用一个持有三个不同 Customer 结构体的切片调用它试一试：

```
s.storeCustomers([]Customer{
    {ID: "1", Balance: 10},
    {ID: "2", Balance: -10},
    {ID: "3", Balance: 0},
})
```

如果打印这个 map，下面是这段代码的输出结果：

```
key=1, value=&main.Customer{ID:"3", Balance:0}
key=2, value=&main.Customer{ID:"3", Balance:0}
key=3, value=&main.Customer{ID:"3", Balance:0}
```

正如我们所见，存储在 map 中的所有元素引用相同的 Customer 结构体：3，而不是存储 3 个不同的 Customer。我们做错了什么？

使用 range 循环迭代 customer 切片，不管元素的数量如何，将只创建一个具有固定地址的 customer 变量，可以通过每次迭代时打印指针地址来验证这一点。

```
func (s *Store) storeCustomers(customers []Customer) {
    for _, customer := range customers {
        fmt.Printf("%p\n", &customer)        // 打印 customer 地址
        s.m[customer.ID] = &customer
    }
}
0xc000096020
0xc000096020
0xc000096020
```

为什么这一点很重要，让我们看一下每一次的迭代：

- 第一次迭代，customer 引用第一个元素 Customer 1，我们保存了引用 customer 结构体的指针。
- 第二次迭代，customer 引用另一个元素 Customer 2，我们仍然保存了引用 customer 结构体的指针。
- 最后一次迭代，customer 引用最后一个元素 Customer 3，同样，同一个指针被存到 map 中。

迭代之后，我们已经将同一个指针在 map 中保存了 3 次（参考图 4.4），指针的最后一次赋值是引用切片的最后一个元素 Customer 3，这就是为什么所有的 map 元素都引用同一个 Customer。

图 4.4 customer 变量有一个固定的地址，所以我们在 map 中保存了相同的指针

如何解决这个问题呢？有两种主要的解决方案。第一种与我们看到的错误#1 类似，需要创建一个局部变量：

```
func (s *Store) storeCustomers(customers []Customer) {
    for _, customer := range customers {
        current := customer           // 创建一个局部变量 current
        s.m[current.ID] = &current    // 在 map 中存储这个指针
    }
}
```

在这个例子中，我们不存储引用 `customer` 的指针；我们存储引用 `current` 的指针，`current` 变量在每次迭代时引用唯一的 `Customer`。因此，在循环之后，我们在 map 中存储了引用不同 `Customer` 的不同指针。另一个解决方案是使用切片的索引存储引用每个元素的指针：

```go
func (s *Store) storeCustomers(customers []Customer) {
    for i := range customers {
        customer := &customers[i]        // 给 customer 赋值第 i 个元素的指针
        s.m[customer.ID] = customer      // 存储 customer 指针
    }
}
```

在这个解决方案中，`customer` 现在是一个指针，由于它每次迭代时都被初始化，它有独一无二的地址，因此我们在 map 中存储了不同的指针。

当使用 `range` 循环迭代一个数据结构时，必须记住，所有的值都被赋给一个具有唯一地址的唯一变量。因此，如果在每次迭代过程中存储引用这个变量的指针，那么最后的情况是我们存储的指针引用了同一个元素：最后迭代的那一个。我们可以通过在循环的作用域中强制创建局部变量，或通过切片的索引创建引用切片元素的指针来解决这个问题。两种解决方案都可以。还要注意，我们使用切片数据结构作为输入，问题与 map 类似。

下一节，我们看一下和 map 迭代相关的常见错误。

4.4　#33：在 map 迭代过程中做出错误假设

迭代 map 是误解和错误的常见来源，主要是因为开发者做出了错误的假设。在这一节，我们讨论两种不同的情况：

- 排序
- 在迭代期间更新 map

我们将看到在迭代 map 期间，由于错误的假设导致的两个常见错误。

4.4.1　排序

关于排序，我们需要先理解 map 数据结构的一些基本行为。

- 它不按键对数据进行排序（map 不是基于二叉树的）。
- 它不保持添加数据的顺序。比如先插入数据对 A 再插入数据对 B，我们不能基于这个插入顺序做任何假设。

此外，当迭代一个 map 时，我们不能做任何关于排序的假设。让我们来看看这句话的含义。

仔细看看图 4.5 中的 map，它由 4 个桶组成（桶中的元素代表键），底层数组的每个索引都引用给定的桶。

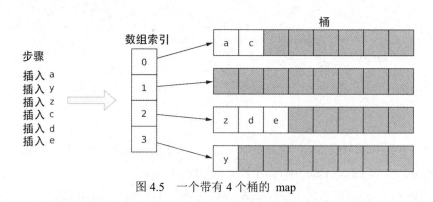

图 4.5　一个带有 4 个桶的 map

现在，我们使用 range 循环迭代这个 map，并打印所有键：

```
for k := range m {
    fmt.Print(k)
}
```

我们提到过，数据不是按键排序的。因此，我们不期望这段程序打印 acdeyz。同时，我们说过，map 不保持插入顺序，因此我们不期望这段代码打印 ayzcde。

但我们可以期望这段代码按照它们当前存储在 map 中的顺序打印键吗？不能。在 Go 语言中，map 上的迭代顺序是未规定的。也不能保证这次迭代的顺序和下一次相同。我们应该牢记这些 map 的行为，以免代码基于了错误的假设。

我们可以运行两次前面的程序来确认上述代码：

```
zdyaec
czyade
```

就像我们看到的，运行两次但迭代的顺序不同。

> **注意**　因为不能保证迭代顺序，且迭代的分布也不是均匀的。这就是为什么 Go 官方规范中声明迭代是未规定的，而不是随机的。

那么为什么 Go 使用这种方式迭代 map 呢？这是语言设计者有意为之的。他们想添加某种形式的随机性，以确保开发人员在使用 map 时，不会依赖任何排序假设（参见链接 21）。

因此，作为 Go 开发者，我们不应该在迭代 map 时对排序做任何假设。然而，我们应当注意到，使用标准库或外部库的包时可能导致不同的行为。比如，当 encoding/json 包将 map 转为 JSON 时，它会按照字母的顺序对数据进行重排序，而不管保存时的顺序如何。但这不是 map 本身的属性。如果需要排序，我们应该依赖其他数据结构，比如二叉堆（GoDS 库包含了有用的数据结构实现，参见链接 22）。

让我们看一下第二个常见错误：在迭代 map 时更新自己。

4.4.2　在迭代时往 map 中添加数据

在 Go 语言中，迭代时更新 map（插入或删除元素）是被允许的；它不会导致编译错误或运行时错误。然而，在迭代期间往 map 中添加元素有一个需要考虑的问题面，以避免不确定结果。

让我们看看下面这个迭代的代码样例，map[int]bool。如果值为真，我们加入另一个元素，你能猜到下面代码的输出吗？

```
m := map[int]bool{
    0: true,
    1: false,
    2: true,
}

for k, v := range m {
    if v {
        m[10+k] = true
    }
}

fmt.Println(m)
```

这段代码的结果是不可预知的，下面是我们运行多次后的结果样例：

```
map[0:true 1:false 2:true 10:true 12:true 20:true 22:true 30:true]
map[0:true 1:false 2:true 10:true 12:true 20:true 22:true 30:true 32:true]
map[0:true 1:false 2:true 10:true 12:true 20:true]
```

要想知道为什么，我们必须读一下 Go 语言规范中关于迭代时 map 新键值对的说明：

> 如果在迭代时创建 map 键值对，它可能在迭代期间被创建（对后面的迭代产生影响），也可能会被跳过，每个键值对的创建对后面的每次迭代产生的影响都可能不同。

因此，当将一个键值对在迭代期间加入 map 时，它可能在接下来的迭代中生效，也可能不生效。作为 Go 开发者，我们没有办法左右这种行为。每次迭代都可能不一样，这就是为什么运行三次的结果都不相同的原因。

必须牢记这种行为，以确保我们的代码不会产生不可预知的输出。如果想在迭代时更新 map，并确保添加的键值对不是迭代的一部分，一个解决办法是使用 map 的拷贝，就像下面这样：

```
m := map[int]bool{
    0: true,
    1: false,
    2: true,
}
m2 := copyMap(m)        // 创建初始 map 的拷贝

for k, v := range m {
    m2[k] = v
    if v {
        m2[10+k] = true  // 更新 m2，而不是 m
    }
}

fmt.Println(m2)
```

在这个例子中，我们解除读取的 map 和更新的 map 的关联，不断迭代 m 但更新 m2。新版本的输出是可预测和可重复的：

```
map[0:true 1:false 2:true 10:true 12:true]
```

总之，当我们使用 map 时，不能依赖以下几点：

- 数据是按键排序的。
- 保持插入顺序。
- 确定的迭代顺序。
- 在迭代的同时添加能对后来产生影响的键值对。

记住这些行为，可以帮助我们避免基于错误假设而产生常见错误。

下一节，我们看一下在跳出循环时常犯的错误。

4.5　#34：忽视 break 语句是如何工作的

break 语句常用来中断循环。当循环与 switch 或 select 一起使用时，开发者经常执行了错误的 break 语句。

让我们看一下接下来的这个例子。我们在 for 循环里使用了 switch，如果循环索引值是 2，那么我们想中断循环：

```
for i := 0; i < 5; i++ {
    fmt.Printf("%d ", i)

    switch i {
    default:
    case 2:
        break    // 如果 i 是 2，则调用 break
    }
}
```

这段代码乍一看没什么问题；然而，它不像我们想象的那样运作。break 语句没有中断 for 循环，而是中断了 switch 语句。因此这段代码从 0 迭代到 4：0 1 2 3 4，而不是从 0 迭代到 2。

要记住的一个基本规则是，break 语句终止最里面的 for、switch 或 select 语句，在前面的例子中，它中断的是 switch 语句。

那如何跳出循环而不是 switch 语句呢？最常用的方式是使用标签：

```
loop:                          // 定义一个循环标签
    for i := 0; i < 5; i++ {
        fmt.Printf("%d ", i)

        switch i {
        default:
        case 2:
            break loop    // 跳出 loop 标签附加的循环，而不是 switch 语句
        }
    }
```

这里，我们将 loop 标签与 for 循环关联起来。然后，由于我们给 break 语句提供了 loop 标签，它跳出了循环而不是 switch 语句，因此这个版本正如我们期望的，打印 0 1 2。

带标签的 break 和 goto 一样吗

一些开发者可能会质疑使用带标签的 break 是否是习惯用法，并把它当作花哨的 goto 语句。然而，事实并非如此，这样的代码也在标准库中被使用。比如在 net/http 包中，从一个缓冲区中按行读取：

```
eadlines:
    for {
        line, err := rw.Body.ReadString('\n')
        switch {
        case err == io.EOF:
            break readlines
        case err != nil:
            t.Fatalf("unexpected error reading from CGI: %v", err)
        }
        // ...
    }
```

这个例子使用了简明的 readlines 标签来强调循环的目标。因此，我们应该认为，在 Go 中使用标签中断语句是一个习惯用法。

break 语句也可能错误地出现在循环内的 select 语句中。在下面这段代码中，我们想用带有两个 case 的 select 语句，在上下文被取消时退出循环：

```
for {
    select {
    case <-ch:
        // 做具体操作
    case <-ctx.Done():
        break            // 如果上下文被取消则中断执行
    }
}
```

这里，最里面的 for、switch 或 select 语句是 select 语句，而不是 for 循环。所以循环仍重复进行。同样地，我们可以使用标签中断循环：

```
loop:                    // 定义循环标签
    for {
        select {
        case <-ch:
            // 具体操作
```

```
    case <-ctx.Done():
        break loop       // 终止 loop 标签关联的循环，而不是 select
    }
}
```

现在，和预期一致，break 语句跳出了循环而不是跳出 select 语句。

注意　我们也可以使用带标签的 continue 来跳到带标签的循环的下一
次迭代。

在循环中使用 switch 或 select 时要保持谨慎。当使用 break 时，应始终确保我们
知道哪个语句会受影响。正如我们看到的，使用标签强制退出特定语句是惯用的解决方案。

在本章的最后一节，我们继续讨论循环，但这次与 defer 关键字结合使用。

4.6　#35：在循环中使用 defer

defer 语句延迟一个调用的执行，直到 defer 语句所在的函数返回。它主要用于减少
样板代码。比如，我们要关闭一个资源，可以使用 defer 来避免在函数的每个返回前都重
复调用关闭语句。然而，一个常见的错误是不知道在循环中使用 defer 的后果。让我们看
看这个问题。

我们要实现一个函数：从一个 channel 中接收文件路径并打开这些文件。因此，我们需
要迭代这个 channel，打开文件，处理关闭流程，下面所示的是第一个版本：

```
func readFiles(ch <-chan string) error {
    for path := range ch {                    // 迭代这个 channel
        file, err := os.Open(path)            // 打开文件
        if err != nil {
            return err
        }
        defer file.Close()                // 使用 defer 延迟调用 file.Close()
        // 对文件进行操作
    }
    return nil
}
```

注意　我们将在错误#54 中讨论如何处理 defer 中的错误。

这个实现有一个很大的问题。我们知道，defer 会在所在函数返回时对一个函数进行
调用。在这个例子中，defer 调用不是在每次循环迭代期间执行，而是在 readFiles 函数

返回时执行。如果 readFiles 不返回，这些文件描述符将一直打开，从而导致内存泄漏。

解决此问题有哪些办法呢？一种方式是不用 defer，而是手动处理文件关闭。但如果我们这么做，将不得不放弃 Go 语言工具集的便利特性，只因为我们在一个循环中。那如果想继续用 defer 有什么办法吗？需要创建在每次迭代中调用的另一个包含 defer 的函数。

比如，我们可以创建一个 readFile 函数，来实现接收到每个新文件路径的处理逻辑：

```go
func readFiles(ch <-chan string) error {
    for path := range ch {
        if err := readFile(path); err != nil {    //调用包含主逻辑的 readFile 函数
            return err
        }
    }
    return nil
}

func readFile(path string) error {
    file, err := os.Open(path)
    if err != nil {
        return err
    }

    defer file.Close()                    // 保留 defer 调用
    // 对文件进行的操作
    return nil
}
```

在这个实现中，当 readFile 函数返回时，即在每次迭代结束时，defer 函数都被调用。因此在上级 readFiles 函数返回前，我们没有保持文件描述符一直打开。

另一种方法是使 readFile 函数成为一个闭包：

```go
func readFiles(ch <-chan string) error {
    for path := range ch {
        err := func() error {
            // ...
            defer file.Close()
            // ...
        }()                    // 执行闭包
        if err != nil {
            return err
        }
    }
```

```
    return nil
}
```

从本质上来说，这仍然是同样的解决方案：在每次迭代期间增加另一个包含 defer 的函数来执行 defer 调用。老方法的好处是更清晰，我们还能为其写单元测试。

当使用 defer 时，一定要记住，它会在其所在函数退出时调用一个函数，因此在循环中调用 defer 将把调用都放到栈里：调用的函数在迭代期间不会执行，如果循环不终止则会导致内存泄漏。解决这个问题最方便的方法是在每次迭代期间引入另一个函数。但是如果你认为性能很重要的话，这个方式是有缺点的，函数调用会增加开销。如果有这样的情况并想防止这种开销，应该去掉 defer 并在循环前手动处理。

总结

- range 循环中的值元素是一个拷贝。因此，如果想更新一个结构体，应通过索引或传统的 for 循环（除非你想修改的这个元素或字段不是指针）。
- 知道提供给 range 操作符的表达式只在循环前执行一次，可以帮助你避免常见的错误，比如在 channel 或切片迭代中进行无效的赋值。
- 使用局部变量或使用索引访问元素，可以避免在循环中复制指针的错误。
- 要在使用 map 时确保输出符合预期，记住 map 数据结构的特性：
  - 不按照键排序。
  - 不保持插入顺序。
  - 没有确定的迭代顺序。
  - 不保证在迭代期间新增的元素会对后续迭代产生影响。
- 使用带标签的 break 或 continue 强制退出指定语句，这对在循环中使用 switch 或 select 语句很有帮助。
- 将循环内的逻辑提取到函数中进行调用，将会在每次迭代结束时执行函数里的 defer 语句。

5

字符串

本章涵盖：

- 理解 Go 中 rune 的基本概念
- 通过字符串迭代和裁剪防止常见错误
- 避免由于字符串连接或无用转换而导致的低效代码
- 使用子字符串避免内存泄漏

在 Go 中，字符串是一种不可变的数据结构，包含以下内容：

- 一个指向不可变字节序列的指针。
- 字节序列中的字节个数。

在本章，我们将看到 Go 中有一种非常独特的处理字符串的方法。Go 引入了一个名为 *rune* 的概念；新手对这个概念可能会感到困惑，理解它很重要。一旦知道字符串是如何被管理的，我们就可以在迭代字符串时避免常见错误。我们还将研究 Go 开发人员在使用或生成字符串时所犯的常见错误。此外，我们将看到，有时可以直接使用 []byte 来避免额外的内存分配。最后，我们将讨论如何避免子字符串可能导致泄漏的常见错误。本章的主要目的是通过介绍常见的字符串错误，帮助你了解 Go 中字符串的工作原理。

5.1 #36：不理解 rune 的概念

开始本章关于字符串的内容之前，我们必须讨论 Go 中 rune 的概念。正如你将在下面的部分中看到的，这个概念对于彻底理解字符串的处理方式和避免常见错误至关重要。但在深入研究 rune 之前，我们需要确保对一些基本编程概念的理解保持一致。

我们应该理解字符集和编码之间的区别：

- 顾名思义，字符集是一组字符的集合。例如，Unicode 字符集中包含 2^{21} 个字符。
- 编码是将字符列表转换为二进制。例如，UTF-8 是一种编码标准，能够以可变字节数（从 1 到 4 字节）编码所有 Unicode 字符。

我们用字符来简化字符集的定义。但在 Unicode 中，我们使用代码位（code point）的概念来引用由单个值表示的项。例如，"汉"这个字符由 U+6C49 代码位表示。使用 UTF-8，"汉"字符使用 3 字节进行编码：0xE6、0xB1 和 0x89。为什么这很重要？因为在 Go 中，rune 是 Unicode 代码位。

同时，我们提到 UTF-8 将字符编码为 1 到 4 字节，因此最多 32 位。这就是为什么在 Go 中，rune 是 `int32` 的别名：

```
type rune = int32
```

关于 UTF-8 还有一件事需要强调：一些人认为 Go 字符串总是 UTF-8 的，但事实并非如此。让我们考虑以下示例：

```
s := "hello"
```

我们给 s 赋一个字符串字面量（字符串常量）。在 Go 中，源代码是用 UTF-8 编码的。因此，所有字符串字面量都使用 UTF-8 编码成一个字节序列。然而，字符串是一个任意字节序列；它不一定基于 UTF-8。因此，当我们操作一个不是从字符串字面量初始化的变量（例如，从文件系统读取）时，不能假设它使用的是 UTF-8 编码。

> **注意** `golang.org/x` 是一个扩展标准库的存储库，包含可与 UTF-16 和 UTF-32 配合使用的包。

让我们回到 hello 的示例。有一个字符串由五个字符组成：h、e、l、l 和 o。这些简单字符都使用单个字节进行编码。这就是为什么获取 s 的长度时返回 5：

```
s := "hello"
fmt.Println(len(s)) // 5
```

但一个字符并不总是被编码成单个字节。回到"汉"这个字符，前文提到使用 UTF-8 时，该字符被编码为 3 字节。我们可以通过以下示例验证这一点：

```
s := "汉"
fmt.Println(len(s)) // 3
```

本例没有打印 1，打印的是 3。实际上，应用于字符串的内置函数 `len` 不返回字符数，它返回字节数。

反过来，我们可以从字节列表创建字符串。我们提到，"汉" 这个字符使用 3 字节 0xE6、0xB1 和 0x89 进行编码：

```
s := string([]byte{0xE6, 0xB1, 0x89})
fmt.Printf("%s\n", s)
```

这里，我们构建一个由这 3 字节组成的字符串。当打印字符串时，不是打印三个字符，而是打印一个字符：汉。

总之：

- 字符集是一组字符的集合，而编码描述了如何将字符集转换为二进制。
- 在 Go 中，字符串引用任意字节的不可变切片。
- Go 的源代码使用 UTF-8 编码。因此，所有字符串字面量都是 UTF-8 字符串。但是，由于字符串可以包含任意字节，如果它是从其他地方（不是源代码）获得的，则不能保证它是基于 UTF-8 编码的。
- rune 对应于 Unicode 代码位的概念，表示由单个值表示的项。
- 使用 UTF-8，一个 Unicode 代码位可以编码成 1 到 4 字节。
- 在 Go 中对字符串使用 `len` 将返回字节数，而不是 rune 的数量。

记住这些概念至关重要，因为 rune 在 Go 中无处不在。让我们看看这个知识的具体应用，它涉及一个与字符串迭代相关的常见错误。

5.2 #37：字符串迭代不准确

迭代字符串是开发人员的常见操作。也许我们想对字符串中的每个 rune 执行一个操作，或者实现一个自定义函数来搜索特定的子字符串。在这两种情况下，我们都必须迭代字符串的不同 rune。但很容易对迭代的工作原理感到困惑。

让我们看一个具体的例子。这里，我们想在字符串中打印不同的 rune 及其相应位置：

```
s := "hêllo"   // 字符串字面量包含一个特殊的 rune: ê
for i := range s {
    fmt.Printf("position %d: %c\n", i, s[i])
```

```
}
fmt.Printf("len=%d\n", len(s))
```

我们使用 range 操作符迭代 s，然后希望使用字符串中的索引打印每个 rune。输出如下：

```
position 0: h
position 1: Ã
position 3: l
position 4: l
position 5: o
len=6
```

这段代码没有实现我们想要的。有三点值得强调：

- 第二个 rune 输出的是 Ã 而不是 ê。
- 从位置 1 跳到位置 3：那位置 2 是什么？
- len 返回 6，而 s 只包含 5 个 rune。

让我们从输出的最后开始分析。我们已经提到，len 返回字符串中的字节数，而不是 rune 数。因为我们给 s 赋值了一个字符串字面量，所以 s 是一个 UTF-8 字符串。同时，特殊字符 ê 不是单个字节编码的，它需要 2 字节。因此，调用 len(s) 返回 6。

计算字符串中的 rune 数

如果我们想得到字符串中的 rune 数，而不是字节数，该怎么办？如何做到这一点取决于编码方式。

在前面的示例中，因为我们给 s 赋值了一个字符串字面量，所以可以使用 unicode/utf8 包：

```
fmt.Println(utf8.RuneCountInString(s))        // 5
```

让我们回到迭代中去了解剩余的惊奇之处：

```
for i := range s {
    fmt.Printf("position %d: %c\n", i, s[i])
}
```

必须认识到，在这个例子中，我们不会迭代每个 rune；我们迭代 rune 的每个起始索引，如图 5.1 所示。

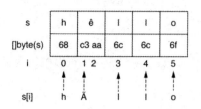

图 5.1 打印 s[i] 会打印索引 i 处每字节的 UTF-8 表示

打印 s[i] 不会打印第 i 个 rune；它打印索引 i 处字节的 UTF-8 表示。因此，我们打印的是 hÃllo 而不是 hêllo。那么，如果想打印所有不同的 rune，如何修改代码呢？有两种主要做法。

我们必须使用 range 运算符的值元素：

```
s := "hêllo"
for i, r := range s {
    fmt.Printf("position %d: %c\n", i, r)
}
```

我们没有使用 s[i] 打印 rune，使用的是 r 变量。对字符串使用 range 循环会返回两个变量，rune 的起始索引和 rune 本身：

```
position 0: h
position 1: ê
position 3: l
position 4: l
position 5: o
```

另一种方法是将字符串转换为 rune 的切片并对其进行迭代：

```
s := "hêllo"
rune := []rune(s)
for i, r := range runes{
    fmt.Printf("position %d: %c\n", i, r)
}

position 0: h
position 1: ê
position 2: l
position 3: l
position 4: o
```

在这里，我们使用 []rune(s) 将 s 转换为 rune 的切片。然后迭代这个切片，并使用

range 操作符的值元素来打印所有 rune。唯一的区别与位置有关：这里不是打印 rune 的字节序列的起始索引，而是直接打印 rune 的索引。

请注意，与前一个解决方案相比，此解决方案引入了运行时开销。实际上，将一个字符串转换为一个 rune 的切片需要分配一个额外的切片，并将字节转换为 rune：时间复杂度为 $O(n)$，字符串中的字节数为 n。因此，如果想迭代所有的 rune，我们应该使用第一个解决方案。

然而，如果想在第一个方案中访问字符串的第 i 个 rune，我们是无法访问到 rune 索引的，我们知道的只是字节序列中 rune 的起始索引。因此，在大多数情况下，我们应该使用第二种方案：

```
s := "hêllo"
r := []rune(s)[4]
fmt.Printf("%c\n", r) // o
```

这段代码通过将字符串转换为 rune 的切片来打印第 4 个 rune。

访问特定 rune 的可能优化

如果字符串由单字节 rune 组成，则可以进行优化：例如，如果字符串包含字母 A 到 Z 和 a 到 z。通过直接使用 s[i] 访问字节的方式，我们可以访问第 i 个 rune，而无须将整个字符串转换为 rune 的切片：

```
s := "hello"
fmt.Printf("%c", rune(s[4]))    // o
```

总之，如果想迭代字符串的 rune，可以直接在字符串上使用 range 循环。但必须记住，索引对应的不是 rune 索引，而是 rune 的字节序列的起始索引。因为 rune 可以由多个字节组成，所以如果想访问 rune 本身，应该使用 range 的值变量，而不是字符串中的索引。同时，如果想获取字符串的第 i 个 rune，在大多数情况下应该将字符串转换为 rune 的切片。

在下一节中，我们将看看在 strings 包中使用 trim 函数时出现问题的根源。

5.3　#38：乱用 trim 函数

Go 开发人员在使用 strings 包时常犯的一个错误是混淆了 TrimRight 和

TrimSuffix。这两个函数的用途相似，很容易混淆。让我们具体来看看。

在下面的示例中，我们使用 TrimRight。这段代码的输出应该是什么？

```
fmt.Println(strings.TrimRight("123oxo", "xo"))
```

答案是 123。这是你期望的吗？如果不是，那么你可能希望得到 TrimSuffix 的结果。让我们了解一下这两个函数。

TrimRight 删除给定集合中包含的所有尾部 rune。在我们的示例中，我们将 xo 作为一个集合传递，它包含两个 rune：x 和 o。图 5.2 显示了这个逻辑。

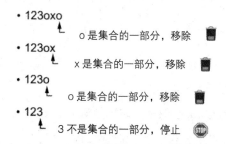

图 5.2 TrimRight 从后往前迭代，直到找到不属于集合的 rune

TrimRight 从后往前迭代每个 rune。如果 rune 是所提供集合的一部分，函数会将其移除。如果不是，函数将停止迭代并返回剩余的字符串。TrimSuffix 返回一个移除了后缀的字符串：

```
fmt.Println(strings.TrimSuffix("123oxo", "xo"))
```

因为 123oxo 以 xo 结尾，所以此代码打印 123o。此外，删除后缀不是重复操作，因此 TrimSuffix("123xoxo", "xo") 返回 123xo。

TrimLeft 和 TrimPrefix 从字符串左边开始操作，原理相同：

```
fmt.Println(strings.TrimLeft("oxo123", "ox")) // 123
fmt.Println(strings.TrimPrefix("oxo123", "ox")) /// o123
```

strings.TrimLeft 删除集合中包含的所有前导 rune，因此打印 123。TrimPrefix 删除提供的前导前缀，因此打印 o123。

与此主题相关的最后一个注意事项是，Trim 对字符串同时应用 TrimLeft 和 TrimRight。因此，它会删除集合中包含的所有前导 rune 和尾部 rune：

```
fmt.Println(strings.Trim("oxo123oxo", "ox")) // 123
```

总之，我们必须确保了解 `TrimRight/TrimLeft` 和 `TrimSuffix/TrimPrefix` 之间的区别：

- `TrimRight/TrimLeft` 删除集合中的尾部/前导 `rune`。
- `TrimSuffix/TrimPrefix` 删除给定的后缀/前缀。

在下一节中，我们将深入研究字符串连接。

5.4 #39：缺乏优化的字符串连接

在连接字符串时，Go 中有两种主要方法，其中一种在某些情况下可能非常低效。让我们研究一下这个话题，以了解应该选择哪种方法以及何时选择。

让我们编写一个 `concat` 函数，使用 `+=` 运算符连接切片的所有字符串元素：

```
func concat(values []string) string {
    s := ""
    for _, value := range values {
        s += value
    }
    return s
}
```

在每次迭代期间，`+=` 运算符将 `s` 与 `value` 字符串连接起来。乍一看，这个函数可能没有错。但通过这种实现，我们忘记了字符串的核心特征之一：不变性。因此，每次迭代都不会更新 `s`；每次迭代在内存中重新分配一个新字符串，这会显著影响此函数的性能。

幸运的是，有一个解决方案，可以使用 `strings` 包中的 `Builder` 结构体来处理此问题：

```
func concat(values []string) string {
    sb := strings.Builder{}          // 创建一个 strings.Builder
    for _, value := range values {
        _, _ = sb.WriteString(value)  // 附加一个字符串
    }
    return sb.String()                // 返回结果字符串
}
```

首先，我们用零值创建了一个 `strings.Builder` 结构体实例。在每次迭代期间，通过调用 `WriteString` 方法来构造结果字符串，该方法将 `value` 的内容附加到其内部缓冲区，从而最小化内存复制。

请注意，WriteString 的第二个返回值是一个错误，但我们故意忽略它。实际上，此方法永远不会返回非 nil 错误。那么，这个方法返回错误作为其签名的一部分的目的是什么？strings.Builder 实现了 io.StringWriter 接口，该接口只包含一个方法：WriteString(s string) (n int, err error)。因此，要符合此接口，WriteString 必须返回错误。

> **注意**　我们将在错误#53 中讨论惯用的忽略错误法。

使用 strings.Builder，还可以：

- 使用 Write 附加一个字节切片。
- 使用 WriteByte 附加单个字节。
- 使用 WriteRune 附加单个 rune。

在内部，strings.Builder 保存着一个字节切片。每次调用 WriteString 都会将结果追加到这个切片。这有两个影响。首先，这个结构体不能并发使用，因为调用 append 会导致竞争条件。第二个影响是我们在错误#21 中看到的：如果已经知晓切片将来的长度，我们应该预先分配它。为此，strings.Builder 公开了一个方法 Grow(n int)，以保证另外 n 字节的空间。

让我们编写 concat 方法的另一个版本，它使用总字节数调用 Grow：

```go
func concat(values []string) string {
    total := 0
    for i := 0; i < len(values); i++ {   // 迭代字符串切片以计算总字节数
        total += len(values[i])
    }
    sb := strings.Builder{}
    sb.Grow(total)                        // 用这个总字节数调用 Grow
    for _, value := range values {
        _, _ = sb.WriteString(value)
    }
    return sb.String()
}
```

在迭代之前，我们计算最终字符串将包含的字节总数，并将结果赋值给 total。注意，我们感兴趣的不是 rune 的数量，而是字节的数量，所以我们使用 len 函数。然后，我们调用 Grow 来保证迭代字符串之前总字节的空间。

让我们运行一个基准测试来比较这三个版本（v1 使用 +=；v2 使用 strings.

Builder{}，但不进行预分配；v3 使用 `string.Builder{}`，并进行预分配）。输入切片包含 1000 个字符串，每个字符串包含 1000 字节：

```
BenchmarkConcatV1-4 16 72291485 ns/op
BenchmarkConcatV2-4 1188 878962 ns/op
BenchmarkConcatV3-4 5922 190340 ns/op
```

正如我们所看到的，v3 版本是迄今为止最高效的：比 v1 快 99%，比 v2 快 78%。我们可能会问自己，为何在输入切片上迭代两次会使速度更快？答案在于错误#21 中所说的：如果没有为切片分配给定的长度或容量，那么切片每次充满时都会继续增长，从而导致额外的分配和复制。因此，在这种情况下，迭代两次是最高效的选择。

　　`strings.Builder` 是连接字符串的推荐解决方案。通常，此解决方案应在循环中使用。事实上，如果我们只需要连接几个字符串（例如姓名和姓氏），那么不建议使用 `strings.Builder`，因为这样做会使代码的可读性比使用 `+=` 运算符或 `fmt.Sprintf` 差一些。

　　一般来说，从性能方面考虑，连接五个以上的字符串时，使用 `strings.Builder` 方案会更快。尽管这个确切的数字取决于许多因素，例如连接字符串的大小和计算机配置，但这可以作为经验法则，帮助我们决定何时选择一种解决方案而不是另一种。此外，我们不应该忘记，如果预先知道将来字符串的字节数，应该使用 `Grow` 方法预先分配内部字节切片。

　　接下来，我们将讨论 `bytes` 包及为什么它可以防止无用的字符串转换。

5.5 #40：无用的字符串转换

　　当选择使用字符串或 `[]byte` 时，为了方便起见，大多数程序员倾向于使用字符串。但大多数 I/O 实际上是用 `[]byte` 完成的。例如，`io.Reader`、`io.Writer` 和 `io.ReadAll` 都使用的是 `[]byte`，而不是字符串。因此，尽管 `bytes` 包包含许多与 `strings` 包相同的操作，但是使用字符串意味着额外的转换。

　　让我们看看不应该做什么的例子。我们将实现一个 `getBytes` 函数，它接收 `io.Reader` 作为输入，从中读取并调用 `sanitize` 函数。清理工作将通过修剪所有前导和尾随空白来完成。以下是 `getBytes` 的框架：

```
func getBytes(reader io.Reader) ([]byte, error) {
    b, err := io.ReadAll(reader)          // b 是一个 []byte
    if err != nil {
```

```
        return nil, err
    }
    // 调用 sanitize
}
```

我们调用 ReadAll 并将字节切片赋值给 b。如何实现 sanitize 函数？一个可选项可能是使用 strings 包创建 sanitize(string) string 函数：

```
func sanitize(s string) string {
    return strings.TrimSpace(s)
}
```

现在，回到 getBytes：当我们操作 []byte 时，必须先将其转换为字符串，然后再调用 sanitize。接着我们必须将结果转换回 []byte，因为 getBytes 返回一个字节切片：

```
return []byte(sanitize(string(b))), nil
```

这个实现有什么问题吗？我们必须付出额外的代价，将 []byte 转换为字符串，然后再将字符串转换为 []byte。就内存而言，每个转换都需要额外的分配。实际上，尽管字符串底层是 []byte，但将 []byte 转换为字符串也需要复制字节切片，这意味着新的内存分配和所有字节的复制。

字符串不变性

我们可以使用以下代码检验从 []byte 创建字符串会导致复制的事实：

```
b := []byte{'a', 'b', 'c'}
s := string(b)
b[1] = 'x'
fmt.Println(s)
```

运行此代码将打印 abc，而不是 axc。实际上，在 Go 中，字符串是不可变的。

那么，应该如何实现 sanitize 函数呢？我们应该操作字节切片，而不是接收和返回字符串：

```
func sanitize(b []byte) []byte {
    return bytes.TrimSpace(b)
}
```

bytes 包中还有一个 TrimSpace 函数，用于去掉所有前导和尾随的空格。这样，调用

sanitize 函数不需要任何额外的转换：

```
return sanitize(b), nil
```

正如我们提到的，大多数 I/O 都是用 []byte 完成的，而不是用字符串。当想知道应该使用字符串还是 []byte 时，让我们回忆一下，使用 []byte 并不一定不那么方便。事实上，strings 包的所有导出函数在 bytes 包中都有对应的选择：Split、Count、Contains、Index 等。因此，无论我们是否在进行 I/O，都应该首先检查是否可以使用字节而不是字符串来实现整个工作流，并避免额外转换的代价。

本章的最后一节将讨论子字符串操作有时会导致内存泄漏的情况。

5.6　#41：子字符串和内存泄漏

在错误#26 中，我们看到了切片或数组如何导致内存泄漏的情况。这个原则也适用于字符串和子字符串操作。首先，我们将了解如何在 Go 中处理子字符串以防止内存泄漏。

要提取字符串的子集，可以使用以下语法：

```
s1 := "Hello, World!"
s2 := s1[:5] // Hello
```

s2 被构造为 s1 的子字符串。此示例从前 5 字节创建字符串，而不是前 5 个 rune。因此，我们不应该在使用多字节编码的 rune 的情况下使用此语法，应该首先将输入字符串转换为 []rune 类型：

```
s1 := "Hêllo, World!"
s2 := string([]rune(s1)[:5]) // Hêllo
```

现在我们已经对子字符串操作有了新的认识，来看一个具体的问题来说明可能的内存泄漏。

我们将以字符串形式接收日志消息。每条日志将被格式化为：先是一个通用的唯一标识符（UUID；36 个字符），然后是消息本身。我们希望将这些 UUID 存储在内存中：例如，保存最新的 n 个 UUID 的缓存。还应该注意到，这些日志消息可能很大（高达数千字节）。以下是我们的实现：

```
func (s store) handleLog(log string) error {
    if len(log) < 36 {
        return errors.New("log is not correctly formatted")
    }
    uuid := log[:36]
```

```
    s.store(uuid)
    // 具体操作
}
```

为了提取 UUID，我们使用 `log[:36]` 子字符串操作，因为我们知道 UUID 编码为 36 字节。然后我们将这个 `uuid` 变量传递给 `store` 方法，该方法将它存储在内存中。这个解决方案有问题吗？是的，有问题。

在执行子字符串操作时，Go 规范没有规定结果字符串和子字符串操作中涉及的字符串是否应该共享相同的数据。然而，标准 Go 编译器确实允许它们共享相同的底层数组，这可能是内存和性能方面最好的解决方案，因为它可以防止新的内存分配和复制。

前面我们提到日志消息可能非常大。`log[:36]` 将创建一个引用同一数组的新字符串。因此，我们存储在内存中的每个 `uuid` 字符串不仅包含 36 字节，还包含初始 `log` 字符串中的字节数：可能有数千字节。

如何解决这个问题呢？通过对子字符串进行深度复制，使 `uuid` 的内部字节切片引用仅为 36 字节的新底层数组：

```
func (s store) handleLog(log string) error {
    if len(log) < 36 {
        return errors.New("log is not correctly formatted")
    }
    uuid := string([]byte(log[:36]))   // 执行 []byte，然后是字符串转换
    s.store(uuid)
    // 具体操作
}
```

复制是通过先将子字符串转换为 `[]byte`，然后再转换为字符串来执行的。通过这样做，可以防止发生内存泄漏。`uuid` 字符串的底层是一个仅包含 36 字节的数组。

注意，一些 IDE 或检查工具可能会警告说，不需要进行 `string([]byte(s))` 转换。例如，GoLand（Go JetBrains IDE）警告存在冗余类型转换。这在我们将字符串转换为字符串的意义上是正确的，但此操作具有实际效果。如前所述，它可以防止新字符串与 `uuid` 共享相同的底层数组。需要注意，IDE 或检查工具的警告有时可能不准确。

> **注意** 因为字符串主要是一个指针，所以调用函数传递字符串不会导致字节的深度复制。复制的字符串仍将引用相同的底层数组。

从 Go 1.18 开始，标准库还包括一个带有 `strings.Clone` 的解决方案，该解决方案可返回字符串的新副本：

```
uuid := strings.Clone(log[:36])
```

调用 strings.Clone 将 log[:36] 复制到新分配中，以防止内存泄漏。

　　在 Go 中使用子字符串操作时，需要记住两件事。首先，提供的区间基于字节数，而不是 rune 数。其次，子字符串操作可能会导致内存泄漏，因为生成的子字符串将与初始字符串共享相同的底层数组。防止这种情况发生的解决方案是手动执行字符串复制或用 Go 1.18 中的 strings.Clone。

总结

- 理解 rune 对应于 Unicode 代码位的概念，并且它可以由多个字节组成，这应该是 Go 开发人员准确处理字符串的核心知识的一部分。

- 使用 range 操作符对字符串进行迭代，通过索引对 rune 进行迭代，对应于 rune 字节序列的起始索引。要访问特定的 rune 索引（如第三个 rune），请将字符串转换为 []rune。

- strings.TrimRight/strings.TrimLeft 删除给定集合中包含的所有尾随/前导 rune，而 strings.TrimSuffix/strings.TrimPrefix 返回不包含给定后缀/前缀的字符串。

- 连接字符串列表应该用 strings.Builder 完成，以防止在每次迭代期间分配新字符串。

- 记住，bytes 包提供的操作与 strings 包相同，但它可避免额外的字节/字符串转换。

- 使用复制而不是子字符串可以防止内存泄漏，因为子字符串操作返回的字符串将有相同的底层字节数组。

6

函数与方法

本章涵盖：

- 值接收器和指针接收器的区别
- 命名的结果参数的使用场景和其潜在副作用
- 当返回 nil 接收器时要避免的常见错误
- 为什么用函数接收一个文件名不是一个最好的实践
- 处理 defer 参数

函数将一系列语句包装成一个单元，可以在其他地方被调用。它可以接收一些输入并产生一些输出。而方法是被指定了类型的函数。指定的类型通常被叫作接收器，一般是指针或值。我们从讨论如何选择接收器类型开始本章的讲解。然后我们讨论命名的参数，何时使用它们，以及为什么它们有时候会导致错误。我们还将讨论设计函数或者返回特定值（如 nil 接收器）时的常见错误。

6.1 #42：不知道使用什么类型的接收器

为方法选择接收器类型并不简单。什么时候应该使用值接收器？什么时候应该使用指针接收器？在本节中我们针对这个问题，研究如何做出正确的决策。

在第 12 章，我们将会详细讨论值与指针。因此，本章节只涉及性能方面的表面问题。此外，在许多情况下，使用值接收器或者指针接收器，不应取决于性能，而应取决于我们讨论的其他条件。但首先，让我们回顾一下接收器的工作原理。

在 Go 语言中，我们可以为一个方法设置值或者指针接收器。对于值接收器，Go 语言通过对值生成一份拷贝来传递给方法。对对象的任何变更都在方法内部进行，原始对象保持不变。

如下所示，在示例中改变了值接收器：

```go
type customer struct {
    balance float64
}

func (c customer) add(v float64) {          // 值接收器
    c.balance += v
}

func main() {
    c := customer{balance: 100.}
    c.add(50.)
    fmt.Printf("balance: %.2f\n", c.balance)// customer 的 balance 的值仍然保持不变
}
```

因为使用的是值接收器，通过 add 方法来增加 balance 的值并不会改变原始 customer 结构体中 balance 字段的值：

```
100.00
```

另外，在使用指针接收器时，Go 语言将对象的地址传递给方法。本质上，它仍然是一个拷贝，但是只会复制一个指针，而不是对象本身（在 Go 语言中不存在传递引用）。任何对接收器的改动都会对原始对象生效。下面是与上面同样的示例，但是现在的接收器是指针：

```go
type customer struct {
    balance float64
}

func (c *customer) add(operation float64) {    // 指针接收器
    c.balance += operation
}

func main() {
    c := customer{balance: 100.0}
    c.add(50.0)
    fmt.Printf("balance: %.2f\n", c.balance) // customer 的 balance 的值会更新
}
```

因为使用的是指针接收器，增加 balance 改变了原始 customer 结构体中 balance 成员的值：

150.00

使用值接收器还是使用指针接收器并不总是简单明了的。下面我们来看一下可帮助我们做出选择的一些条件。

接收器必须是指针

- 当方法需要修改接收器时。当接收器是一个切片，并且这个方法需要追加元素时，这个规则同样适用：

```
type slice []int

func (s *slice) add(element int) {
  *s = append(*s, element)
}
```

- 当方法接收器包含一个不能被复制的成员时。例如，sync 包的类型部分（我们将会在错误#74 中讨论。

接收器应该是一个指针

- 当接收器是一个很大的对象时。使用指针能够让调用更高效，同时这样做也是为了防止造成复制开销过大。当拿不准多大对象算大时，可以使用基准测试的办法；要明确一个具体的大小是不可能的，因为决定因素太多了。

接收器必须是值

- 当我们强制接收器不可修改时。
- 当接收器是一个 map 字典类型、函数或者 channel 时。否则，编译会产生错误。

接收器应该是值

- 当接收器是不需要被变更的切片时。
- 当接收器是一个由基础类型构成的小数组或者结构体，并且不包含可变的成员时，像 time.Time。
- 当接收器是像 int、float64 或 string 这样的基础类型时。

有一个案例需要多讨论一下，我们设计了一个不同的 customer 结构体。它可变的部分不再是结构体本身的直接成员，而是内部的另外一个结构体：

```
type customer struct {
// balance 不再是 customer 结构体本身的一部分，而是一个被指针引用的结构体的成员
  data *data
}

type data struct {
    balance    float64
}

func (c customer) add(operation float64) { // 使用值接收器
  c.data.balance += operation            }

func main() {
  c := customer{ data: &data{
    balance:100
  }}
  c.add(50.)
  fmt.Println("balance: %.2%\n", c.data.balance)
}
```

虽然是值接收器，但调用 add 函数，最终改变了 balance 实际的值：

```
150.00
```

在这个案例中，我们使用指针接收器也可以修改 balance。然而，为了清楚起见，更倾向于使用指针接收器来强调 customer 作为一个整体对象是可变的。

混合接收器

　　一个结构体可包含多个方法，一些方法使用的是指针接收器，而另外一些方法使用的是值接收器，允许使用这样的混合接收器吗？结论是尽量不这样使用。但是，在一些标准库中存在一些反例，如，time.Time。

　　设计者想强制 time.Time 结构体是不可变的。因此，其包含的大部分方法，像 After、IsZero 及 UTC，使用的是值接收器。为了兼容现有接口，像 encoding. TextUnmarshaler、time.Time 库，需要实现 UnmarshalBinary([]byte) error 方法，这个方法会通过给定的比特类型的切片修改接收器。因此这个方法需要使用指针接收器。

　　所以，通常应避免使用混合接收器类型，但并不是在所有情况都严格禁止使用。

我们现在应该很好地理解了是使用值接收器，还是指针接收器。当然，不可能详尽无遗，总会有特例，但这一节的目标，就是对大多数场景提供一个指引和参考。在默认情况下，我们可以选择使用值接收器，除非有充分的理由不这样做。对于有质疑的场景，可以使用指针接收器。

在下一节，我们将讨论命名的结果参数：它们是什么以及何时使用它们。

6.2　#43：不要使用命名的结果参数

在 Go 语言中，命名的结果参数是不常用的功能。本节讨论何时使用命名的结果参数以使 API 更实用。但是首先，我们回忆一下它的工作原理。

当一个函数或者方法返回参数时，我们可以为这些参数分配名称，将它们作为一个正常的变量使用。一旦结果参数被命名了，在函数/方法开始时，结果参数会被初始化为 0 值。使用命名的结果参数，也可以调用独立的 return 语句（没有任何返回参数）。在这种情况下，结果参数的当前值会被作为返回值。

下面是一个使用了命名的结果参数 b 的例子：

```
func f(a int) (b int) {      //将 int 类型的结果参数命名为 b
    b = a
    return                   // 返回变量 b 的当前值
}
```

在这个示例中，我们为结果参数分配了一个名称：b。当调用没有参数的 return 语句时，返回的结果是变量 b 的当前值。

在什么场景推荐使用命名的结果参数呢？首先，我们来讨论一下下面这个接口，这个接口包含一个用给定的地址来获取坐标的方法：

```
type locator interface {
    getCoordinates(address string) (float32, float32, error)
}
```

因为这个接口是未导出的，所以文档不是必需的。只是阅读这段代码，你能猜到这两个 float32 类型的结果是什么吗？也许它们是纬度和经度，但是输出的顺序是什么样的呢？取决于使用习惯，纬度并不一定是第一个元素。因此，我们需要检查接口的实现来了解返回的结果。

在这个例子中，我们应该使用命名的结果参数，其可使代码更易于阅读：

```
type locator interface {
    getCoordinates(address string) (lat, lng float32, err error)
}
```

这个新的版本，通过查看结果，我们很快就能明白这个方法的特征：纬度是第一个参数，经度是第二个参数。

现在，我们探讨一下何时在方法实现中使用命名的结果参数的问题。我们是否也应该将命名的结果参数作为实现的一部分？

```
func (l loc) getCoordinates(address string) {
  lat, lng float32, err error {
    //...
  }
}
```

在这个例子中，有一个明显的方法特征，其可以帮助代码阅读者。因此，我们可能也会使用命名的结果参数。

> **注意** 如果需要返回多个相同类型的结果，也可以考虑使用有意义的字段名称创建一个专门的结构体。然而，这并不总是可行的，例如，当要实现一个无法更新的接口时。

接下来，我们来讨论另外一个允许我们在数据库中存储 Customer 类型的函数特征：

```
func StoreCustomer(customer Customer) (err error) {
    // ...
}
```

这里，将 error 参数命名为 err 并没有作用，也不能方便读者阅读。在这种情况下，最好不使用命名的结果参数。

因此，何时使用命名的结果参数取决于应用场景。在大多数情况下，如果不清楚使用它们是否会提高代码的可读性，那就不应该使用命名的结果参数。

还要注意，在某些场景，使用已经被初始化的结果参数可能非常方便，虽然它们并不能帮助提升代码的可读性。受 io.ReadFull 函数的启发，*Effective Go*（参见链接 23）这本书中提出了以下示例：

```
func ReadFull(r io.Reader, buf []byte) (n int, err error) {
    for len(buf) > 0 && err == nil {
        var nr int
```

```
        nr, err = r.Read(buf)
        n += nr
        buf = buf[nr:]
    }
    return
}
```

在这个例子中，使用命名的结果参数并不能提升代码的可读性。但是，因为变量 n 和 err 都被初始化为 0 值，代码实现会更短。另外，初看这个函数可能会让读者稍感困惑。同样，这是一个需要找到平衡点的问题。

关于直接使用 return 语句（返回时不带任何参数）有一个注意事项：在短函数中，它们被认为是可以接受的；但是，这种用法会损害可读性，因为读者必须记住整个函数的输出。我们还应该在函数范围内保持一致，要么只使用独立的 return 语句，要么使用带有参数的返回。

那么关于命名的结果参数的规则是什么呢？在大多数场景中，在定义接口的场景使用命名的结果参数可以提升代码的可读性，而不会产生任何副作用。但是对于一个方法的实现场景，并没有严格的规则。在一些情况下，命名的结果参数也能增加可读性：例如，如果两个参数有相同的类型。在其他情况下，它们也会因为方便而被使用。因此，当有明显好处时，我们可以谨慎使用命名的结果参数。

> **注意** 在错误#54 中，我们将会讨论一个在 defer 调用场景中使用命名的结果参数的例子。

此外，如果不够小心，使用命名的结果参数可能会导致副作用和意外后果，我们将在下一节中看到。

6.3 #44：使用命名的结果参数的意外副作用

我们在上一节中提到过为什么命名的结果参数在某些情况下有用。但是由于这些结果参数会被初始化为 0 值，所以使用这些参数时一不小心就会导致不易察觉的错误。这一节将会说明这种情况。

我们改进一下前面的示例，该示例是一个从给定地址返回纬度和经度的方法。因为我们返回两个 float32 类型的数据，所以决定使用命名的结果参数来明确纬度和经度。这个函数将先验证给定的地址参数，然后获取坐标。在这期间，它将对输入上下文执行检查，以确保它没有被取消，并且生命周期没有结束。

注意 我们在错误#60 中将探讨 Go 语言中"上下文"的概念。如果你对这个概念不熟悉，简而言之，一个"上下文"携带一个取消信号或一个终止信号。我们可以通过调用 Err 方法，校验返回的错误是不是 nil。

下面将重新实现 getCoordinates 方法。你能指出这段代码有什么问题吗？

```go
func (l loc) getCoordinates(ctx context.Context, address string) (
    lat, lng float32, err error) {
  isValid := l.validateAddress(addres)          //校验 address 变量
  if !isValid {
    return 0, 0, errors,New("invalid address")
  }

  if ctx.Err() != nil {          //校验上下文是取消还是生命周期结束
      return 0, 0, err
  }

  // 获取并返回坐标
}
```

乍一看，这个错误可能不是很明显。if ctx.Err() != nil 语句返回的错误是 err 变量。但是这个 err 变量没有被分配任何值。它仍然是 error 类型的 0 值：nil。因此，这段代码将总是返回一个值为 nil 的错误。

此外，由于命名的结果参数，err 被初始化为 0 值，所以这段代码能够编译通过。如果不是分配名称，我们将会得到下面的编译错误：

```
Unresolved reference 'err'
```

一种可能的解决办法就是像这样将 ctx.Err() 赋值给 err：

```go
if err := ctx.Err(); err != nil {
    return 0, 0, err
}
```

仍然返回 err，但是我们先将 ctx.Err() 的结果赋值给它了。注意，这个例子中的 err 覆盖了结果变量。

使用独立的 return 语句

另外一个方法就是使用独立的 return 语句：

```
if err = ctx.Err(); err != nil {
    return
}
```

但是这个方法违反了不能混合使用独立 `return` 语句与带返回参数的 `return` 语句的规则。在这个例子中，我们应该选择第一种方法。记住，使用命名的结果参数不一定意味着使用独立的 `return` 语句。有时候，我们只是使用命名的结果参数来让函数的签名更清晰。

在结束这个讨论前要强调一下，命名的结果参数在某些情况下（例如，多次返回相同类型）可以提高代码的可读性，在有些情况下使用也很方便。但是我们必须记住，每个参数都被初始化为 0 值。就像我们在这一节讨论的，它也能导致隐藏的 bug，并且在阅读代码时很难直接发现。因此，在使用命名的结果参数时一定要小心，以避免潜在的副作用。

在下一节，我们将讨论当一个函数返回接口类型时，Go 开发人员容易犯的一个常见错误。

6.4 #45：返回一个 nil 接收器

在这一节中，我们讨论返回一个接口类型会产生的影响，以及为什么在某些场景下这样做会产生错误。这个错误可能是 Go 语言中传播最广的错误之一，因为它可能被认为是违反直觉的，至少在我们弄明白这个错误之前。

让我们看一下下面这个例子。我们将继续使用 `Customer` 结构体，并实现一个 `Validate` 方法来执行健全性检查。我们希望返回一个错误列表，而不是返回第一个错误。为此，我们将创建一个自定义错误类型来传递多个错误。

```
type MultiError struct {
    errs []string
}
func (m *MultiError) Add(err error) {        //添加一个 error
 m.errs = append(m.errs, err.Error())
}
func (m *MultiError) Error() string {        //实现 error 接口
 return strings.Join(m.errs, ";")
}
```

`MultiError` 实现了 `error` 接口，因为它实现了 `Error() string` 方法。与此同时，

它还暴露了一个 Add 方法来追加一个错误。使用这个结构体，我们在接下来的行为中能实现一个 Customer.Validate 方法来校验客户的年龄和名字。如果健全性检查正常，将会返回一个 nil 错误：

```
func (c Customer) Validate() error {
  var m *MultiError            //实例化一个空 MultiError 指针

  if c.Age < 0 {
    m = &MultiError{}
    //当年龄是负数时，追加一个错误到 MultiError 实例 m 中
    m.Add(errors.New("age is negative"))
  }
  if c.Name == "" {
    if m == nil {
      m = &MultiError{}
    }
    // 当名字是空时，追加一个错误到 MultiError 实例 m 中
    m.Add(errors.New("name is nil"))
  }

  return m
}
```

在这段代码实现中，m 被实例化为 *MultiError 的 0 值：nil。

当健全性检查失败时，如果需要，我们会分配一个新的 MultiError 实例，然后再追加一个错误。最后，我们返回 m 实例，它既可以是一个 nil 空指针，也可以是一个指向 MultiError 结构体的指针，这取决于检查的结果。

现在，我们通过使用一个有效的 Customer 运行一个例子来测试这段代码：

```
customer := Customer{Age: 33, Name: "John"}
if err := customer.Validate(); err != nil {
  log.Fatalf("customer is invalid: %v", err)
}
```

这是对应的输出：

```
2021/05/08 13:47:28 customer is invalid: <nil>
```

这个结果可能会让人大吃一惊。上面输入的 Customer 是有效的，然而 err != nil 这个条件却是真的，而且日志打印的错误还是<nil>。那么，为什么会这样呢？

在 Go 语言中，我们知道，一个指针接收器一定是 nil。我们创建一个虚拟类型并且

使用 nil 指针接收器调用的方法来测试一下：

```
type Foo struct {}

func (foo *Foo) Bar() string {
    return "bar"
}

func main() {
    var foo *Foo
  fmt.Println(foo.Bar())        // foo 的值是 nil
}
```

`foo` 被初始化为指针的 0 值：`nil`。但是当我们编译这段代码，并且运行它时，它会打印 `bar`。一个 nil 指针是一个有效的接收器。

但是这个例子为什么会这样呢？在 Go 语言中，方法只是函数的语法糖，函数的第一个参数是接收器。因此，我们看到的 `Bar` 方法和以下函数类似：

```
func Bar(foo *Foo) string {
    return "bar"
}
```

我们知道，给函数传递一个空指针是有效的。因此，使用一个空指针作为接收器也是有效的。

让我们回到开始的例子：

```
func (c Customer) Validate() error {
    var m *MultiError

    if c.Age < 0 {
        // ...
    }

    if c.Name == "" {
        // ...
    }

    return m
}
```

`m` 被初始化为指针的 0 值：`nil`。然后，如果所有检查都有效，那么提供给 `return` 语句的参数不是直接的 `nil`，而是一个 nil 指针。因为一个 nil 指针是一个有效的接收器，将结果转换为接口不会产生 nil 空值。换句话说，`Validate` 的调用者将总是获取一个非 nil 的错误。

　　为了明确这一点，我们回忆一下，在 Go 语言中接口是一个调度包装器。这里被包装的是 nil（MultiError 指针），然而包装器不是（error 接口）；参见图 6.1。

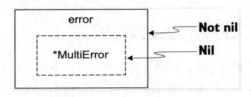

图 6.1　error 包装器不是 nil

　　因此，无论 Customer 输入什么，这个函数的调用者总是会收到一个非 nil 的错误。一定要理解这种行为，因为这在 Go 语言中是一个普遍存在的问题。

　　那么，应该如何修复这个示例呢？最简单的方法是，只有当不是 nil 的时候返回 m：

```go
func (c Customer) Validate() error {
    var m *MultiError

    if c.Age < 0 {
        // ...
    }
    if c.Name == "" {
        // ...
    }

    if m != nil {
    return m                   // 只有当至少有一个 error 时返回 m
    }
    return nil                 // 否则，返回 nil
}
```

在这个方法的末尾，我们检查 m 是否不是 nil。如果不是 nil，那就返回 m；否则，直接返回 nil。因此，当输入有效的 Customer 时，我们会返回一个 nil 接口，而不是由 nil 接收器转换的一个非 nil 接口。

　　在这一节中我们明白了，在 Go 语言中，是允许有一个 nil 接收器的，而且由一个 nil 指针转换的接口并不是一个 nil 接口。出于这个原因，当要返回一个接口时，应该直接返回一个 nil 值而不是一个 nil 指针。一般来说，返回一个 nil 指针不是一个预期的状态，这意味着可能存在 bug。

我们在本节中看到了使用 error 的示例，因为这是导致这种错误的最常见的情况。但这个问题不仅与 error 相关，它还可以发生在使用指针接收器实现的任何接口上。

接下来的一节我们将讨论，在使用一个文件名作为函数输入时常见的设计错误。

6.5   #46：使用文件名作为函数输入

创建需要读取文件的新函数时，传递文件名并不是一个好的实践，而且会有副作用，例如让单元测试更难写。让我们深入研究这个问题，并明白如何解决它。

假设我们想要实现一个函数来计算文件中的空行数。实现此函数的一个方法就是接收文件名，使用 bufio.NewScanner 扫描并检查每一行：

```go
func countEmptyLinesInFile(filename string) (int, error) {
 file, err := os.Open(filename)          //从文件名打开文件
 if err != nil {
     return 0, err
 }
 // 处理文件闭包

 // 从将输入按行拆分的 *os.File 变量创建扫描器
 scanner := bufio.NewScanner(file)
 for scanner.Scan() {                    //迭代每行
     // ...
 }
}
```

我们从一个文件名打开一个文件，然后使用 bufio.NewScanner 来扫描每行（默认会按行拆分）。

这个函数将执行我们期望的操作。实际上，只要提供的文件名是有效的，我们就可以读取这个文件，并且返回空行的行数。那么这有什么问题吗？

假设我们想实现单元测试以涵盖以下情况：

- 正常情况
- 空文件
- 一个只含有空行的文件

在我们的 Go 项目中，每个单元测试将需要创建一个文件。函数越复杂，我们就需要加入更多的测试用例，就要创建更多的文件。我们可能需要创建几十个文件，这很快就会变得难以管理。

　　此外，这个函数不能被复用。例如，如果我们想实现一个同样的逻辑，但是计算的是一个 HTTP 请求中空行的行数，我们必须复制主逻辑：

```go
func countEmptyLinesInHTTPRequest(request http.Request) (int, error) {
  scanner := bufio.NewScanner(request.BOdy)
  // 复制同样的逻辑
}
```

解决这个限制的一个方法就是让函数入参使用 *bufio.Scanner（输出由 bufio.NewScanner 返回）。从我们创建 scanner 变量那一刻起，这两个函数就有同样的逻辑，因此这个办法能够生效。但在 Go 语言中，惯用的方法是从读者的抽象开始。

　　我们现在写一个新版的 countEmptyLines 函数，取而代之的是使用 io.Reader 抽象：

```go
// 接收一个 io.Reader 作为输入
func countEmptyLines(reader io.Reader) (int, error)    {

  //从一个 io.Reader 创建一个 bufio.Scanner，而不是一个 os.File
  scanner := bufio.NewScanner(reader)
  for scanner.Scan() {
    // ...
  }
}
```

因为 bufio.NewScanner 接收一个 io.Reader，所以我们可以直接传递 reader 变量。

　　这个方法的好处是什么？首先，这个函数抽象了数据源。是文件？是一个 HTTP 请求？还是一个 socket 输入？对这个函数来说这些都不重要。因为 *os.File 和 http.Request 的 Body 字段实现了 io.Reader，无论输入类型是什么，我们都可以复用同样的函数。

　　另外一个好处与测试相关。我们提到过，为每个测试用例创建一个文件可能会很快就会变得很麻烦。现在，countEmptyLines 可以接收 io.Reader。我们可以通过由一个字符串来创建 io.Reader 的方式来实现单元测试：

```go
func TestCountEmptyLines(t * testing.T) {
  // 从一个字符串传递一个 io.Reader
  emptyLines, err := countEmptyLines(strings.NewReader(
        `foo
```

```
            bar

            baz
            `))
    // Test logic
}
```

在这个测试中，我们直接从一个字符串使用 `strings.NewReader` 创建了一个 `io.Reader`。因此，不需要对每个测试用例创建一个文件。每个测试用例都是可以自包含的，这提高了测试的可读性和可维护性，因为不必打开另外一个文件来查看内容。

在大多数情况下，使用文件名作为函数参数去读取文件，会被视为代码异味（但一些特定的函数除外，例如， `os.Open`）。如我们所见，这种方法让单元测试更加复杂，因为可能需要创建多个文件。同时也降低了函数的可复用性（尽管并非所有函数都可以复用）。可使用 `io.Reader` 接口抽象数据源，不管输入是文件、字符串、HTTP 请求，还是 gRPC 请求，这个实现都能被复用，而且很容易被测试。

在这一章的最后一节，我们将讨论与 `defer` 相关的常见错误：函数/方法参数和方法接收器是如何求值的。

6.6   #47：忽略 defer 语句参数和接收器的计算

我们在前面提到过， `defer` 语句会延迟调用的执行，直到主函数返回。Go 开发人员常犯的一个错误就是不理解参数是如何被计算的。我们将通过两小节来研究这个问题：一个与函数和方法的参数有关，另一个与方法接收器有关。

6.6.1   参数计算

为了说明 `defer` 语句中的参数是如何被计算的，让我们来看一个具体的例子。一个函数需要调用另外两个函数 `foo` 和 `bar`。同时，它还要处理有关执行的状态：

- `StatusSuccess`：当 `foo` 和 `bar` 二者都没有返回错误时。
- `StatusErrorFoo`：当 `foo` 返回错误时。
- `StatusErrorBar`：当 `bar` 返回错误时。

我们将会用这个状态执行多项动作：例如，通知另外一个 goroutine，并递增计数器。为了避免在每个 `return` 语句前重复调用，我们使用 `defer` 语句。下面是我们的第一个代码实现：

```
const (
    StatusSuccess = "success"
    StatusErrorFoo = "error_foo"
    StatusErrorBar = "error_bar"
)

func f() error {
    var status string
    defer notify(status)                    // defers 语句调用 notify
    defer incrementCounter(status)          // defers 语句调用 incrementCounter

    if err := foo(); err != nil {
    status = StatusErrorFoo                  // 将 status 置为 foo 错误
    return err
    }

    if err := bar(); err != nil {
        status = StatusErrorBar              // 将 status 置为 bar 错误
        return err
    }

    status = StatusSuccess                   // 将 status 置为成功
    return nil
}
```

首先，我们声明一个 status 变量。然后使用 defer 语句来延迟调用 notify 和 incrementCounter 函数。通过 f() 函数，根据执行路径，我们会相应地更新 status 状态。

然而，如果我们尝试运行这个函数，会发现不管执行路径如何，notify 和 incrementCounter 总是被相同的状态调用：一个空字符串。为什么会这样呢？

我们需要明白关于 defer 函数中参数计算的一些关键信息：这些参数都是被立即计算的，而不是在主函数返回时。在我们的例子中，我们调用 notify(status) 和 incrementCounter(status) 作为 defer 函数。因此，Go 将会延迟这些调用的执行直到 f 返回，并获取我们在 defer 中使用的 status 的当前值，因此会传递一个空字符串。如果想要继续使用 defer 语句，如何解决这个问题呢？有两种主流的解决方案。

第一种方法就是将一个字符串指针传递给 defer 函数：

```
func f() error {
    var status string
    defer notify(&status)                    // 将一个字符串指针传递到 notify 函数
```

```
    defer incrementCounter(&status) // 将一个字符串指针传递到 incrementCounter 函数

    // 这个函数的其余部分保持不变
    if err := foo(); err != nil {
        status = StatusErrorFoo
        return err
    }

    if err := bar(); err != nil {
        status = StatusErrorBar
        return err
    }

    status = StatusSuccess
    return nil
}
```

我们依然根据具体情况来更新 status，但是现在 notify 和 incrementCounter 函数接收一个字符串指针。为什么这样会生效呢？

使用 defer 语句立即计算参数：这里是 status 变量的地址。通过这个函数，status 本身被修改了，但是它的地址仍然保持不变，不管分配情况如何。因此，如果 notify 和 incrementCounter 使用被字符串指针引用的值，函数最终会按我们的预期工作。但是这个方法需要修改这两个函数的声明，这可能并不总是可能的。

另外一个方法：将闭包作为 defer 语句调用。提醒一下，闭包是一个匿名函数值，它引用了来自其主体外部的变量。传递给 defer 函数的参数会被立刻计算。但是我们必须明白，被一个 defer 闭包引用的变量是在闭包执行期间被计算的（即在外围函数返回时）。

这里有一个例子用来说明 defer 闭包是如何工作的。一个闭包引用了两个变量，一个作为函数的参数，另外一个作为闭包主体外的变量：

```
func main() {
  i := 0
  j := 0
  // 调用一个 defer 函数的闭包，这个闭包接收一个整型变量作为输入
  defer func(i int) {
      fmt.Println(i, j)          // i 是函数的输入，而 j 是一个外部变量
  }(i)                  // 将 i 传递给闭包（会立即计算）
  i++
  j++
}
```

这里，闭包使用 i 和 j 变量，i 是通过函数参数传递的，因此它会被立即计算。而 j 引用的是闭包主体外部的一个变量，因此它会在闭包真正执行的时候被计算。如果运行这个例子，它将打印 0 1。

因此，我们可以使用闭包来实现一个新版本的函数：

```go
func f() error {
    var status string
    defer func() {                              // 调用一个闭包作为 defer 函数
        notify(status)                          // 在闭包中调用 incrementCounter，并引用 status
            incrementCounter(status)  // 在闭包中调用 notify，并且引用 status
    }()

    // 这个函数的其余部分保持不变
}
```

这里，我们将把对 notify 和 incrementCounter 的调用封装在一个闭包中。这个闭包引用包体外部的 status 变量。因此，status 是在闭包执行时计算的，不是在调用 defer 时。这个方法同样能解决问题，而且不需要修改 notify 和 incrementCounter 的声明。

现在，在带有指针或值接收器的方法上使用 defer 会怎么样？让我们看看这些问题。

6.6.2　指针和值接收器

在错误#42 中我们说过，一个接收器不是值就是指针。当我们在方法上使用 defer 时，与参数计算相关的相同逻辑也适用：接收器也是会被立即计算的。让我们了解一下这两种接收器类型的影响。

首先，这里有一个使用 defer 语句调用值接收器，但在此后对该接收器进行更改的例子：

```go
func main() {
    s := Struct{id: "foo"}
    defer s.print()                     // s 会被立即计算
    s.id = "bar"                        // 更新 s.id （不可见）
}

type Struct struct {
    id string
}

func (s *Struct) print() {
    fmt.Println(s.id)                   // 结果是 foo
```

```
}
```

我们延迟了 print 方法的调用。与参数一样，调用 defer 会立即对接收器求值。因此，defer 延迟了方法的执行，而该方法的结构体包含的 id 字段仍然是 foo。因此，这个例子打印的结果是：foo。

如果接收器是一个指针，则在调用 defer 后，接收器的潜在变化是可见的：

```
func main() {
    s := &Struct{id: "foo"}
    // s 是一个指针，因此它会被立即计算，但是当 defer 方法执行的时候，
    //可能引用的是另外一个变量
    defer s.print()
    s.id = "bar"                        // 更新 s.id（可见）
}

type Struct struct {
    id string
}

func (s Struct) print() {
    fmt.Println(s.id)                   // 结果是 bar
}
```

s 接收器也会被立即计算。然而，调用这个方法会复制这个指针接收器。因此，对被这个指针引用的结构体做的变更是可见的。这个例子的打印结果是 bar。

简而言之，我们在函数或者方法上调用 defer，调用的参数会被立即计算。如果想修改已经提供给 defer 语句的参数，可以使用指针或者闭包。对于方法，接收器也会被立即计算；因此，结果取决于接收器是值还是指针。

总结

- 对于使用值接收器还是指针接收器的决定取决于很多因素，如类型，是否可修改，是否包含不能被复制的字段，以及对象有多大等。当存在疑问时，请使用指针接收器。
- 使用命名的结果参数是一个提升函数或方法可读性的有效方法，特别是多个结果参数是相同的类型时。在某些特殊情况下，这个方法也非常便捷，因为命名的结果参数会被初始化为 0 值。但是要小心其副作用。
- 当返回一个接口类型时，要小心返回的不是空指针 nil 而是一个显式 nil 值。否则，

可能会导致意外后果，因为调用者将收到非零值。

- 设计函数接收一个 `io.Reader` 类型的参数而不是文件名称能提升函数的可复用性，而且让单元测试更简单。

- 将指针传递给 `defer` 函数和封装一个闭包内部的调用是解决立即计算参数和接收器的两个方法。

7

错误管理

本章涵盖:

- 了解何时使用 panic
- 知道何时应该包装一个错误
- Go 1.13 版之后如何高效地比较错误类型和错误值
- 使用通用方法处理错误
- 理解如何忽略错误
- 在 defer 调用里如何处理错误

在构建健壮的、可观测的应用时,错误管理是我们必须考虑的一个基本问题,它应该和代码库的其他部分一样重要。在 Go 中,错误管理并不像大多数编程语言那样依赖于传统的 try/catch 机制;错误会作为正常的返回值被返回。本章将介绍与错误有关的最常见的错误。

7.1 #48: panic

对于 Go 新手来说,错误处理经常会让他们感到一定程度的困惑。在 Go 中,错误通常作为函数或方法的最后一个参数被返回。但有些开发者会对这种方法感到很惊讶,并尝试使用 panic 和 recover 来模拟 Java 或 Python 里的异常处理方式。所以,让我们重新梳理一下 panic 的概念,并讨论一下何时该使用 panic,何时不该使用 panic。

在 Go 中,panic 是一个内置的函数,可以用来停止正常的执行流程:

```
func main() {
    fmt.Println("a")
    panic("foo")
    fmt.Println("b")
}
```

这段代码打印完 a 就停止了，打印 b 的语句不会被执行：

```
a
panic: foo

goroutine 1 [running]:
main.main()
    main.go:7 +0xb3
```

一旦 panic 被触发，它就会沿着调用栈往上走，直到当前 goroutine 结束或者 panic 被
recover 捕获。

```
func main() {
    defer func() {  // 在 defer 闭包中调用 recover
        if r := recover(); r != nil {
            fmt.Println("recover", r)
        }
    }()

    f()      // 调用函数 f，f 会 panic，这个 panic 会被之前的 recover 捕获
}

func f() {
    fmt.Println("a")
    panic("foo")
    fmt.Println("b")
}
```

在函数 f 中，一旦 panic 被调用，当前函数的执行就会停止，并将当前函数调用出栈，
回到 main 函数中。在 main 中，由于使用了 recover 来捕获 panic，所以当前
goroutine 不会因为触发了 panic 而停止。

```
a
recover foo
```

请注意，只有在 defer 函数中调用 recover() 来捕获一个 goroutine 的 panic 才有效；
否则，recover() 将返回 nil，并且没有作用。这是因为当前函数发生 panic 时，defer
语句在当前函数退出时也会被执行。

现在，我们来回答什么时候使用 panic 是合适的问题。在 Go 中，panic 被用来表示真正的异常情况，例如不该发生的代码错误。比如，如果我们阅读 net/http 包的源码，可以看到在 WriteHeader 方法中，调用了一个 checkWriteHeaderCode 函数来检查状态码是否有效：

```
func checkWriteHeaderCode(code int) {
    if code < 100 || code > 999 {
        panic(fmt.Sprintf("invalid WriteHeader code %v", code))
    }
}
```

如果状态码无效，这个函数就会 panic，因为这是一个典型的不该发生的代码错误。

另一个不该发生的代码错误的例子可以参考 database/sql 包里注册数据库驱动的代码：

```
func Register(name string, driver driver.Driver) {
    driversMu.Lock()
    defer driversMu.Unlock()
    if driver == nil {
        panic("sql: Register driver is nil")    // 如果参数 driver 是 nil，则 panic
    }
    if _, dup := drivers[name]; dup {
        // 如果该 driver 已经被注册过，则 panic
        panic("sql: Register called twice for driver " + name)
    }
    drivers[name] = driver
}
```

如果 driver 是 nil（driver.Driver 是一个接口），或者该 driver 已经被注册过，那这个函数就会 panic。我们认为这两种情况都是不该发生的代码错误。另外，在大多数情况下，[例如，使用 go-sql-driver/mysql（参见链接 24），一个流行的 Go 的 MySQL 驱动]，Register 是在 init 函数中被调用的，这就限制了错误处理的使用（init 函数没有返回值，也不能被显式调用）。由于这些原因，设计者让 Register 函数在出错的情况下 panic。

另一个需要 panic 的情况是，当我们的应用程序有一个依赖，但却无法初始化它时。例如，假设我们有一个服务，其用来创建新的客户账户。在某个阶段，这个服务需要验证所提供的电子邮件地址。为了实现这个功能，我们需要使用正则表达式。

在 Go 中，regexp 包提供了两个函数用来从字符串创建正则表达式：Compile 和

MustCompile。前者返回一个 `*regexp.Regexp` 和一个错误,而后者只返回一个 `*regexp.Regexp`,但在出现错误的情况下会 panic。在这种情况下,正则表达式是一个必需的依赖。如果不能编译它,我们将无法验证输入的任何电子邮件。因此,我们更倾向于使用 MustCompile,并在出现错误时 panic。

应该谨慎使用 Go 中的 panic 功能。我们已经看到了两个典型的例子,一个是在不该发生的代码错误发生时使用,另一个是在应用程序未能创建一个必需的依赖时使用。因此,有一些特殊情况需要我们停止应用程序。在大多数其他情况下,错误管理应该由函数将适当的错误类型作为最后一个参数返回来完成。

现在,让我们开始讨论错误。在下一节中,我们一起看看何时需要包装一个错误。

7.2 #49: 搞不清何时需要包装错误

从 Go 1.13 开始,使用 `%w` 可以方便地包装错误。但不少开发者可能对何时需要包装错误感到困惑,所以我们需要搞明白什么是错误包装,以及何时使用它。

错误包装是指用一个包装器来包装一个错误,并且确保该错误依然能够被获取到(见图 7.1)。通常来说,错误包装有如下两个常见的使用场景:

- 向错误中添加附加的上下文信息。
- 把一个错误转变为另一个特定的错误。

图 7.1　用包装器包装错误

关于添加上下文信息,让我们考虑这样一个例子。我们收到一个特定用户访问数据库的请求,但是在数据库查询过程中得到了一个"权限被拒绝"的错误。出于调试的目的,如果这个错误需要被记录下来,那么我们希望包含上下文信息。在这种情况下,可以包装这个错误,以清晰地表示哪个用户在访问哪个资源,如图 7.2 所示。

对于添加上下文信息,也可以换一种说法:标记错误。比如,我们想实现一个 HTTP 处理程序来检查是否所有调用的错误的返回类型都是 Forbidden,如果是,就返回 403 状态码。在这种情况下,可以用 Forbidden 来包装这些错误(如图 7.3 所示)。

图 7.2   给 "权限被拒绝" 错误添加上下文信息

图 7.3   将错误标记为 Forbidden

在这两种情况下，原来的错误都可以被获取到。所以，调用方在处理错误时可以通过解包（unwrap）来检查原始错误。值得注意的是，有时我们可能会同时使用两种场景：添加上下文信息和标记错误。

我们已经讲述了两种错误包装的常见场景，现在来看看在 Go 里我们会遇到的几种返回错误的方式。我们来分析如下代码，并探索 if err != nil 代码块内的各种选项：

```go
func Foo() error {
    err := bar()
    if err != nil {
        // ?          //如何返回错误
    }
    // ...
}
```

第一个选择是直接返回错误。如果不想标记错误并且没有有用的上下文信息需要添加，直接返回即可：

```go
if err != nil {
    return err
}
```

图 7.4 所示的是返回了 bar 返回的错误。

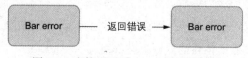

图 7.4   直接返回了 bar 返回的错误

在 Go 1.13 之前，在不使用第三方库的情况下，包装错误唯一的方式是自定义一个错误类型：

```
type BarError struct {
    Err error
}

func (b BarError) Error() string {
    return "bar failed:" + b.Err.Error()
}
```

然后不直接返回 err，而是用 BarError 包装错误（见图 7.5）：

```
if err != nil {
    return BarError{Err: err}
}
```

图 7.5 用 BarError 包装错误

这种方式的优势是其具有的灵活性。因为 BarError 是一个自定义的结构体，所以如果需要，我们可以添加额外的上下文信息。但是，如果每次遇到这种情况都需要自定义一个新的错误类型就会变得有点儿麻烦。

为了解决这个问题，Go 1.13 添加了 %w 指令：

```
if err != nil {
    return fmt.Errorf("bar failed: %w", err)
}
```

这段代码在不定义新的错误类型的情况下，包装了原始错误并添加了额外的上下文信息（见图 7.6）。

图 7.6 将错误包装为一个标准错误

因为原始错误依然可以获取，调用方可以解包这个打包后的错误，并检查原始错误是否是一个特定的类型或者特定的值（我们在接下来的章节里讨论这些问题）。

最后我们来讨论使用 `%v` 指令：

```
if err != nil {
    return fmt.Errorf("bar failed: %v", err)
}
```

原始错误没有被包装起来，我们只是把它转换为了另一个错误，并加上了上下文信息。但是原始错误再也无法被获取了（见图 7.7）。

图 7.7   错误转换

原始错误信息（注意，不是原始错误）依然可以获取到，但是调用方不能解包错误并检查原始错误是不是 `bar error`。所以，在一定程度上，这种方法相比使用 `%w` 指令有更多限制。那是不是因为 `%w` 已经发布了，我们就应该禁止使用这种方式呢？也不一定。

包装一个错误使得调用方可以获得原始错误，这也意味着引入了潜在的耦合性。想象一下，我们包装了错误，并且 `Foo` 的调用方检查原始错误是否是 `bar error`。如果我们改变实现并使用返回另一种类型错误的函数呢？这将导致调用方所做的错误检查失效。

为了确保调用方不依赖我们的实现细节，返回的错误应该被转换，而不是被包装。在这种情况下，使用 `%v` 而不是 `%w` 可能是一个更好的选择。

我们再来回顾一下各种不同的写法。

选　　择	是否额外添加上下文信息	标记错误	原始错误是否可被获取
直接返回错误	无	无	可获取
自定义错误类型	可能（如果自定义类型包含字段来描述上下文）	有	可能（如果自定义类型包含字段或者方法用来获取原始错误）
`fmt.Errorf + %w`	有	无	可获取
`fmt.Errorf + %v`	有	无	无法获取

总结一下，在处理一个错误时，我们可以包装原始错误。包装是指为一个错误添加额外的上下文信息，并且/或者将一个错误标记为一个特定的类型。如果需要标记一个错误，我们应该创建一个自定义的错误类型。如果只是想添加额外的上下文信息，应该使用带有 `%w` 指

令的 `fmt.Errorf`，而不需要创建新的错误类型。错误包装会产生潜在的耦合，因为在这种情况下原始错误对调用方可见。如果想解耦，就不应该使用错误包装，而是使用错误转换。例如，使用带 `%v` 的 `fmt.Errorf` 指令。

本节讨论了如何通过 `%w` 指令来包装错误。但是，我们不禁要问，这么做对错误类型检查有何影响呢？

7.3　#50：不准确的错误类型检查

上一节我们介绍了一种使用 `%w` 指令来包装错误的方法。但是，当使用这种方法时，还需要改变检查特定错误类型的方式，否则，可能不能准确地处理错误。

我们来讨论一个具体的例子。当我们写一个 HTTP 处理函数来返回一个与交易 ID 关联的交易额时，该处理函数解析这个请求并得到对应的交易 ID，然后从数据库获取该 ID 对应的交易额。我们的实现可能有两种失败情况：

- 如果是一个无效 ID（字符串长度不是 5 个字符）。
- 如果查询数据库失败。

在第一种情况下，需要返回 `StatusBadRequest` (400)，而在第二种情况下，需要返回 `ServiceUnavailable` (503)。为此，我们创建一个 `transientError` 类型用来标记该错误是临时的。父处理函数会检查错误类型，如果类型是 `transientError`，就返回 503 状态码，否则，就返回 400 状态码。

我们首先看看定义错误类型和调用处理函数的方法：

```
type transientError struct {
    err error
}

//创建一个自定义的 transientError 类型
func (t transientError) Error() string {
    return fmt.Sprintf("transient error: %v", t.err)
}

func getTransactionAmount(transactionID string) (float32, error) {
    if len(transactionID) != 5 {
        return 0, fmt.Errorf("id is invalid: %s",
            transactionID)    // 如果交易 ID 是无效的，返回一个简单的错误
    }
```

```
    amount, err := getTransactionAmountFromDB(transactionID)
    if err != nil {
        // 如果查询数据库失败, 返回一个 transientError
        return 0, transientError{err: err}
    }
    return amount, nil
}
```

如果交易 ID 无效, getTransactionAmount 返回一个通过 fmt.Errorf 创建的错误。但是, 如果从数据库查询交易金额失败的话, getTransactionAmount 用 transientError 类型来包装错误。

我们来写一个 HTTP 处理函数来检查错误类型并返回对应的 HTTP 状态码:

```
func handler(w http.ResponseWriter, r *http.Request) {
    transactionID := r.URL.Query().Get("transaction") // 提取交易 ID
    // 调用 getTransactionAmount 处理逻辑
    amount, err := getTransactionAmount(transactionID)

    if err != nil {
    // 检查错误类型, 如果是 transientError 则返回 503, 否则返回 400
        switch err := err.(type) {
        case transientError:
            http.Error(w, err.Error(), http.StatusServiceUnavailable)
        default:
            http.Error(w, err.Error(), http.StatusBadRequest)
        }
        return
    }

    // 写返回内容
}
```

对错误类型使用 switch 检查, 可返回对应的 HTTP 状态码: 如果是一个无效请求, 则返回 400, 如果是一个 transientError, 则返回 503。

这段代码看起来很完美。但是, 假如我们对 getTransactionAmount 做一个小的重构, 不再通过 getTransactionAmount 返回 transientError, 而是通过 getTransactionAmountFromDB 返回。getTransactionAmount 通过%w 指令来包装错误:

```
func getTransactionAmount(transactionID string) (float32, error) {
    // 验证交易 ID 的有效性
```

```
    amount, err := getTransactionAmountFromDB(transactionID)
    if err != nil {
        return 0, fmt.Errorf("failed to get transaction %s: %w",
            transactionID, err)    // 包装了错误，而不是直接返回 transientError

    }
    return amount, nil
}

func getTransactionAmountFromDB(transactionID string) (float32, error) {
    // ...
    if err != nil {
        return 0, transientError{err: err} //这个函数返回 transientError
    }
    // ...
}
```

如果运行这段代码，不管什么情况，它总是返回 400 状态码，前面 switch 代码中的
transientError 分支永远不会被执行到。怎么解释这样的行为呢？

在重构前，transientError 是 getTransactionAmount 函数返回的（见图 7.8）。
在重构后，transientError 是 getTransactionAmountFromDB 返回的（见图 7.9）。

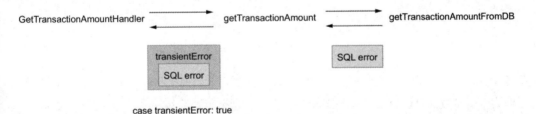

图 7.8 因为 getTransactionAmount 返回了 transientError，所以如果数据库查询失败了，
就会执行这个分支

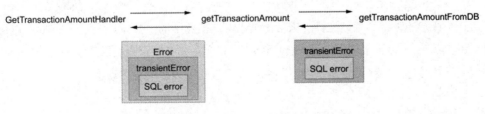

图 7.9 现在 getTransactionAmount 返回了一个包装后的错误，所以 transientError 分支不
会被执行

getTransactionAmount 返回的不是 transientError，而是包装了 transientError 的一个错误。所以 transientError 分支不会被执行。

为此，Go 1.13 提供了一个包装错误的指令，并提供了 errors.As 方法来检查被包装的错误是否是属于某种类型的错误。errors.As 递归地解开一个错误，如果包装链中的一个错误符合预期的类型，则返回 true。

我们使用 errors.As 重写一下调用函数：

```go
func handler(w http.ResponseWriter, r *http.Request) {
    // 获取交易 ID

    amount, err := getTransactionAmount(transactionID)
    if err != nil {
        // 使用指向 transientError 的指针作为参数来调用 errors.As
        if errors.As(err, &transientError{}) {
            http.Error(w, err.Error(),
                http.StatusServiceUnavailable) // 如果是 transientError，则返回 503
        } else {
            http.Error(w, err.Error(),
                http.StatusBadRequest)   // 其他情况，返回 400
        }
        return
    }
    // 写返回内容
}
```

在这个新版本中，我们去掉了基于类型的 switch 语句，转而使用 errors.As。这个函数要求第二个参数（目标错误）是一个指针。否则，这个函数能编译，但运行时会 panic。不管运行时参数是 transientError 类型，还是包装了 transientError 的错误类型，errors.As 都返回 true，所以处理函数会返回 503 状态码。

总之，如果我们依赖 Go 1.13 的错误包装，那必须使用 errors.As 来检查一个错误是不是一个特定的错误类型。这样一来，无论错误是被调用的函数直接返回还是被包装在其他错误中，errors.As 都能够递归地解开错误，并查看其中的错误是否是一个特定的类型。

我们已经讨论了如何比较错误类型，下一节来看一下怎么比较错误值。

7.4 #51：错误地检查错误值

本节和上一节类似，不过本节讲的是哨兵错误（错误值）。首先，我们定义一下什么是哨兵错误。然后，我们来看看怎么把错误和一个值进行比较。

哨兵错误指的是全局定义的错误：

```
import "errors"

var ErrFoo = errors.New("foo")
```

通常，哨兵错误都是以 `Err` 开头的，然后加具体错误类型，比如这里就是 `ErrFoo`。一个哨兵错误表示一个导出的错误。但什么是导出的错误呢？让我们在 SQL 库的上下文里来讨论这个问题。

我们希望设计一个 `Query` 方法，用来执行一个数据库查询。这个方法返回一个包含多个行的切片。但如何处理没有查询到行记录的情况呢？我们有两个选择：

- 返回一个哨兵值：比如，一个 `nil` 切片（类似 `strings.Index`，当没有找到期望的子字符串时，返回–1）。
- 返回一个特定的错误供调用方检测。

让我们看看第二种方法：在没有查询到行记录时返回一个特定的错误。因为传递没有对应行记录的请求是被允许的，所以我们可以把这种错误定义为一个导出的错误。而对于类似网络问题和连接池错误的场景，可以使用非导出的错误。不过，这不表示不需要处理非导出的错误，而是说，从语义上看那些错误有不同的含义。

如果仔细看看标准库，可以发现很多哨兵错误的例子：

- `sql.ErrNoRows`——没有查询到任何行记录时返回的错误（就是上面的例子）。
- `io.EOF`——没有更多输入了，`io.Reader` 就会返回该错误。

这就是哨兵错误的通用原则。哨兵错误表达一个调用方有预期、可检测的错误。使用建议如下：

- 可预期的错误应该被定义为哨兵错误（错误值），类似：`var ErrFoo = errors.New("foo")`。
- 非预期的错误可以被设计为错误类型，类似：`type BarError struct { … }`，并且 `BarError` 实现 `error` 接口。

让我们回到常见的错误。怎么比较一个错误和一个特定的值呢？可以使用 `==` 操作符：

```
err := query()
if err != nil {
    if err == sql.ErrNoRows {  // 与变量 sql.ErrNoRows 进行比较
        // ...
```

```
    } else {
        // ...
    }
}
```

我们调用 `query` 函数并获得返回的错误，通过 `==` 操作符检查这个错误是不是 `sql.ErrNoRows`。

然而，就像上一节讨论的那样，一个哨兵错误可能会被包装起来。如果用 `fmt.Errorf` 和 `%w` 指令包装 `sql.ErrNoRows`，那么 `err == sql.ErrNoRows` 会总是 `false`。

再次强调，Go 1.13 提供了解决方法。我们已经看到了 `errors.As` 是怎么检查一个错误是不是特定类型的。而对于错误值，可以用与之对应的 `errors.Is` 方法来检查。我们重写一下之前的例子：

```
err := query()
if err != nil {
    if errors.Is(err, sql.ErrNoRows) {
        // ...
    } else {
        // ...
    }
}
```

使用 `errors.Is` 代替 `==` 操作符的好处是：即使错误使用 `%w` 指令包装，我们依然可以进行错误比较。

总之，我们使用 `fmt.Errorf` 和 `%w` 指令来包装错误，并且应该使用 `errors.Is` 来与特定错误值进行比较，而不是使用 `==`。即使哨兵错误被额外包装了，`errors.Is` 也可以递归地解包错误，并在包装的错误链上与给定的错误值进行比较。

接下来，我们讨论错误处理中最重要的内容之一：不要处理同一个错误两次。

7.5 #52：处理同一个错误两次

多次处理同一个错误是开发者常犯的一个错误，并且不只是在 Go 开发中。让我们看看为什么这会是一个问题，该怎样有效地处理错误。

为了演示这个问题，我们来写一个 `GetRoute` 函数，用来计算从一个坐标到另一个坐标的路径。假设这个函数会调用另一个用来计算最佳路径逻辑的未导出的 `getRoute` 函数。在调用 `getRoute` 函数之前，我们需要使用 `validateCoordinates` 函数来校验输入的两个坐标是否正确。并且，需要在日志里记录可能的错误。一个可能的实现如下：

```go
func GetRoute(srcLat, srcLng, dstLat, dstLng float32) (Route, error) {
    err := validateCoordinates(srcLat, srcLng)
    if err != nil {
        log.Println("failed to validate source coordinates")  // 记录日志并返回错误
        return Route{}, err
    }

    err = validateCoordinates(dstLat, dstLng)
    if err != nil {
        log.Println("failed to validate target coordinates")  // 记录日志并返回错误
        return Route{}, err
    }

    return getRoute(srcLat, srcLng, dstLat, dstLng)
}

func validateCoordinates(lat, lng float32) error {
    if lat > 90.0 || lat < -90.0 {
        log.Printf("invalid latitude: %f", lat)      // 记录日志并返回错误
        return fmt.Errorf("invalid latitude: %f", lat)
    }

    if lng > 180.0 || lng < -180.0 {
        log.Printf("invalid longitude: %f", lng)      // 记录日志并返回错误
        return fmt.Errorf("invalid longitude: %f", lng)
    }

    return nil
}
```

这段代码有问题吗？首先，在 `validateCoordinates` 函数里，重复记录了无效的经度和纬度日志并返回了错误。例如，我们用无效的纬度来运行这段代码，日志看起来如下：

```
2021/06/01 20:35:12 invalid latitude: 200.000000
2021/06/01 20:35:12 failed to validate source coordinates
```

对于同一个错误有两行日志，会让调试变得更困难。比如，如果这个函数并发地被多次调用，那么这两条错误消息在日志里未必挨在一起，这会让调试变得更复杂。

　　作为一个规则，一个错误只应该被处理一次。记录错误和返回错误都是处理错误。我们要么记录，要么返回，不要既记录错误又返回错误。

　　我们来重写一下上面的代码，这次我们对错误只处理一次：

```go
func GetRoute(srcLat, srcLng, dstLat, dstLng float32) (Route, error) {
    err := validateCoordinates(srcLat, srcLng)
    if err != nil {
```

```
        return Route{}, err              // 只返回错误，不写日志
    }

    err = validateCoordinates(dstLat, dstLng)
    if err != nil {
        return Route{}, err              // 只返回错误，不写日志
    }

    return getRoute(srcLat, srcLng, dstLat, dstLng)
}

func validateCoordinates(lat, lng float32) error {
    if lat > 90.0 || lat < -90.0 {
        return fmt.Errorf("invalid latitude: %f", lat)    // 只返回错误，不写日志
    }

    if lng > 180.0 || lng < -180.0 {
        return fmt.Errorf("invalid longitude: %f", lng)   // 只返回错误，不写日志
    }

    return nil
}
```

在这个版本的代码里，每个错误只被处理了一次，就是直接返回了。假设 GetRoute 的调用方的错误处理方式是写日志，那么当纬度无效时，代码会打印如下错误日志：

```
2021/06/01 20:35:12 invalid latitude: 200.000000
```

这段代码实现得完美吗？也不尽然。例如，对于无效的纬度，第一个实现版本会记录两条日志。所以，我们知道哪个对 validateCoordinates 的调用失败了，是起始坐标，还是终点坐标。对于这个版本，我们就丢失了这个信息，所以需要将额外的上下文添加到错误里。

我们来重写一下最后一个版本，并使用 Go 1.13 的错误包装（此处忽略了 validateCoordinates，我们并未修改这个函数）：

```
func GetRoute(srcLat, srcLng, dstLat, dstLng float32) (Route, error) {
    err := validateCoordinates(srcLat, srcLng)
    if err != nil {
        return Route{},
            fmt.Errorf("failed to validate source coordinates: %w",
            err)      // 返回包装后的错误
    }

    err = validateCoordinates(dstLat, dstLng)
```

```
if err != nil {
    return Route{},
        fmt.Errorf("failed to validate target coordinates: %w",
            err)      // 返回包装后的错误
}

return getRoute(srcLat, srcLng, dstLat, dstLng)
}
```

对每个 validateCoordinates 返回的错误，我们都包装了错误对应的上下文信息：该错误是关于起始坐标还是终点坐标的。运行这段新的代码，调用方如果传入了无效的起始纬度，那么会有如下日志：

```
2021/06/01 20:35:12 failed to validate source coordinates:
invalid latitude: 200.000000
```

对于这个版本，我们已经覆盖了所有不同的情况：一条日志记录，不丢失有价值的信息。并且，每个错误只被处理一次，这会让代码更简单。比如，我们避免了记录重复的错误日志消息。

　　每个错误只应该被处理一次。就像我们之前说的，打印错误日志本身就是对错误的处理。所以，我们要么打印错误，要么返回错误。通过这种方式，可以简化代码并且对错误场景有更好的理解。错误包装是传递错误并附加上下文信息最方便的方式。

　　下一节我们来看看在 Go 代码里，应该怎样正确地忽略一个错误。

7.6 #53: 忽略错误

　　在一些特定的情况下，可能需要忽略函数返回的错误。在 Go 里应该只有一种方法，让我们来看看为什么。

　　一起来看如下示例。我们调用一个名为 notify 的函数，它只有一个类型为 error 的返回值。我们对此错误并不关心，所以有意地忽略了错误处理。

```
func f() {
    // ...
    notify()   // 忽略了错误处理
}

func notify() error {
    // ...
}
```

在这个例子里，因为我们不关心返回的错误，所以并未将返回的错误赋值给一个 `err` 变量。从功能的角度来看，这段代码一点儿问题也没有，能通过编译并且正常运行。

但是，从可维护性的角度来看，这段代码有点儿问题。假设有其他人来看这段代码，他会发现 `notify` 返回了一个错误，但是这个错误没有被调用者处理。他可能会猜测不处理错误可能是故意的，也可能是大意导致的，他无法知道作者到底因为什么而这样做。

如果是这样的原因，我们要想在 Go 里忽略一个错误，唯一的写法是：

```
_ = notify()
```

我们不把错误赋值给一个变量，而是赋值给一个空的标识符。在编译和运行时，这个方法与之前的代码保持行为一致。但这段新的代码显式地告诉别人，我们对返回的错误不感兴趣。

这样的代码也可以通过增加注释来加以说明，但不要像下面的代码一样只是说一下忽略了错误：

```
// 忽略错误
_ = notify()
```

这段注释只是重复了代码已经解释了的事情，我们应该尽量避免这样的注释。如果注释解释了为什么忽略这样的错误，那就再好不过了，如下所示：

```
// 最多提交一次
// 所以，当发生错误时漏掉一些通知是可以接受的
_ = notify()
```

在 Go 里忽略错误是一种特殊情况。在绝大多数场景下，即使使用低级别的日志，也应该记录错误。但如果确定这个错误是可以也应该被忽略的，那就应该把它复制给空标识符。通过这种方式，可以清晰地告诉其他读代码的人，我们是有意忽略这个错误的。

在这一章的最后一节，我们来讨论如何处理 `defer` 语句返回的错误。

7.7 #54：忽略 defer 语句返回的错误

不处理 `defer` 语句返回的错误是 Go 程序员常犯的一个错误。让我们一起来了解一下这个问题，并分析一下可能的处理方法。

在下面的例子里，我们来实现一个函数：根据客户 ID 从数据库查询他的账户余额。我们使用 `database/sql` 包中的 `Query` 方法。

注意 这里不深入探讨这个包是如何工作的，将其留给错误#78。

这里有一段可能的实现代码（我们聚焦于 `query` 本身，忽略解析结果的细节）：

```
const query = "..."

func getBalance(db *sql.DB, clientID string)
    (float32, error) {
    rows, err := db.Query(query, clientID)
    if err != nil {
        return 0, err
    }
    defer rows.Close()   // 延迟了 rows.Close() 调用

    // 使用返回的记录
}
```

`rows` 的类型是 `*sql.Rows`，它实现了 `Closer` 接口：

```
type Closer interface {
    Close() error
}
```

这个接口只有一个返回值，是 `error` 的 `Close` 方法（在错误#79 中还会探讨这个问题）。在上一节中我们提到，错误总是应该被处理的，但在这里，`defer` 调用返回的错误被忽略了：

```
defer rows.Close()
```

正如我们在前面讨论的，如果不需要处理这个错误，那就应该使用空标识符显式地忽略错误：

```
defer func() { _ = rows.Close() }()
```

这个版本虽然看起来有点啰唆，但是从可维护性的角度来看，我们明确地说明了要忽略返回的错误。

但在这种情况下，我们也不能无脑地忽略所有 `defer` 语句返回的错误，而是应该问问自己这样做在这里是不是最好的方法。在当前这个场景中，调用 `Close()` 返回一个错误，表示我们没有从对应的连接池成功连接一个数据库。所以，忽略这个错误未必是我们期望的。一个可能的更好的做法是，至少记录一条日志：

```
defer func() {
    err := rows.Close()
    if err != nil {
        log.Printf("failed to close rows: %v", err)
    }
}()
```

现在，如果关闭 rows 失败，这段代码会记录一条日志，这样我们就可以关注到这个错误了。

假如我们期望这段代码不处理错误，而是返回给 getBalance 的调用方去决定如何处理这个错误呢？

```
defer func() {
    err := rows.Close()
    if err != nil {
        return err
    }
}()
```

这段代码不能通过编译。实际上，这里的 return 语句对应的是匿名函数 func()，而不是 getBalance。

如果我们要把 getBalance 返回的错误跟 defer 调用捕获的错误进行绑定，那就需要用到命名的结果参数了。我们来编写第一个版本：

```
func getBalance(db *sql.DB, clientID string) (
    balance float32, err error) {
    rows, err := db.Query(query, clientID)
    if err != nil {
        return 0, err
    }
    defer func() {
        err = rows.Close()     // 把错误赋值给命名的结果参数
    }()

    if rows.Next() {
        err := rows.Scan(&balance)
        if err != nil {
            return 0, err
        }
        return balance, nil
    }
    // ...
}
```

一旦 rows 变量被正确地创建，我们就用 defer 在一个匿名函数里调用 rows.Close()。这个方法把错误赋值给 err 变量，而这个 err 变量是通过命名的结果参数初始化的。

这段代码看起来很正常，但事实上是有点儿问题的。如果 rows.Scan 返回了错误，rows.Close 依然会被执行，并且 rows.Close 返回的错误覆盖了 getBalance 返回

的错误。这就导致即使 rows.Scan 返回了错误，只要 rows.Close 调用成功并返回了
nil，getBalance 依然会返回 nil。换句话说，只要 db.Query 调用成功了，getBalance
返回的错误永远是 rows.Close 的返回值。这并不是我们期望的。

我们要实现的逻辑并不是很直观：

- 如果 rows.Scan 成功，
  - 如果 rows.Close 成功，不返回错误。
  - 如果 rows.Close 失败，返回该错误。

如果 rows.Scan 失败，逻辑就变得有点儿复杂了，这里我们需要处理两个错误：

- 如果 rows.Scan 失败，
  - 如果 rows.Close 成功，返回 rows.Scan 返回的错误。
  - 如果 rows.Close 失败，该返回什么呢？

如果 rows.Scan 和 rows.Close 同时失败，我们该怎么处理呢？这里有几个选择。例如，
我们可以返回一个表示两个错误的自定义错误。另一个方法是，返回 rows.Scan 的错误，
而只记录 rows.Close 的错误。下面是对这个匿名函数的最终实现：

```
defer func() {
    closeErr := rows.Close() // 把 rows.Close 的错误赋值给另一个变量
    // 如果 err 已经非空，则提高其优先级（确保 rows.Scan 的错误一定会被返回）
    if err != nil {
        if closeErr != nil {
            log.Printf("failed to close rows: %v", err)
        }
        return
    }
    err = closeErr        // 否则，返回 closeErr
}()
```

rows.Close 错误被赋值给了另一个变量 closeErr。在把它赋值给 err 之前，我们先检
查 err 是否为 nil。如果不是 nil，则说明 getBalance 已经有错误需要返回，我们就
记录 rows.Close 的错误，并返回已有的错误。

正如之前讨论的，我们总是应该处理错误。在 defer 语句里有错误返回的场景中，我
们至少应该显式地忽略错误。如果不能显式地忽略，那就像上文演示的一样，要么直接记录
错误日志，要么返回给调用方处理。

总结

- 在 Go 代码里，使用 `panic` 处理错误是一种选择，但是只应该用于一些比较少见的不可恢复的场景，比如触发了一个不该发生的代码错误，或者加载必需的依赖时失败了。

- 包装错误可以标记一个错误，或者提供额外的上下文信息，也可两者兼而有之。然而，要清楚的是，错误包装暴露了原始的错误，这就产生了隐藏的代码耦合。如果希望避免这种情况发生，那就不要使用错误包装。

- 如果你使用 Go 1.13 之后版本的 `%w` 指令和 `fmt.Errorf` 来包装错误的话，那么需要使用对应的 `errors.As` 或者 `errors.Is` 来比较错误的类型或者值，否则检查总会返回 `false`。

- 为了传递一个预期的错误，可以使用哨兵错误（注意，哨兵错误是错误值，而不是错误类型）。非预期的错误应该使用特定的错误类型。

- 在大多数场景下，一个错误应该只被处理一次。记录错误也是错误处理的一种方式。所以，要么记录错误，要么返回错误，而不是两者都做。在很多情况下，包装错误可以让你往原始错误上添加上下文信息并返回该错误。

- 不管是在函数调用，还是在 `defer` 语句里，忽略错误都应该通过空标识符来显式地呈现意图。否则，后续读者很难搞明白到底是忘记处理了，还是有意忽略错误。

- 在很多场景，我们都不应该忽略 `defer` 语句调用返回的错误。根据上下文，或者直接处理错误，或者暴露给调用方处理。但如果需要忽略错误的话，那就应该明确使用空标识符显式表示意图。

并发：基础

本章涵盖:

- 理解并发和并行
- 为什么并发并不总是更快
- CPU 密集型和 I/O 密集型工作负载的影响
- 使用 channel 与互斥锁
- 理解数据竞争和竞争条件之间的差异
- 使用 Go 上下文

近年来，CPU 供应商不再只关注时钟速度。现代 CPU 被设计为具有多核和超线程能力（在同一物理核上有多个逻辑核）。因此，为了利用这些架构，并发对于软件开发人员来说变得至关重要。尽管 Go 提供了简单的原语，但这并不意味着编写并发代码变得容易。本章讨论与并发相关的基本概念，然后第 9 章将侧重于实践。

8.1 #55: 混淆并发和并行

即使有多年的并发编程经验，有些开发人员也可能无法清楚地理解并发（concurrency）和并行（parallelism）之间的区别。在深入研究特定的 Go 主题之前，首先必须了解这些概念，所以我们共享一个通用的词汇表。本节用一个真实的例子来说明：一家咖啡店。

在这家咖啡店中，一名服务员负责接收订单并使用一台咖啡机进行准备。顾客下订单，然后等待他们的咖啡（见图 8.1）。

图 8.1   一个简单的咖啡店

如果服务员很难为所有的顾客服务，而咖啡店想要加快整个流程，一个想法就是雇佣第二个服务员和增加第二台咖啡机。排队的顾客会等待有空的服务员（见图 8.2）。

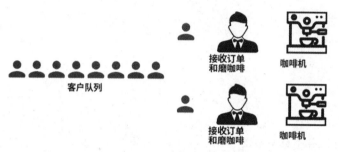

图 8.2   复制咖啡店里的所有东西

在这个新流程中，系统的每一个部分都是独立的。咖啡店可以两倍的速度为消费者提供服务。这是一个咖啡店的并行实现方式。

如果我们想扩大规模，可以一次又一次地增加服务员和咖啡机。然而，这并不是咖啡店扩大规模的唯一设计方案。另外一种方案就是将服务员的工作分开，一个人负责接收订单，另一个人负责研磨咖啡豆，然后在一台机器中冲泡。此外，我们可以将等待订单的顾客引入另外一个队列（想想星巴克），而不是在服务一个顾客的时候阻塞整个顾客队列（见图 8.3）。

图 8.3   拆分服务员的角色

有了这个设计，我们不会让事情变成并行，但整体结构都受到了影响：我们将给定的一个角色拆分成两个，并引入了另外一个队列。并行是同时多次做同一件事，并发是与结构相关的。

假设一个线程代表服务员接收订单，另一个线程代表咖啡机，我们再引入了第三个线程来研磨咖啡豆。每个线程都是独立的，但必须与其他线程协作。在这里，接收订单的线程必须和研磨咖啡豆的线程通信，同时，研磨咖啡豆的线程也必须和咖啡机线程通信。

如果我们想每小时服务更多的顾客，增加吞吐量怎么办？由于研磨咖啡豆的时间比接收订单的时间长，因此可能的变化就是聘请另一位研磨咖啡豆的服务员（见图8.4）。

图 8.4　雇用另一个服务员研磨咖啡豆

这里结构保持不变。它仍然是一个三步设计：接收订单、研磨咖啡豆、冲泡咖啡。因此在并发方面没有变化，但是我们添加了并发能力，这里有一个特殊的步骤：订单准备。

现在我们假设减慢整个过程的部分是咖啡机冲泡咖啡。使用单台咖啡机会带来咖啡研磨线程的争用，因为它们都在等待咖啡机线程可用。有什么解决办法吗？可添加更多的咖啡机线程（见图8.5）。

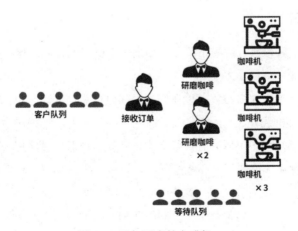

图 8.5　添加更多的咖啡机

我们通过增加更多的咖啡机来提高并行水平。同样，结构没有改变，它仍然是一个三步设计，但是吞吐量会增加，因为咖啡研磨线程的争用情况会得到缓解。

通过这种设计，我们可以注意到一些重要的事情：并发支持并行。实际上，并发提供了一种结构来解决可能在并行化部分出现的问题。

> 并发是同时要处理很多事情。并行是同时在做很多事情。

> ——罗布·派克（Rob Pike）

总之，并发和并行是不同的。并发是关于结构的，我们可以通过以下方式将串行执行更改为并发执行：引入独立并发线程可以解决的不同步骤。同时，并行是与执行相关的，我们可以在某些步骤中添加更多的线程来实行并行。理解这两个概念是成为一名熟练的 Go 开发人员的基础。

下一节我们讨论一个普遍存在的错误：认为并发是必走之路。

8.2 #56：认为并发总是更快

许多开发人员的一个误解是，并发解决方案总是比串行更快，大错特错。解决方案的整体性能取决于许多因素，例如，结构的效率（并发）、可以并行处理的部分以及计算单元的竞争程度。本节会使用一些 Go 并发的基础知识，我们将看到一个具体的例子，它的并发解决方案不一定更快。

8.2.1 Go 调度

线程是操作系统可以执行的最小单元。如果一个进程想要同时执行多个动作，它可以启动多个线程。这些线程可以是：

- 并发——两个或者更多线程可以在同一时间段内启动、运行和完成，如上一节的服务员线程和咖啡机线程。
- 并行——同一个任务可以同时执行多次，就像多个服务员线程一样。

操作系统负责优化调度线程的那些进程：

- 所有的线程都可以消费 CPU 周期，不会饥饿太久。
- 工作负载尽可能地被均匀分布在不同的 CPU 核上。

注意 线程这个词在 CPU 级别上也可以有不同的含义。每个物理核可以由多个逻辑核（超线程的概念）组成，一个逻辑核也被称为一个线程。在本节中，当我们谈论线程的时候，指的是处理单元（操作系统中的线程的概念），而不是逻辑核。

CPU 内核执行不同的线程。当 CPU 内核的执行从一个线程切换到另一个线程的时候，会执行一个操作，叫作上下文切换。切换时，正在消费 CPU 周期的活动线程正处于 executing 状态，然后转换成 runnable 状态，意味着它会等待，直到有一个可用的核可以执行它。上下文切换被视为是昂贵的操作，因为操作系统需要保存要切换线程的执行状态（如当前寄存器的值）。

作为 Go 开发者，我们不能直接创建线程，但是可以创建 goroutine（协程），你可以把它看成应用级的线程。操作系统线程是由操作系统在 CPU 上进行的上下文切换，而 goroutine 是由 Go 运行时在操作系统线程上进行的上下文切换。此外，与操作系统线程相比，goroutine 的内存占用更小：Go 1.4 以后的 goroutine 只占用 2KB（goroutine 的内存占用会按需进行调整，更进一步地，Go 1.19 会根据历史栈使用率来初始化 goroutine 栈，goroutine 的内存占用不再是固定的 2KB）。操作系统线程的内存占用取决于操作系统本身，例如，在 Linux/x86-32 中，默认的大小是 2MB（参见链接 25）。较小的尺寸可使上下文切换更快。

注意 goroutine 的上下文切换会比线程的上下文切换大约快 80% 到 90%，具体取决于 CPU 架构。

现在让我们讨论一下 Go 调度程序是如何工作的，并概述 goroutine 是如何被调度器处理的。在内部，Go 调度器使用下面的术语（参见链接 26）：

- G——Goroutine
- M——操作系统线程（代表 *machine*）
- P——CPU 核（代表 *processor*）

每个操作系统线程（M）由操作系统调度器指派给 CPU 核（P）[①]，每个 goroutine（G）都会在 M 上运行。GOMAXPROCS 变量定义了负责同时执行用户级代码的 M 的最大数量。但是如果一个线程在系统调用中被阻塞（例如，I/O 系统调用），调度器可以启动更多的 M。

[①] 这里作者把 P 等同于 CPU 核。实际上，Go 的 GPM 模型中的 P 代表的是调度器的处理器，不是物理的 CPU 核（处理器），它负责捏合 M 和 G，所以 M 是由 Go 运行时指派给 P 的。——译者注

从 Go 1.5 以后，GOMAXPROCS 默认情况下等于可用的 CPU 核数。

goroutine 的生命周期比操作系统线程的生命周期更简单。它可以处于下面的状态之一[①]：

- executing——goroutine 被调度在 M 上，并正在执行它的指令。
- running——goroutine 正等待进入 executing 状态。
- waiting——goroutine 暂停并等待某事完成，比如系统调用或者同步操作（例如获取互斥锁）。

关于 Go 调度的实现还有最后一个阶段我们要理解：当一个 goroutine 被创建但还不能执行时，例如每一个 M 都在执行一个 G，在这种情况下，Go 运行时将如何去处理它？答案是排队。Go 运行时处理两种类型的队列：一种是每个 P 都有的自己的本地队列，另外一种是所有的 P 共享的全局队列。

图 8.6 显示了在一个四核机器上的调度情况（GOMAXPROCS 等于 4），包括处理器（P）、goroutine（G）、操作系统线程（M）、本地队列和全局队列。

首先我们可以看到五个 M，而 GOMAXPROCS 被设定为 4，但正如我们所提到的，如果需要，Go 运行时可以创建比 GOMAXPROCS 更多的线程。

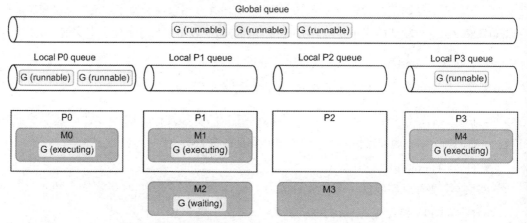

图 8.6 在四核机器上执行的一个 Go 应用程序当前状态的示例。未在 executing 状态的 goroutine 或者处于 runnable 状态（等待执行），或者处于 waiting 状态（等待阻塞操作）

P0、P1 和 P3 正忙于执行 Go 运行时线程，但是 P2 正处于空闲状态，因为 M3 是从

---

① 事实上，goroutine 状态可细分为 9 种状态，加上 _Gscan 的组合状态会更多，参见链接 27，作者在那里对 goroutine 状态做了汇总。——译者注

P2 上切换出去的，所以并没有可以执行的 goroutine。这并不是一种很好的状况，因为此时还有六个 goroutine 等待被执行，三个在本地队列中，三个在全局队列中，Go 运行时如何处理这种状况呢？下面是用伪代码实现的调度（参见链接 28）：

```
runtime.schedule() {
    // 只有 1/61 的次数，来检查全局可运行的队列，去选择一个 G。
    // 如没找到，就检查本地队列。
    // 如果没找到，
    //     尝试从其他 P 的本地队列中窃取一个。
    //     如果还没找到，再检查全局可运行的队列。
    //     如果还没找到，检查处理网络的 goroutine。
}
```

每执行 61 次，Go 调度器会检查全局队列中是否有可用的 goroutine，如果不可用，它检查它的本地队列。同时，如果全局队列和本地队列都为空，Go 调度器从其他本地队列中挑选一个 goroutine，调度中的这个原则被称为工作窃取（work stealing），它允许未充分利用的 P 主动去寻找另一些 P 的 goroutine，窃取一些 goroutine。

最后要提到的一件重要的事情是，在 Go 1.14 之前，调度器是协作式的（cooperative），这意味着 goroutine 只能在特定的阻塞情况下（例如，channel 发送数据或者接收数据、I/O、等待获取互斥锁等情况）才能在线程上进行上下文切换，但是从 Go 1.14 开始，Go 调度器变成了抢占式的：当一个 goroutine 连续运行超过特定的时间（10 毫秒）时，它会被标记成可抢占的，并且可以通过上下文切换被另外一个 goroutine 替换。这样就强制长时间运行的任务分享一部分 CPU 时间。

现在我们了解了 Go 语言中调度的基础知识，接下来看一个具体的例子：使用并行方式实现归并排序（merge sort）。

8.2.2　并行归并排序

首先回顾一下归并排序算法的工作原理，然后我们将实现一个并行版本的归并排序。请注意，我们的目标不是实现一个最高效的版本，而是通过一个例子说明为什么并发不是最快的。

归并排序算法的工作原理是，将一个列表重复分成两个子列表，直到每个子列表只包含一个元素，然后合并这些子列表，从而得到一个排序列表（见图 8.7）。每个拆分操作会把列表拆成两个子列表，而合并操作将两个子列表合并为一个排序列表。

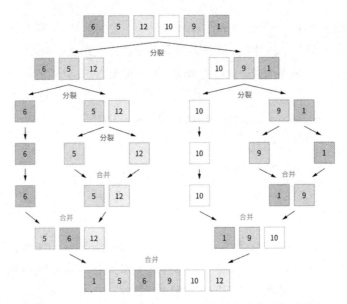

图 8.7 应用归并排序算法重复地将每个列表分成两个子列表。
然后该算法使用合并操作合并已排序的结果列表

下面是该算法的串行实现。我们并没有列出所有的代码，因为它不是本节的重点：

```go
func sequentialMergesort(s []int) {
    if len(s) <= 1 {
        return
    }

    middle := len(s) / 2
    sequentialMergesort(s[:middle])    // 前半部分
    sequentialMergesort(s[middle:])    // 后半部分
    merge(s, middle)                   // 合并这两部分
}

func merge(s []int, middle int) {
    // ...
}
```

该算法有可以并发执行的结构。事实上，因为每个 sequentialMergesort 操作只使用独立的一部分数据，不需要复制全部数据（这里使用切片的底层数组的独立视图），因此通过使用不同的 goroutine 执行 sequentialMergesort 操作，可以将工作负载分发在多个 CPU 核上。让我们编写第一版的并行归并排序算法：

```go
func parallelMergesortV1(s []int) {
    if len(s) <= 1 {
        return
    }

    middle := len(s) / 2

    var wg sync.WaitGroup
    wg.Add(2)

    go func() {      // 将工作的前半部分放在一个 goroutine 中执行
        defer wg.Done()
        parallelMergesortV1(s[:middle])
    }()

    go func() {      // 将工作的后半部分放在另一个 goroutine 中执行
        defer wg.Done()
        parallelMergesortV1(s[middle:])
    }()

    wg.Wait()
    merge(s, middle)  // 合并这两部分
}
```

在这个版本中，工作负载的每一半都在一个单独的 goroutine 中被处理，父 goroutine 通过使用 sync.WaitGroup 等待两个部分完成排序。因此我们在合并之前调用 Wait 方法。

　　　　注意　如果你还不熟悉 sync.WaitGroup，请跳转到错误#71，我们会在那里对它进行详细介绍。简而言之，它允许我们等待 n 个要完成的操作，如前面的示例所示，通常是等待 goroutine。

　　我们现在有了归并排序算法的并行版本。如果我们运行一个基准测试来比较这个版本和串行版本，并行版本应该更快，对不对？让我们在一个四核的机器上排序一万个元素：

```
Benchmark_sequentialMergesort-4 2278993555 ns/op
Benchmark_parallelMergesortV1-4 17525998709 ns/op
```

令人惊讶的是，并行版本几乎慢了一个数量级，该如何解释这个结果呢？使用四个核分配工作负载的并行版本怎么可能比在单台机器上运行的串行版本还要慢？让我们分析一下这个问题。

　　如果我们有一个切片，其中有 1024 个元素，父 goroutine 将启动两个子 goroutine，每

个子 goroutine 负责处理一半的元素，也就是 512 个元素。然后这些 goroutine 的每一个又会启动两个 goroutine，

每个负责 256 个元素，然后是 128 个，以此类推，直到我们启动一个 goroutine 来处理一个元素。

如果想要并行化的工作负载很小，也就意味着计算工作负载的速度太快，那么跨 CPU 核分配工作的好处也就不存在了：与直接合并当前 goroutine 中的少量元素所花费的时间相比，创建一个 goroutine 并让调度器执行它所花费的时间来说太多了。尽管 goroutine 比线程更轻量，启动更快，但我们仍然会遇到工作负载太小的情况。

注意 我们会在错误#98 中讨论如何识别执行并行不佳的场景。

那么我们是否可以从这个结果中得出一个结论呢?这是否意味着归并排序算法不能并行执行? 别着急下结论。

让我们尝试另外一种方法。因为在一个新的 goroutine 中合并少量元素效率不高，所以我们定义一个阈值，该阈值将标识包含多少元素时才能使用并行方式处理。如果处理的元素小于等于这个阈值，将使用串行的方式进行处理。下面所示的是一个新的优化的版本：

```go
const max = 2048  // 定义阈值

func parallelMergesortV2(s []int) {
    if len(s) <= 1 {
        return
    }

    if len(s) <= max {
        sequentialMergesort(s)      // 调用最初的串行版本
    } else {                        // 如果大于阈值，则使用并行版本
        middle := len(s) / 2

        var wg sync.WaitGroup
        wg.Add(2)

        go func() {
            defer wg.Done()
            parallelMergesortV2(s[:middle])
        }()

        go func() {
            defer wg.Done()
```

```
        parallelMergesortV2(s[middle:])
    }()

    wg.Wait()
    merge(s, middle)
  }
}
```

如果切片 s 的元素个数小于最大值 max，我们就会调用串行版本，否则调用并行版本。这种方法会影响基础测试的结果吗？是的，会影响：

```
Benchmark_sequentialMergesort-4 2278993555 ns/op
Benchmark_parallelMergesortV1-4 17525998709 ns/op
Benchmark_parallelMergesortV2-4 1313010260 ns/op
```

这个版本的并行实现比串行实现要快 40% 以上，这要归功于定义阈值的想法，阈值指示何时使用并行算法比使用串行方法更有效。

> **注意**　为什么我把阈值设置为 2048 呢？因为它是我机器上运行这个工作负载的最佳值。通常应该使用基础测试（在类似生产环境的执行环境中运行）仔细定义此类魔法值。值得注意的是，在没有实现 goroutine 概念的编程语言中运行相同的算法对此值也有影响。例如，使用线程在 Java 中实现的相同示例，这个优化值接近 8192，这往往说明 goroutine 比线程更有效。

我们在本章看到了 Go 语言中调度的基本概念——线程和 goroutine 之间的区别及 Go 运行时如何调度 goroutine。同时使用归并排序示例，说明了并发并不一定总是较快的。正如我们所看到的，启动 goroutine 来处理最小的工作负载（只合并一小部分元素）破坏了可以从并行中获得的好处。

必须记住，并发并不总是较快，不应该将其视为解决所有问题的默认方法。首先它使问题变得更加复杂，此外，现代 CPU 在执行串行代码和可预测代码方面变得异常高效，例如，超标量处理器可以高效地在单个内核上并行执行指令。

这是否意味着我们不应该使用并发？当然不是。但是必须牢记这些结论：如果不确定并行版本会更快，正确的做法可能是从简单的串行版本开始，然后可使用分析（见错误#98）和基础测试（见错误#89）进行分析测试，这可能是确保并发是否有价值的唯一方法。

下面一节将讨论一个常见问题：什么时候使用 channel 或互斥锁？

8.3 #57：对何时使用 channel 或互斥锁感到困惑

面对一个并发问题，我们的解决方案是使用 channel 还是互斥锁来实现并不总是很清晰。因为 Go 提倡使用通信来共享内存，所以一个常见的错误就是总是强制使用 channel，不管实际情况如何。但是我们应该把这两种选择作为互补手段。本节阐明了何时该使用 channel，何时该使用互斥锁。我们的目标不是要讨论每一个可能的用例（这可能需要一整章去讨论），而是提供可以帮助我们做出决定的一般性的指导原则。

首先，简单回顾一下 Go 语言中的 channel：channel 是一种交流机制。在内部，channel 是用来发送和接收值的管道，它允许我们连接并发的 goroutine。channel 的类型可以是下面两种中的一种：

- unbuffered——发送者的 goroutine 一直阻塞，直到接收者的 goroutine 准备好接收。
- buffered——当缓冲区满了时，发送者的 goroutine 阻塞。

让我们回到最初的问题——什么时候使用 channel，什么时候使用互斥锁？我们使用图 8.8 中的例子作为基础。示例中包含三个具有特定关系的不同的 goroutine：

- G1 和 G2 是并行的 goroutine。它们是两个执行相同函数的 goroutine，不断地从 channel 中接收数据，或者两个 goroutine 同时执行相同的 HTTP 处理程序。
- 另外，G1 和 G3 是并发的 goroutine，G2 和 G3 也是并发的 goroutine。所有的 goroutine 都是整体并发结构的一部分，但 G1 和 G2 执行第一步，而 G3 执行下一步。

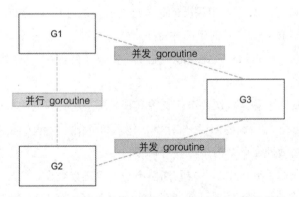

图 8.8　G1 和 G2 是并行的，而 G2 和 G3 是并发的

一般来说，并行 goroutine 必须同步：例如，当它们需要访问或者改变共享资源（比如切片）时。使用互斥锁可以强制同步，不使用任何 channel 类型（包括不使用 buffered channel）。因此，一般来说，并行 goroutine 之间的同步应该通过互斥锁来实现。

并发 goroutine 通常必须协作和编排。例如，如果 G3 需要汇总来自 G1 和 G2 的结果，那么 G1 和 G2 需要向 G3 发出一个信号，告知 G3 一个新的中间结果可用了。这种协作属于沟通的范围，因此需要使用 channel。

关于并发 goroutine，还有一种情况，就是我们希望将资源的所有权从一个步骤（G1 和 G2）转移到另外一个步骤（G3）。例如，如果 G1 和 G2 正在充实一个共享资源，并且在某个时间，我们认为这项工作已经完成，这时候应该使用 channel 来通知特定资源已准备好并处理所有权的转移。

互斥锁和 channel 具有不同的语义。当我们想要共享状态或者访问共享资源的时候，互斥锁能确保对该资源的独占访问。channel 是一种通信机制，在有或者没有数据（chan struct{} 或者其他）的情况下发出信号。协作或者所有权转移应该使用 channel 实现。了解 goroutine 是并行还是并发很重要，因为一般来说，并行 goroutine 需要互斥锁，并发 goroutine 需要 channel。

现在让我们讨论一个关于并发的普遍问题：竞争问题。

8.4　#58：不理解竞争问题

竞争问题可能是程序员面临的最困难和最隐蔽的错误之一。作为 Go 开发人员，我们必须理解数据竞争和竞争条件，包括它们可能产生的影响以及如何避免。通过下面的主题，首先讨论数据竞争和竞争条件，然后讨论 Go 内存模型及其重要性。

8.4.1　数据竞争与竞争条件

我们首先关注一下数据竞争。当两个或者多个 goroutine 同时访问同一个内存位置并且至少有一个正在写入时，就会发生数据竞争。下面所示的代码是一个示例，其中两个 goroutine 会对一个共享变量加 1：

```
i := 0

go func() {
    i++    // 变量 i 加 1
}()

go func() {
    i++
}()
```

如果我们使用 Go 竞争检测器（-race 选项）运行此代码，它会警告我们这里有数据竞争：

```
===================
WARNING: DATA RACE
Write at 0x00c00008e000 by goroutine 7:
    main.main.func2()
Previous write at 0x00c00008e000 by goroutine 6:
    main.main.func1()
===================
```

i 最终的值是不可预知的，有时是 1，有时是 2。

这段代码有什么问题呢？i++ 语句可以分解成三个操作：

1. 读取 i 的值。
2. 增加 1。
3. 写回变量 i。

如果第一个 goroutine 在第二个 goroutine 之前执行并完成，那就是下表中出现的情况。

goroutine 1	goroutine 2	操　作	i
			0
读取		<-	0
加 1			0
写回		->	1
	读取	<-	1
	加 1		1
	写回	->	2

第一个 goroutine 读取、加 1、把 1 写回变量 i。然后第二个 goroutine 执行相同的操作，但是因为读取的值是 1，所以写回 2。

然而在这个例子中，不能保证第一个 goroutine 会在第二个 goroutine 之前启动或者完成，也可能遇到两个 goroutine 同时执行的情况。其中两个 goroutine 并发运行并竞争访问变量 i。下表所示的就是另外一种情况。

goroutine 1	goroutine 2	操　作	i
			0
读取		<-	0
	读取	<-	0
加 1			0

续表

goroutine 1	goroutine 2	操作	i
	加 1		0
写回		->	1
	写回	->	1

首先，两个 goroutine 都从变量 i 中读取到 0，然后两者都对它增加 1，并把它们的本地结果 1 写回变量 i，这不是我们期望的结果。

这就是数据竞争的可能影响。如果两个 goroutine 同时访问同一个内存位置，并且二者之中至少有一个在该内存位置有写操作，那么结果可能是有危险的。在某些情况下，内存位置最终会保存一个包含无意义位的值。

注意 在错误#83 中，我们会看到 Go 如何帮助我们检测数据竞争。

如何防止发生数据竞争呢？让我们看一些不同的技术。这里列举的并不是所有可能的选择（例如，我们省略了 atomic.Value），但它们是主要的防止数据竞争的选择。

第一个选择是让操作原子化，这意味着它可以在单独的一个操作中完成，这可以防止交叉运行的操作，如下表所示。

goroutine 1	goroutine 2	操作	i
			0
读取并加 1		<->	1
	读取并加 1	<->	2

即使第二个 goroutine 在第一个 goroutine 之前运行，结果仍然是 2。

原子操作可以使用 Go 标准库的 sync/atomic 包。在下面的例子中，我们使用 int64 类型的值来执行原子的加 1 操作：

```go
var i int64

go func() {
    atomic.AddInt64(&i, 1) // 原子操作加 1
}()

go func() {
    atomic.AddInt64(&i, 1) // 同样用原子操作加 1
}()
```

两个 goroutine 都原子性地更新变量 i 的值。原子操作不能被中断,这样才能避免同时进行两次访问。无论 goroutine 的执行顺序如何,变量 i 的值最终就是 2。

> **注意** 包 sync/atomic 为基本类型 int32、int64、uint32、uint64 提供了原子操作,但是没有为 int 提供原子操作,所以在这里的例子中我们使用 int64 作为变量 i 的类型。

另一个选择是使用互斥锁这样的数据结构对两个 goroutine 进行同步。互斥锁(Mutex)代表互斥(mutual exclusion)。互斥锁可确保最多只有一个 goroutine 访问所谓的临界区。在 Go 标准库中,包 sync 提供了 Mutex 类型:

```go
i := 0
mutex := sync.Mutex{}

go func() {
    mutex.Lock()        // 临界区的开始位置
    i++                 // 变量 i 加 1
    mutex.Unlock()      // 临界区的结束位置
}()

go func() {
    mutex.Lock()
    i++
    mutex.Unlock()
}()
}
```

在这个例子中,给变量 i 加 1 就是临界区。不管 goroutine 的执行顺序如何,这个例子也为变量 i 产生了一个确定的结果:2。

哪种方法更好?区分起来非常简单。正如我们所提到的,包 sync/atomic 只能针对特定的类型。如果我们想同步其他东西(例如,切片、map 和结构体),那不能依赖 sync/atomic。

另一种可能的选择是阻止共享相同的内存位置,而支持跨 goroutine 的通信。例如我们可以创建一个 channel,每个 goroutine 可以用它产生加 1 的值:

```go
i := 0
ch := make(chan int)

go func() {
```

```
        ch <- 1 //通知 goroutine 进行加 1 操作
    }()

    go func() {
        ch <- 1
    }()

    i += <-ch   //加上从 channel 中读取的值
    i += <-ch
```

每个 goroutine 通过 channel 发送一个给变量 i 加 1 的通知。父 goroutine 收集通知，执行加 1 的操作，因为它是唯一一个读写变量 i 的 goroutine，该解决方案也没有数据竞争的问题。

让我们总结一下目前所看到的。当多个 goroutine 同时访问一个内存位置时（例如同一个变量），并且其中至少一个正在写入时，就会发生数据竞争。我们还看到了如何使用三种同步方法来阻止这个问题：

- 使用原子操作。
- 使用互斥锁保护临界区。
- 使用通信和 channel 确保变量仅由一个 goroutine 更新。

使用这三种方法，不管 goroutine 的执行顺序如何，变量 i 的值最终都被设置为 2。但是根据我们想要执行的操作，无数据竞争的程序是否一定意味着产生确定的结果呢？让我们使用另外一个例子来探讨一下这个问题。

现在我们不让两个 goroutine 对同一个共享变量加 1，而是都执行赋值操作。我们使用互斥锁的方式来阻止数据竞争：

```
    i := 0
    mutex := sync.Mutex{}

    go func() {
        mutex.Lock()
        defer mutex.Unlock()
        i = 1               // 第一个 goroutine 给 i 赋值 1
    }()

    go func() {
        mutex.Lock()
        defer mutex.Unlock()
        i = 2               // 第二个 goroutine 给 i 赋值 2
    }()
```

第一个 goroutine 给变量 i 赋值 1，第二个 goroutine 给变量 i 赋值 2。

这个例子有数据竞争吗？没有！两个 goroutine 访问了相同的变量，但不是同时，因为互斥锁可以保证这一点。但是这个例子有确定的结果吗？没有！

依赖执行的顺序，变量 i 的最终结果可能是 1，也可能是 2。这个例子不会导致数据竞争，但是它有一个竞争条件。当行为取决于无法控制的事件顺序或者时间时，就会出现竞争条件。这里事件发生的时间就是 goroutine 的执行顺序。

确保 goroutine 之间按特定的顺序执行是协作和编排的问题。如果我们想确保变量从状态 0 到状态 1，然后从状态 1 到状态 2，那么应该找一种方法来保证 goroutine 是按顺序执行的。channel 是解决这个问题的一种方式。协作和编排还可以确保特定部分仅由一个 goroutine 访问，这也意味着我们可以删除前面示例中的互斥锁。

总之，当开发并发程序时，必须了解数据竞争和竞争条件的不同。当多个 goroutine 同时访问同一个内存位置并且其中至少一个正在写入时，就会发生数据竞争。数据竞争意味着出现不期望的行为。但是，无数据竞争的应用程序并不一定意味着有确定性结果。应用程序可以没有数据竞争，但仍然具有依赖于不受控制的事件的行为（例如，goroutine 的执行、消息发布到 channel 的速度或对数据库的调用持续多长时间），这是竞争条件。理解这两个概念对于熟练设计并发应用程序至关重要。

现在让我们检查 Go 内存模型并了解它的重要性。

8.4.2　Go 内存模型

上一节讨论了同步 goroutine 的三种主要技术：原子操作、互斥锁和 channel。但是作为 Go 程序员，我们应该了解一些核心原则，例如，缓冲（buffered）和非缓冲（unbuffered）channel 提供了不同的保证。为了避免由于对语言核心规范缺乏了解而导致的意外的数据竞争，我们必须看一看 Go 内存模型。

Go 内存模型是一种规范（参见链接 29），它定义了在不同的 goroutine 中写某个变量后，保证一个 goroutine 可以从这个变量读取到写入的数据（happen after）。换句话说，它提供了开发人员应牢记避免数据竞争和强制确定性输出的保证。

在单个 goroutine 中，不可能有不同步的访问。事实上，单个 goroutine 的 happens-before 顺序是由我们的程序所表达的顺序保证的。

然而，在多个 goroutine 中，我们应该牢记其中的一些保证。我们将使用符号 A < B 来表示事件 A 发生在事件 B 之前（后面我们将 happens before 统一表述成 A happens before

B）。我们来检查一下这些保证（一些结论直接从 Go 内存模型复制而来）。

- 创建一个 goroutine 一定 happens before 执行这个 goroutine。所以读取一个变量然后启动一个 goroutine 给它赋值并不会导致数据竞争：

```
i := 0
go func() {
    i++
}()
```

- goroutine 的退出不能保证 happens before 其他事件，所以下面的代码有数据竞争问题：

```
i := 0
go func() {
    i++
}()
fmt.Println(i)
```

再说一次，如果想要阻止数据竞争发生，就要保证这些 goroutine 同步。

- 往一个 channel 中发送完一个数据一定 happens before 从 channel 中读取出这个对应的数据。在下面这个例子中，父 goroutine 在发送之前递增一个变量，而另一个 goroutine 读取 channel：

```
i := 0
ch := make(chan struct{})
go func() {
    <-ch
    fmt.Println(i)
}()
i++
ch <- struct{}{}
```

顺序如下：

变量加 1 <从 channel 发送<从 channel 读取 < 变量读取

通过传递性，我们可以确保对 i 的访问是同步的，因此不存在数据竞争。

- 关闭 channel happens before 从下面的闭包中读取。下面这个例子和前面那个例子类似，在前面那个例子中，我们发送了一个数据，在这个例子中，我们关闭了 channel：

```
i := 0
ch := make(chan struct{})
go func() {
    <-ch
    fmt.Println(i)
}()
i++
close(ch)
```

所以，这个例子也没有数据竞争。

■ 乍一看，关于 channel 的最后一条保证有点儿违反直觉：从一个非缓冲 channel 的接收 happens before 往此 channel 中写入。

首先让我们看一个缓冲 channel 的例子。有两个 goroutine，父 goroutine 往 channel 发送一条消息，然后读取变量，而子 goroutine 更新这个变量，然后从 channel 中读取消息：

```
i := 0
ch := make(chan struct{}, 1)
go func() {
    i = 1
    <-ch
}()
ch <- struct{}{}
fmt.Println(i)
```

这个例子会导致数据竞争。我们可以从图 8.9 中看到对变量 i 的读和写可能会同时发生，所以 i 不是同步的。

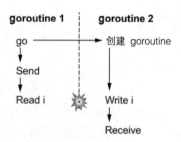

图 8.9　如果 channel 是缓冲的，会导致数据竞争

现在让我们将 channel 更改为非缓冲 channel 来说明内存模型保证：

```
i := 0
ch := make(chan struct{}) // 将 channel 的类型改为非缓冲的
go func() {
    i = 1
    <-ch
}()
ch <- struct{}{}
fmt.Println(i)
```

改变 channel 类型使这个例子没有了数据竞争（见图 8.10）。在这里我们可以看到主要区别：写入保证发生在读取之前。请注意箭头不代表因果关系（当然接收是由发送引起的），它代表了 Go 内存模型的顺序保证。因为从非缓冲区接收 happens before 往这个 channel 发送，所以对 i 的写入总是发生在对 i 的读取之前。

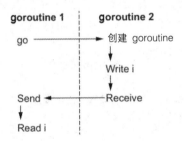

图 8.10　如果 channel 是非缓冲的，不会导致数据竞争

在本节中，我们介绍了 Go 内存模型的主要保证。在编写并发代码时，应理解这些保证是核心知识的一部分，并且可以防止我们做出可能导致数据竞争和/或竞争条件的错误假设。

下面一节讨论为什么了解工作负载类型很重要。

8.5　#59：不了解工作负载类型对并发的影响

本节着眼于并发实现中工作负载类型造成的影响。根据工作负载是 CPU 密集型还是 I/O 密集型，我们可能需要使用不同的方式来解决问题。我们先定义这些概念，然后再讨论其影响。

在程序执行时，工作负载的执行时间会受以下因素限制：

- CPU 的速度——例如，运行归并排序算法。工作负载被称为 CPU 密集型。
- I/O 速度——例如，进行 REST 调用或数据库查询。工作负载被称为 I/O 密集型。
- 可用内存量——工作负载被称为内存密集型。

> **注意** 鉴于近几十年来内存价格变得越来越便宜，所以最后一种类型是当今最稀少的工作负载类型。本节重点介绍前两种工作负载类型：CPU 密集型和 I/O 密集型。

为什么在并发应用程序的上下文中对工作负载进行分类很重要？让我们通过一种并发模式来理解这一点：worker 池。

下面这个例子实现了一个读函数，它接收一个 io.Reader 参数并从中重复读取 1024 字节，它会把读取到的字节数传给一个 task 函数，这个 task 函数会执行一些任务（稍后我们会看到这些任务）。task 函数会返回一个整数结果，而我们最终会返回所有整数结果之和。下面是一个串行的实现：

```
func read(r io.Reader) (int, error) {
    count := 0
    for {
        b := make([]byte, 1024)
        _, err := r.Read(b)        // 读取 1024 字节
        if err != nil {
            if err == io.EOF {     // 当读取完后跳出循环
                break
            }
            return 0, err
        }
        count += task(b)   // 把 task 函数的结果加到 count 上
    }
    return count, nil
}
```

这个函数创建一个 count 变量，从 io.Reader 输入读取，调用 task 函数，把结果加到 count 上。现在如果我们想以并行方式运行所有 task 函数，该如何做呢？

一种选择是使用所谓的 worker 池模式。这样做只需创建固定大小的 worker（goroutine），从公共 channel 中拉取任务（见图 8.11）。

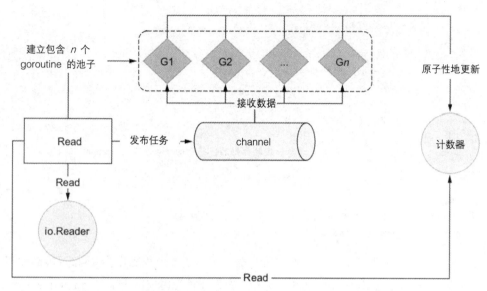

图 8.11　固定池子中的每个 goroutine 从共享 channel 中读取消息

首先，我们启动了一个固定的 goroutine 池（稍后会讨论有多少个）。然后创建一个共享 channel，在每次从 io.Reader 读取到数据后将数据发送到这个 channel 中。池中的每个 goroutine 从这个 channel 接收数据，执行它的工作，然后自动更新一个共享计数器。

下面的代码是一种用 Go 编写的可能实现：包含 10 个 goroutine 的 worker 池。每个 goroutine 自动更新共享计数器：

```go
var count int64
wg := sync.WaitGroup{}
n := 10

ch := make(chan []byte, n)      // 创建一个和池容量相等的 channel
wg.Add(n)                        // 设置 WaitGroup 的大小为 n
for i := 0; i < n; i++ {         // 创建包含 n 个 goroutine 的池子
    go func() {
        defer wg.Done()          // 处理完收到的消息后调用 WaitGroup 的 Done 方法
        for b := range ch {      // 每个 goroutine 都从共享的 channel 中读取消息
            v := task(b)
            atomic.AddInt64(&count, int64(v))
        }
    }()
}
```

```
for {
    b := make([]byte, 1024)
    n, err := r.Read(b)
    if err != nil {
        if err == io.EOF {
            break
        }
        return 0, err
    }
    ch <- b[:n]        // 每次读取一定的数据后，将新的任务发布到 channel 中
}

close(ch)
wg.Wait()             // 等待 WaitGroup 完成后再返回
return int(count), nil
```

在这个例子中，我们使用 n 定义池的大小。我们创建了一个和池容量相同的 channel 和一个 delta 值为 n 的 WaitGroup 对象。这样，在发布消息时就减少了父 goroutine 中的潜在竞争。迭代 n 次来创建从此 channel 读取消息的 goroutine。收到的消息会被交给 task 函数去处理，并把结果加到共享计数器上。从 channel 读取完消息，每个 goroutine 会对 WaitGroup 进行减 1 的操作（调用 WaitGroup.Done）。

在父 goroutine 中，我们持续从 io.Reader 中读取数据并把每个任务都发布到 channel 中。最后但同样重要的是，我们关闭了 channel 并等待 WaitGroup 完成（意味着所有子 goroutine 都完成了它们的工作），然后返回。

使用固定大小的 goroutine 池限制了我们讨论过的缺点，它缩小了资源的影响并阻止外部系统被淹没。现在，经典的问题来了：池的大小应该是多少才合适呢？答案取决于工作负载类型。

如果工作负载是 I/O 密集型的任务，答案主要取决于外部系统。如果想最大化吞吐量，系统可以处理多少并发访问呢？

如果工作负载是 CPU 密集型的任务，最佳实践是依赖 GOMAXPROCS。GOMAXPROCS 是一个变量，用来设置分配给正在运行 goroutine 的操作系统的线程数。在默认情况下，此值被设置为逻辑 CPU 的数量。

使用 runtime.GOMAXPROCS

我们可以使用 runtime.GOMAXPROCS(int) 函数更新 GOMAXPROCS 的值。传递

参数 0 并不会改变它的值，只会返回它当前的值：

```
n := runtime.GOMAXPROC(0)
```

那么我们把池的大小设置为 GOMAXPROCS 又是什么道理呢？让我们举一个具体的例子。假设将在一个四核的机器上运行我们的程序，因此 Go 将实例化四个操作系统线程，在那里 goroutine 将被执行。起初的情况可能并不理想：我们可能面临有四个核和四个 goroutine，但是只执行一个 goroutine 的场景，如图 8.12 所示。

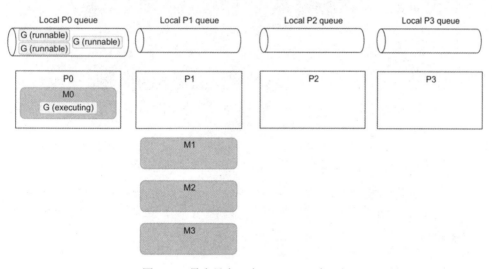

图 8.12　最多只有一个 goroutine 在运行

M0 是当前正在运行工作池的 goroutine，因此这些 goroutine 开始从 channel 接收消息并执行它们的工作，但是其他三个 goroutine 还没被指派给 M，因此它们还只是处于 runnable 状态。M1、M2 和 M3 没有任何 goroutine 可以运行，因此它们还没运行在核上，目前只有一个 goroutine 在运行。

最终，通过我们已经介绍过的"工作窃取"概念，P1 可能会从本地 P0 队列中窃取 goroutine。在图 8.13 中，P1 从 P0 窃取了三个 goroutine（实际上，Go 窃取算法不会把另一个 P 的本地队列中的所有的 G 都窃取走，只会窃取一半）。在这种情况下，Go 调度器也可能最终将所有的 goroutine 分配给不同的操作系统线程，但不能保证何时会发生这种情况。然而，由于调度器的主要目标之一就是优化资源（这里指 goroutine 的分布），考虑到工作负载的性质，我们应该最终处于这样的场景中。

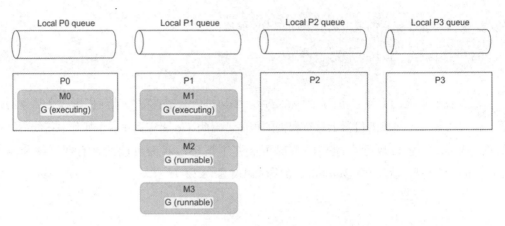

图 8.13　最多有两个 goroutine 在运行

　　这种情况仍然不是最优的，因为最多有两个 goroutine 在运行。假设这台机器只运行我们的程序（操作系统进程除外），所以 P2 和 P3 是空闲的。最终，操作系统应该移动 M2 和 M3，如图 8.14 所示。

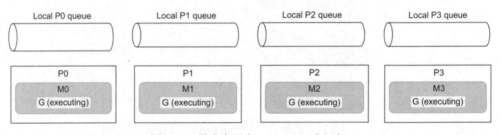

图 8.14　最多有四个 goroutine 在运行

在这里，操作系统调度器决定将 M2 移动到 P2 并将 M3 移动到 P3。但同样不能保证这种情况何时发生，但是假设一台机器只执行我们的四线程应用程序，图 8.14 所示的应该是最终的画面。①

---

① 这里作者对 M 和 P 的描述是错误的。首先，图 8.13 是错误的。程序启动的时候，创建了四个 P，每个 P 都绑定了四个 M，所以不是图中所示的 P1 绑定了三个 M。前面也纠正了窃取算法只是窃取一半的任务，最终每个 P 都会通过窃取获取一个 G 去执行。所以最终结论是对的，如图 8.14 所示。调度也不是操作系统调度器去完成的。操作系统调度器只是负责在 CPU 核上调度各个 M，G 在 P/M 上的调度是 Go 运行时完成的。

虽然不能确定最终的局面何时会发生，但因为 goroutine 检查和执行都很快，这个最终的局面会在极短的可以忽略的时间内完成。——译者注情况发生了变化，它已成为最佳状态。这四个 goroutine 在不同的线程中运行，并且线程在不同的核上[1]，这种方法（在一定程度上）减少了 goroutine 和线程级别的上下文的切换量。

我们（Go 开发者）无法设计和要求这个全局图，然而正如我们所见，在 CPU 密集型工作负载的情况下，我们可以在有利的条件下启用它：基于 GOMAXPROCS 创建一个 worker 池。

注意　如果在特定的条件下，我们希望 goroutine 的数量和 CPU 核的数量保持一致，那为什么不使用 runtime.NumCPU() 这个函数呢？它返回逻辑 CPU 核的数量。正如我们提到的，GOMAXPROCS 可以被改变，可以比 CPU 核数小。在 CPU 密集型的工作负载的情况下，如果核的数量是 4，但我们只有三个线程在运行，那么应该启动三个 goroutine 而不是四个，否则会有两个 goroutine 共享同一个线程的执行时间，从而增加上下文的切换量。

在实现 worker 池模式时，我们已经看到，池中最佳的 goroutine 数量取决于工作负载的类型。如果 worker 执行的工作负载是 I/O 密集型的，那么值主要取决于外部系统。如果工作负载受 CPU 限制，则 goroutine 的最佳数量接近可用线程的数量。在设计并发应用程序时，了解工作负载的类型（I/O 密集型还是 CPU 密集型）至关重要。

最后但同样重要的是，让我们记住，在大多数情况下，应当通过基准测试来验证我们的假设。搞清楚并发性并不容易，很容易做出草率的假设，结果证明这些假设是无效的。

在本章的最后一节，我们讨论一个关键的主题，我们必须了解并精通它：上下文。

8.6　#60：误解 Go 上下文

开发人员有时候会误解 context.Context 类型，尽管它是 Go 语言的关键概念之一，也是 Go 中并发代码的基础之一。接下来让我们看看这个概念，并确保我们理解为什么及如何有效地使用它。

根据官方文档（参见链接 30）：

> 上下文（context）携带最后期限、取消信号和其他跨 API 边界的值。

---

[1] 不一定，还是那个问题，M 的调度是由操作系统调度器实现的。在极端情况下，操作系统调度器可能把 M 调度到同一个核上，当然也可能调度到不同的核上。——译者注

让我们检查一下这个定义，并理解与 Go 上下文相关的所有概念。

8.6.1 最后期限

最后期限（deadline）是指通过以下方式明确指定的时间点：

- 从当前开始的一个 time.Duration（例如，250 毫秒之后）。
- 一个 time.Time（例如，2023-02-07 00:00:00 UTC）。

最后期限的语义传达了如果到达此时间点则应停止当前的活动。例如，活动可以是一个 I/O 请求或者是一个等待从 channel 接收消息的 goroutine。

让我们考虑一个应用程序，它每 4 秒就从雷达那里接收一次飞行位置。一旦收到一个位置，我们希望能与其他关心最新位置的应用程序共享它。我们在我们所掌握的逻辑中定义了一个 publisher 接口，它只包含一个方法：

```
type publisher interface {
    Publish(ctx context.Context, position flight.Position) error
}
```

这个方法接收一个上下文参数和一个位置参数。我们假定这个具体的实现会调用一个函数来给代理（broker，就像使用 Sarama 库发布 Kafka 消息一样）发布消息。这个函数是上下文敏感的（context aware），也就是说，一旦上下文被取消，它就可以取消请求。

假定我们没有收到上游的上下文，那应该提供给 Publish 方法什么上下文呢？我们提到过，应用程序只对最新的位置感兴趣，所以我们自己构建的上下文应该传达 4 秒超时的信息，如果 4 秒后还没有发布新的飞行位置，那就应该停止调用 Publish 方法：

```
type publishHandler struct {
    pub publisher
}

func (h publishHandler) publishPosition(position flight.Position) error {
    // 创建一个 4 秒后就超时的上下文
    ctx, cancel := context.WithTimeout(context.Background(), 4*time.Second)
    defer cancel() // 取消函数
    return h.pub.Publish(ctx, position) // 传递创建的上下文
}
```

这段代码使用 context.WithTimeout 函数创建了一个上下文对象，它接收一个超时参数和一个上下文参数，因为 publishPosition 没有接收一个已存在的上下文，所以我们使

用 context.Background 凭空创建了一个。同时，context.WithTimeout 返回两个
变量：新创建的上下文和 cancel 函数对象，一旦调用上下文就可以取消上下文。将新创
建的上下文传递给 Publish 方法可以让它在最长 4 秒内返回。

　　使用 defer 调用 cancel 函数是什么道理？在内部实现中，context.
WithTimeout 会创建一个 goroutine，它会被在内存中保留最多 4 秒，或者直到 cancel
函数被调用。因此使用 defer 延迟调用 cancel 函数意味着当我们退出父函数时，上下
文一定会被取消，创建的 goroutine 一定会被停止。这是一种保护，当调用函数返回时，不
会将保留的对象留在内存中。

　　现在让我们转到 Go 上下文的第二个方面：取消信号。

8.6.2　取消信号

　　Go 上下文的另一个用例就是携带取消信号。想象一下，我们创建一个在 goroutine 中
调用 CreateFileWatcher(ctx context.Context, filename string) 的应用程
序。这个函数创建了一个特定的文件观察器，它不断地从文件中读取并捕获更新。当提供的
上下文过期或者被取消时，此函数处理它以便关闭文件描述符。

　　最后，当 main 函数返回时，我们希望通过关闭这个文件描述符来优雅地处理退出，因
此我们需要传播一个信号。

　　一个可能的方式就是使用 context.WithCancel，它返回一个新的上下文（返回的第
一个参数），以及一个 cancel 函数对象（第二个参数）。一旦调用了 cancel 函数，这个
新的上下文就被取消了：

```go
func main() {
    //创建一个可取消的上下文
    ctx, cancel := context.WithCancel(context.Background())
defer cancel()                              // 延迟调用取消函数

    go func() {
        CreateFileWatcher(ctx, "foo.txt")        //将新创建的上下文传递给被调用的函数
    }()

    // ...
}
```

当 main 函数返回时，它会调用 cancel 函数去取消传递给 CreateFileWatcher 的上

下文，这样文件描述符就能优雅地被关闭了。

接下来让我们讨论 Go 上下文的最后一个方面：值。

8.6.3   上下文值

Go 上下文的最后一个用例就是携带一个键值列表。在了解它背后的原理之前，让我们先看看如何使用它。

可以通过以下方式创建传递值的上下文：

```
ctx := context.WithValue(parentCtx, "key", "value")
```

就像 context.WithTimeout、context.WithDeadline 和 context.WithCancel 一样，context.WithValue 是从父上下文中创建出来的（这里是 parentCtx 参数）。在这个例子中，我们创建了一个新的上下文，包含和原来的 parentCtx 相同的特征，同时还设置了一个新的键值对。

我们可以通过 Value 方法访问这个值：

```
ctx := context.WithValue(context.Background(), "key", "value")
fmt.Println(ctx.Value("key"))
```

```
Value
```

提供的键和值的类型是 any 类型。确实，对于值，我们想使用 any 类型，但是为什么键不使用字符串类型而使用一个空的接口类型呢？原因是，如果键使用字符串类型，可能会导致冲突：来自不同的包的两个函数可以使用相同的字符串作为键，这样就会把其中一个覆盖掉，因此处理上下文的键的最佳实践就是创建一个未导出的自定义类型：

```
package provider

type key string

const myCustomKey key = "key"

func f(ctx context.Context) {
    ctx := context.WithValue(ctx, myCustomKey, "goo")
    ......
}
```

因为 myCustomKey 是未导出的，所以没有什么风险，使用此上下文其他的包不可能覆盖这个键已设置的值。即使另一个包中也基于键的类型定义了一个 `myCustomKey`，那它也是一个不同的键。

那么让上下文携带一个键值列表有什么意义呢？因为 Go 上下文是通用的和主流的，所以现实中有无数的用例。

例如，如果我们使用跟踪技术，那可能希望不同的子函数共享相同的关联 ID。一些开发人员可能认为此 ID 太具有侵入性，不适合作为函数签名的一部分。在这种情况下，我们可以将其作为提供的上下文的一部分。

另一个例子是，如果我们想实现一个 HTTP 中间件。如果你不熟悉中间件这个概念，可以将其件理解为是在服务请求之前执行的中间函数。例如，在图 8.15 中，我们配置了两个中间件，它们必须在执行处理程序本身之前被执行。如果我们希望中间件能进行通信，那它们必须经过在 `*http.Request` 中处理的上下文。

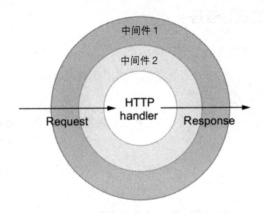

图 8.15　在请求到达处理程序之前，它需要经过配置的中间件处理

我们写一个标记源主机是否有效的中间件的例子：

```
type key string

const isValidHostKey key = "isValidHost" // 创建上下文键

func checkValid(next http.Handler) http.Handler {
    return http.HandlerFunc(func(w http.ResponseWriter, r *http.Request) {
        validHost := r.Host == "acme" // 检查主机是否有效
        // 创建一个上下文，携带主机是否有效的信息
        ctx := context.WithValue(r.Context(), isValidHostKey, validHost)

        //使用新建的上下文去执行下一步
```

```
        next.ServeHTTP(w, r.WithContext(ctx))
    })
}
```

首先，我们定义一个特定的上下文的键，isValidHostKey。然后，checkValid 中间件检查源主机是否有效。这个信息会通过新的上下文传递，通过调用 next.ServeHTTP，将信息传递给下一个 HTTP 步骤（下一个步骤可以是另一个中间件或者最终的 HTTP 处理程序）。

这个例子展示了如何在具体的 Go 应用程序中使用携带值的上下文。我们在前面的章节中已经看到如何创建一个上下文来携带最终期限、取消信号和/或值。可以使用上下文并将其传递给上下文敏感的库，这些库暴露了可以接收上下文参数的函数。但是现在，假设我们必须创建一个库，并且希望外部客户端提供一个可以取消调用的上下文。

8.6.4   感知上下文的取消信号

context.Context 类型包含一个导出方法 Done，它返回一个只能接收通知的 channel：<-chan struct{}。当和上下文相关的工作被取消时，这个 channel 被关闭，例如：

- 通过 context.WithCancel 创建的上下文关联的 Done channel 在 cancel 函数被调用时被关闭。
- 通过 context.WithDeadline 创建的上下文关联的 Done channel 在超过最后期限时被关闭。

需要注意的一点是，当上下文被取消或已达到最后期限时，内部 channel 应该被关闭，而不是在它收到特定值时被关闭，因为 channel 的关闭是所有消费者 goroutine 收到的唯一 channel 操作。只有这样，当上下文被取消或达到最后期限时，所有消费者才都会收到通知。

此外，context.Context 还有一个 Err 导出方法，如果 Done channel 还没有被关闭，这个方法返回 nil，否则它返回一个非 nil 的错误，这个错误解释了为什么这个 channel 会被关闭，例如：

- 如果 channel 被取消，返回 context.Canceled 错误。
- 如果上下文超过最后期限。返回 context.DeadlineExceeded 错误。

让我们看一个具体的例子。在这个例子中，我们想要持续地从一个 channel 接收消息。同时，我们的实现应该是上下文感知的，并在提供的上下文完成后返回：

```
func handler(ctx context.Context, ch chan Message) error {
    for {
        select {
        case msg := <-ch:                    // 持续从 ch 中读取消息
            // 使用 msg 做一些事情
            _ = msg
//如果上下文已经完成，返回它的错误信息
        case <-ctx.Done():
            return ctx.Err()
        }
    }
}
```

我们创建一个 for 循环和使用 select 处理这两种情况：从 ch 接收消息或者接收上下文完成的信号，然后我们必须停止工作。在处理 channel 时，这是一个如何使函数上下文感知的示例。

实现一个接收上下文的函数

在接收携带可能取消或超时的上下文的函数中，将消息接收或发送到 channel 的操作不应以阻塞的方式完成。例如在以下函数中，我们向一个 channel 发送消息并从另一个 channel 接收消息：

```
func f(ctx context.Context) error {
    // ...
    ch1 <- struct{}{}      //接收

    v := <-ch2             // 发送
    // ...
}
```

这个函数的问题是，即使上下文被取消或者超时，我们可能也不得不等到收到一条消息或者发送一条消息，这样处理没什么好处。我们应该使用 select 等待 channel 的操作完成或者上下文被取消：

```
func f(ctx context.Context) error {
    // ...
    select {        //给 ch1 发送一条消息，或者等待上下文被取消
        case <-ctx.Done():
            return ctx.Err()
```

```
    case ch1 <- struct{}{}:
}
select {        //从 ch2 收到一条消息，或者等待上下文被取消
    case <-ctx.Done():
       return ctx.Err()
    case v := <-ch2:
     // ...
    }
}
```

在这个新版本的实现中，如果 `ctx` 被取消或者超时，我们会立即返回，不会被那个 channel 的接收和发送操作所阻塞。

总之，要成为一名熟练的 Go 开发人员，必须了解上下文是什么以及如何使用它。在 Go 标准库和外部第三方库中，`context.Context` 无处不在。正如我们所提到的，上下文允许携带最后期限、取消信号和/或键值列表。需要用户等待的函数应该有一个上下文参数，因为这样做允许上游调用者决定何时中止对这个函数的调用。

当对使用哪个上下文有疑问时，应该使用 `context.TODO()` 而不是传递一个 `context.Background` 返回空的上下文。虽然 `context.TODO()` 也是返回一个空的上下文，但是从语义上讲，它表示要使用的上下文不清楚或尚不可用（例如，尚未由父级传播）。

最后，请注意，标准库中可用的上下文对于多个 goroutine 并发使用是安全的。

总结

- 了解并发和并行之间的根本区别是 Go 开发人员应掌握的知识。并发与结构有关，而并行与执行有关。
- 要成为一名熟练的开发人员，你必须承认并发并不总是较快的。涉及最小工作负载并行化的解决方案不一定比串行实现更快。对串行解决方案与并发解决方案进行基准测试是验证假设的方法。
- 在决定选择 channel 还是互斥锁时，了解 goroutine 的交互也很有帮助。通常，并行的 goroutine 需要同步，因此需要互斥锁。并发的 goroutine 通常需要协作和编排，因此需要 channel。
- 精通并发还意味着应理解数据竞争和竞争条件是不同的概念。当多个 goroutine 同时访问同一个内存位置并且其中至少一个正在写入时，就会发生数据竞争。同时，无数

据竞争并不一定意味着有确定性的结果。当行为取决于无法控制的事件的顺序或时间时，这就是竞争条件。

- 了解 Go 内存模型以及在顺序和同步方面的底层保证对于防止可能的数据竞争和/或竞争条件至关重要。

- 在创建一定数量的 goroutine 时，请考虑工作负载的类型。创建 CPU 密集型 goroutine，意味着将数量设置为接近 GOMAXPROCS 变量的值（默认情况下是主机上 CPU 的核数）。创建 I/O 密集型的 goroutine 取决于其他因素，例如外部系统。

- Go 上下文也是 Go 并发编程的基础类型之一。上下文允许携带最后期限、取消信号和/或键值列表。

9 并发：实践

本章涵盖：

- 避免 goroutine 和 channel 的常见错误
- 了解在并发代码中使用标准数据结构的影响
- 使用标准库和一些扩展
- 避免数据竞争和死锁

上一章我们讨论了并发的基础知识，现在是时候来看看 Go 开发者在使用并发原语时所犯的实际错误了。

9.1 #61：传播不恰当的上下文

在使用 Go 语言处理并发时，上下文无处不在，在许多情况下可能的建议是传播它们。但上下文传播有时会导致不易察觉的错误，使子函数无法正确执行。

我们考虑以下示例。我们暴露了一个执行某些任务并返回响应的 HTTP 处理程序，但在返回响应之前，还需要将其发送到一个 Kafka 主题，并且不希望增加 HTTP 处理延迟，因此我们希望在新的 goroutine 中异步处理发布操作。例如，假设我们有一个可以接受上下文的 publish 函数，如果上下文被取消，发布消息的操作可以被中断。

下面所示的代码是一个可能的实现：

```
func handler(w http.ResponseWriter, r *http.Request) {
    // 执行一些任务来计算 HTTP 响应
```

```
    response, err := doSomeTask(r.Context(), r)
    if err != nil {
        http.Error(w, err.Error(), http.StatusInternalServerError)
        return
    }

    go func() {                     // 创建一个 goroutine，将响应发布到 Kafka
        err := publish(r.Context(), response)
        // 用 err 做某些事情
    }()
    writeResponse(response)  // 写入 HTTP 响应
}
```

首先，我们调用 doSomeTask 函数来获取 response 变量，它是在调用 publish 和格式化 HTTP 响应的 goroutine 中被使用的。此外，在调用 publish 时，我们会传播附加到 HTTP 请求的上下文。你能猜出这段代码有什么问题吗？

我们必须知道，附加到 HTTP 请求的上下文可以在不同的条件下被取消：

- 当客户端的连接关闭时。
- 在 HTTP/2 请求的情况下，当请求被取消时。
- 当响应被写回客户端时。

在前两种情况下，我们可能会正确处理事情。例如，如果我们从 doSomeTask 获得响应时客户端已关闭连接，那在上下文已经取消的情况下调用 publish 可能是可以的，反正消息不会被发布。但最后一种情况呢？

当响应被写入客户端时，与请求关联的上下文将被取消。因此，我们面临一个竞争条件：

- 如果响应是在 Kafka 发布之后写入的，那么我们既返回响应，又成功发布消息。
- 但是，如果响应是在 Kafka 发布之前或发布期间写入的，则该消息将无法被发布。

在后一种情况下，调用 publish 将会因为我们很快返回了 HTTP 响应而返回错误。

如何解决这个问题呢？一种思路是不传播父上下文，而是使用空上下文来调用 publish：

```
// 使用空上下文而不是 HTTP 请求上下文
err := publish(context.Background(), response)
```

这样就可以正常运行了。不管写回 HTTP 响应需要多长时间，我们都可以调用 publish。

但是如果上下文包含有用的值呢？例如，如果上下文包含用于分布式跟踪的关联 ID，那么我们可以关联 HTTP 请求和 Kafka 发布。在理想情况下，我们希望有一个新的上下文，它与潜在的父级撤销做了隔离，但仍能传递值。

Go 标准库中的包没有直接解决这个问题。因此，一个可能的解决方案是，实现我们自己的 Go 上下文，类似于语言提供的上下文，只是它不携带取消信号。

context.Context 是一个包含了 4 个方法的接口：

```go
type Context interface {
    Deadline() (deadline time.Time, ok bool)
    Done() <-chan struct{}
    Err() error
    Value(key any) any
}
```

上下文的最后期限由 Deadline 方法管理，取消信号由 Done 和 Err 方法管理。当最后期限已过或上下文已被取消时，Done 应该返回一个关闭的 channel，而 Err 应该返回一个错误。最后，通过 Value 方法携带这些值。

让我们创建一个自定义上下文，其将取消信号与父上下文分离：

```go
type detach struct {              // 自定义结构体作为初始上下文之上的包装器
    ctx context.Context
}

func (d detach) Deadline() (time.Time, bool) {
    return time.Time{}, false
}

func (d detach) Done() <-chan struct{} {
    return nil
}

func (d detach) Err() error {
    return nil
}

func (d detach) Value(key any) any {
    return d.ctx.Value(key)  // 将获取值的调用委托给父上下文
}
```

除了调用父上下文来检索值的 Value 方法外，其他方法都返回一个默认值，因此上下文永远不会被视为过期或被取消。

由于我们的自定义上下文，现在可以调用 publish 并分离取消信号了：

```
// 在 HTTP 上下文之上使用分离
err := publish(detach{ctx: r.Context()}, response)
```

现在传递给 publish 的上下文永远不会过期或被取消，但它将携带父上下文的值。

　　总之，传播上下文应该谨慎。我们在本节中通过一个基于与 HTTP 请求相关联的上下文处理异步操作的示例说明了这一点。因为一旦我们返回响应，上下文就会被取消，异步操作也可能会被意外停止。让我们记住传播给定上下文的影响，如果有必要，始终可以为特定操作创建自定义上下文。

　　下一节将讨论一个常见的并发错误：启动一个 goroutine 而没有计划停止它。

9.2　#62：在不知道何时停止的情况下启动 goroutine

　　goroutine 启动起来既简单成本又低——简单和成本低到我们可能都不一定有计划何时停掉一个新的 goroutine，这就可能会导致泄漏。不知道何时停止 goroutine 是一个设计问题，也是 Go 中常见的并发错误。让我们了解为什么要以及如何防止它。

　　首先，让我们量化一下 goroutine 泄漏的含义。在内存方面，goroutine 的最小栈大小为 2 KB，可以根据需要进行扩大和缩小（最大栈的大小在 64 位机器上为 1 GB，在 32 位机器上为 250 MB）。在内存方面，goroutine 还可以保存分配给堆的变量引用。同时，goroutine 可以保存诸如 HTTP 或数据库连接、打开的文件和最终应该正常关闭的网络套接字等资源。如果一个 goroutine 被泄漏，这些资源也会被泄漏。

　　让我们看一个 goroutine 停止点不清楚的例子。在这里，父 goroutine 调用一个返回 channel 的函数，然后创建一个新的 goroutine，它将继续从该 channel 接收消息：

```
ch := foo()
go func() {
    for v := range ch {
        // ...
    }
}()
```

创建的 goroutine 将在 ch 关闭时退出。但是我们确切地知道这个channel什么时候关闭吗？这可能并不明显，因为 ch 是由 foo 函数创建的。如果 channel 从未被关闭，那就是一个泄漏。所以我们应该始终对 goroutine 的退出点保持谨慎，并确保最终到达。

　　下面我们讨论一个具体的例子。我们将设计一个需要监视一些外部配置的应用程序（例如，使用数据库连接）。这是第一个实现：

```
func main() {
    newWatcher()

    // 运行应用程序
}

type watcher struct { /* 一些资源 */ }

func newWatcher() {
    w := watcher{}
    go w.watch() //  创建一个监视一些外部配置的 goroutine
}
```

我们调用 newWatcher，它创建了一个 watcher 结构体并启动了一个 goroutine 来监视配置。这段代码的问题在于，当主 goroutine 退出时（可能是因为操作系统信号或是由于它的工作负载有限），应用程序会停止。因此，watcher 创建的资源不会被优雅地关闭。怎样才能防止这种情况发生呢？

一种选择是向 newWatcher 传递一个上下文，该上下文将在 main 返回时被取消：

```
func main() {
    ctx, cancel := context.WithCancel(context.Background())
    defer cancel()

    newWatcher(ctx) // 将最终取消的上下文传递给 newWatcher

    // 运行应用程序
}

func newWatcher(ctx context.Context) {
    w := watcher{}
    go w.watch(ctx) // 传播这个上下文
}
```

我们将创建的上下文传播到 watch 方法。当上下文被取消时，watcher 结构体应该关闭它的资源。但是，我们能保证监视程序有时间进行关闭操作吗？绝对无法保证——这就是一个设计缺陷。

问题在于我们是使用信号来传达一个 goroutine 必须停止的。在资源被关闭之前，我们没有阻塞父 goroutine。实现如下：

```
func main() {
    w := newWatcher()
    defer w.close() // 推迟对 close 方法的调用
```

```
    // 运行应用程序
}

func newWatcher() watcher {
    w := watcher{}
    go w.watch()
    return w
}

func (w watcher) close() {
    // 关闭资源
}
```

watcher 有一个新方法：close。我们现在调用这个 close 方法，而不是通知 watcher 是时候关闭它的资源了，使用 defer 来保证资源在应用程序退出之前关闭。

　　总之，让我们注意，goroutine 是一种资源，就像任何其他资源一样，最终必须被关闭以释放内存或其他资源。在不知道何时停止的情况下启动 goroutine 就是一个设计问题。每当一个 goroutine 启动时，我们都应该对它何时停止有一个明确的计划。最后但同样重要的是，如果一个 goroutine 创建资源并且它的生命周期被绑定到应用程序的生命周期，那么在退出应用程序之前等待这个 goroutine 完成可能更安全。这样，我们可以确保资源被释放。

　　现在让我们讨论在 Go 中工作时最常见的错误之一：错误处理 goroutine 和循环变量。

9.3　#63：没有小心处理 goroutine 和循环变量

　　对 goroutine 和循环变量处理不当可能是 Go 开发人员在编写并发应用程序时最常犯的错误之一。让我们看一个具体的例子，然后我们将定义发生此类错误的条件以及如何防止发生这类错误。

　　在下面的示例中，我们初始化一个切片，然后在作为新 goroutine 执行的闭包中访问这个元素：

```
s := []int{1, 2, 3}

for _, i := range s {  // 迭代每个元素
    go func() {
        fmt.Print(i)  // 访问循环变量
    }()
}
```

我们可能会预期这段代码不以特定的顺序打印 123（因为不能保证创建的第一个 goroutine 会首先执行完成）。这段代码的输出不是确定性的。例如，有时会打印 233，有时会打印 333。这是什么原因呢？

在这个例子中，我们从一个闭包创建新的 goroutine。提醒一下，闭包是一个函数值，它从其主体外部引用变量：在这里就是变量 i。我们必须知道，当一个闭包 goroutine 被执行时，它不会捕获 goroutine 创建时的值。而是，所有的 goroutine 都引用完全相同的变量。当一个 goroutine 运行时，会在执行 fmt.Print 时打印 i 的值。因此，自 goroutine 启动以来，i 可能已被修改。

图 9.1 显示了代码打印 233 时可能的执行情况。随着时间的推移，i 的值会发生变化：1、2，然后是 3。在每次迭代中，我们都会启动一个新的 goroutine。因为无法保证每个 goroutine 何时启动和完成，所以结果也会有所不同。在这个例子中，当 i 等于 2 时，第一个 goroutine 打印 i。当 i 的值已经等于 3 时，其他 goroutine 打印 i。因此，这个例子打印 233。这段代码的行为不是确定性的。

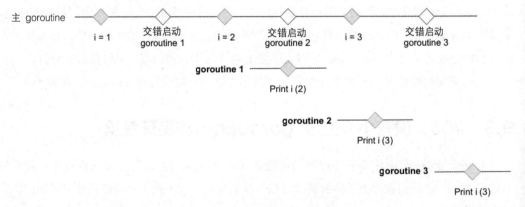

图 9.1　goroutine 访问一个不固定且随时间变化的 i 变量

如果希望每个闭包在创建 goroutine 时访问 i 的值，有什么解决方案吗？第一种选择，如果我们想继续使用闭包，那么需要创建一个新变量：

```
for _, i := range s {
    val := i          // 为每次迭代创建一个局部变量
    go func() {
        fmt.Print(val)
    }()
}
```

为什么这段代码有效？因为在每次迭代中，我们都会创建一个新的局部变量 val。这个变量在 goroutine 被创建之前捕获 i 的当前值。因此，当每个闭包 goroutine 执行 print 语句时，它都会使用期望值执行此操作。此代码打印 123（同样，没有特定顺序）。

　　第二种选择是不再依赖闭包，而是使用实际函数：

```
for _, i := range s {
    go func(val int) {  // 执行一个以整数作为参数的函数
        fmt.Print(val)
    }(i)    // 调用这个函数并传递 i 的当前值
}
```

我们仍在一个新的 goroutine 中执行一个匿名函数（例如，我们不运行 go f(i)），但这次它不是闭包。该函数不会从其主体外部将 val 作为变量引用，val 现在是函数输入的一部分。通过这样做，我们可以在每次迭代中修复 i 并使应用程序按预期工作。

　　我们必须谨慎使用 goroutine 和循环变量。如果 goroutine 是一个访问从其主体外部声明的迭代变量的闭包，那就有问题了。可以通过创建一个局部变量来修复它（正如我们在执行 goroutine 之前使用 val := i 所看到的那样）或使函数不再是闭包。这两种选择都有效，不应该偏爱某一种。一些开发人员可能认为闭包方法更方便，而其他开发人员可能认为函数方法更具表现力。

　　使用多个 channel 上的 select 语句会发生什么？让我们来了解一下。

9.4 #64：使用 select 和 channel 来期待确定性行为

　　Go 开发人员在使用 channel 时常犯的一个错误是，对 select 在多个 channel 中的行为方式做出错误的假设。错误的假设可能会导致难以识别和重现的细微错误。假设我们要实现一个需要从两个 channel 接收消息的 goroutine：

- messageCh 用于处理新消息。
- disconnectCh 接收传达断开连接的通知。在这种情况下，我们想从父函数返回。

在这两个 channel 中，我们希望优先考虑 messageCh。例如，如果发生了连接断开，那我们希望在返回之前确保已收到所有消息。

　　我们可能会决定像下面这样处理优先级：

```
for {
    select {                // 使用 select 语句从多个 channel 接收消息
    case v := <-messageCh: // 接收新消息
```

```
        fmt.Println(v)
    case <-disconnectCh:  // 收到断开连接的消息
        fmt.Println("disconnection, return")
        return
    }
}
```

我们使用 select 从多个 channel 接收消息。因为我们想优先考虑 messageCh，所以可以假设应该首先编写 messageCh 情况，然后再编写 disconnectCh 情况。但是这段代码真的有用吗？让我们通过编写一个发送 10 条消息然后发送断开连接通知的虚拟生产者 goroutine 来尝试一下：

```
for i := 0; i < 10; i++ {
    messageCh <- i
}
disconnectCh <- struct{}{}
```

运行这个例子，如果 messageCh 被缓冲，下面是一个可能的输出：

```
0
1
2
3
4
disconnection, return
```

我们只收到了其中的 5 条。这是什么原因呢？它依赖于具有多个 channel 的 select 语句的规范（参见链接 31）：

> 如果一个或多个通信可以继续，则通过统一的伪随机选择选择一个可以继续的通信。

与 switch 语句第一个匹配的情况获胜不同，如果可能有多个选择，select 语句是随机选择的。

这种行为一开始可能看起来很奇怪，但有一个很好的理由：防止可能的饥饿。假设选择的第一个可能的通信是基于源顺序的。在这种情况下，我们可能会陷入一种情况，例如，由于发送者速度快，我们只能从一个 channel 接收。为了防止这种情况的发生，语言设计者决定使用随机选择。

回到我们的示例，即使 case v := <-messageCh 在源顺序中排在第一位，但如果 messageCh 和 disconnectCh 中都有消息，则无法保证会选择哪种情况。因此，示例的

行为不是确定性的。我们可能会收到 0 条消息、5 条消息或 10 条消息。

怎样才能避免出现这种情况呢？如果想在连接中断导致返回之前接收所有消息，那也是有可能的。

如果只有一个生产者 goroutine，我们有两种选择：

- 使 messageCh 成为非缓冲 channel 而不是缓冲 channel。因为发送者 goroutine 阻塞，直到接收者 goroutine 准备好，所以这种方法可保证在 disconnectCh 断开连接之前接收到来自 messageCh 的所有消息。
- 使用单个 channel 而不是两个 channel。例如，我们可以定义一个结构体来传达新消息或断开连接。channel 保证发送消息的顺序和接收消息的顺序是一样的，所以可以保证断开连接是最后收到的消息。

如果遇到有多个生产者 goroutine 的情况，可能无法保证哪个先写。因此，无论我们有一个非缓冲的 messageCh 还是单个 channel，都会导致生产者 goroutine 之间的竞争条件。在这种情况下，我们可以实现以下解决方案：

- 从 messageCh 或 disconnectCh 接收。
- 如果收到断开链接消息
  - 读取 messageCh 中的所有现有消息（如果有）。
  - 然后返回。

下面所示的是解决方案：

```go
for {
    select {
    case v := <-messageCh:
        fmt.Println(v)
    case <-disconnectCh:
        for {              // 内部 for/select
            select {
            case v := <-messageCh: // 读取剩余的消息
                fmt.Println(v)
            default:              // 然后返回
                fmt.Println("disconnection, return")
                return
            }
        }
    }
}
```

这个解决方案使用了具有两种情况的内部 for/select：一种在 messageCh 上，另一种是 default 情况。仅当其他情况都不匹配时，才会选择在 select 语句中使用 default。在这种情况下，这意味着我们只有在收到 messageCh 中的所有剩余消息后才会返回。

让我们看一个例子来说明这段代码是如何工作的。我们考虑在 messageCh 中有两条消息，在 disconnectCh 中有一条断开连接的消息，如图 9.2 所示。

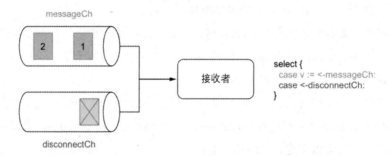

图 9.2　初始状态

在这种情况下，正如我们所说的，select 随机选择一种情况。假设 select 选择了第二种情况，见图 9.3。

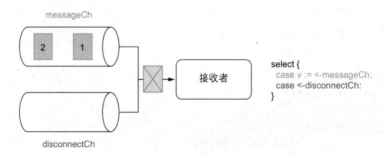

图 9.3　接收断开连接的消息

因此，我们收到断开连接的消息并进入内部 select（见图 9.4）。在这里，只要消息保留在 messageCh 中，select 就将始终优先选择第一种情况而不是默认情况（见图 9.5）。

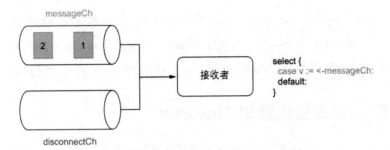

图 9.4　内部 select

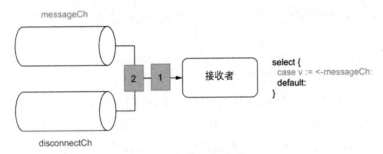

图 9.5　接收剩余的消息

一旦我们收到了来自 messageCh 的所有消息，select 将不会阻塞并选择默认情况（见图 9.6）。因此，我们返回并停止 goroutine。

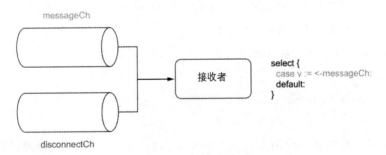

图 9.6　默认情况

这是一种确保我们从带有连接多个 channel 的接收者的 channel 接收所有剩余消息的方法。当然，如果在 goroutine 返回之后发送 messageCh（例如，如果有多个生产者 goroutine），那我们会错过这条消息。

当使用 select 和多个 channel 时，必须记住，如果可以有多个选择，源顺序中的第一种情况不会自动获胜。由于 Go 是随机选择的，所以无法保证会选择哪个选项。为了避免发生这种情况,在单个生产者 goroutine 的情况下,我们可以使用非缓冲 channel 或单个 channel。在多个生产者 goroutine 的情况下,我们可以使用内部选择和 default 来处理优先级。

下面将讨论了一种常见的 channel 类型:通知 channel。

9.5 #65:没有使用通知 channel

channel 是一种通过信号在 goroutine 之间进行通信的机制。信号可以有数据也可以没有数据。但对于 Go 开发者来说,如何处理后一种情况并非总是简单明了的。

让我们看一个具体的例子。我们将创建一个 channel,它将在发生特定的连接断开时通知我们。一种思路是将其作为 chan bool 处理:

```
disconnectCh := make(chan bool)
```

现在,假设我们与一个提供布尔值 channel 的 API 进行交互。因为是提供布尔值的 channel,所以我们可以接收 true 或 false 消息。我们可能很清楚 true 传达的信息,但 false 意味着什么?它是否意味着我们没有被断开连接?在这种情况下,我们多久会收到这样的信号?还是意味着我们已经重新连接上了?

甚至我们应该预期会收到 false 信息吗?也许我们应该只预期收到 true 信息。如果是这样的话,这意味着我们不需要特定的值来传达一些信息,我们需要的是一个没有数据的 channel。处理它的惯用方式是使用空结构体的 channel:chan struct{}。

在 Go 中,空结构体是没有任何字段的结构体。无论什么样的机器架构,它都占用零字节的存储空间,我们可以使用 unsafe.Sizeof 进行验证:

```
var s struct{}
fmt.Println(unsafe.Sizeof(s))
0
```

> **注意** 为什么不使用空接口(var i interface{})?因为空接口不是免费的;它在 32 位架构上占用 8 字节,在 64 位架构上占用 16 字节。

空结构体是传达无意义数据的事实标准。例如,如果我们需要一个哈希集合结构(不重复的元素集合),那就应该使用一个空结构体作为值:map[K]struct{}。

应用到 channel 上就是,如果我们想创建一个 channel 来发送没有数据的通知,那么在 Go 中执行此操作的适当方式是 chan struct{}。空结构体 channel 最著名的用途之一是 Go 上下文,我们已在本章中讨论。

一个 channel 可以有也可以没有数据。如果我们想设计一个符合 Go 标准的惯用 API，应记住，没有数据的 channel 应该用 `chan struct{}` 类型表示。通过这种方式，它向接收者阐明，不应该预期消息内容有任何意义——只是能收到消息。在 Go 中，此类 channel 被称为通知 channel。下一节将讨论 Go 如何处理 nil channel 以及使用它们的基本原理。

9.6 #66：没有使用 nil channel

使用 Go 和 channel 时的一个常见错误是忘记了 nil channel 类型有时会有所帮助。那什么是 nil channel，我们为什么要关心它们呢？这就是本节要讨论的内容。

让我们从创建一个 nil channel 和等待接收消息的 goroutine 开始。这段代码应该做什么？

```
var ch chan int // nil channel
<-ch
```

ch 是 `chan int` 类型的。channel 的零值为 nil，ch 的值就是 nil。goroutine 不会 panic，但它将永远阻塞。

如果我们向 nil channel 发送消息，原理是相同的。这个 goroutine 永远阻塞：

```
var ch chan int
ch <- 0
```

那么 Go 允许从 nil channel 接收或发送消息的目的是什么呢？我们将通过一个具体的例子来讨论这个问题。

我们将实现一个 `func merge(ch1, ch2 <-chan int) <-chan int` 函数，将两个 channel 合并为一个 channel。通过合并它们（见图 9.7），我们预期从 ch1 或 ch2 接收到的每条消息都将被发送到返回的 channel。

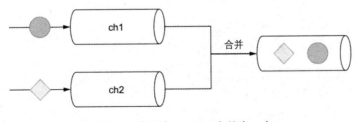

图 9.7 将两个 channel 合并为一个

如何在 Go 中做到这一点呢？我们首先编写一个简单的实现，它启动一个 goroutine 并从两个 channel 接收消息（生成的 channel 将是一个带有一个元素的缓冲 channel）：

```
func merge(ch1, ch2 <-chan int) <-chan int {
    ch := make(chan int, 1)

    go func() {
        for v := range ch1 { // 从 ch1 接收并发布到合并 channel
            ch <- v
        }
        for v := range ch2 {  // 从 ch2 接收并发布到合并 channel
            ch <- v
        }
        close(ch)
    }()

    return ch
}
```

在另一个 goroutine 中，我们从两个 channel 接收消息，并且每条消息最终都在 ch 中发布。

第一个版本的主要问题是，我们从 ch1 接收，然后从 ch2 接收。这意味着在 ch1 关闭之前，我们不会收到来自 ch2 的消息。这不符合我们的使用场景，因为 ch1 可能永远开启，所以我们想同时从两个 channel 接收消息。

让我们使用 select 编写一个带有并发接收者的改进版本：

```
func merge(ch1, ch2 <-chan int) <-chan int {
    ch := make(chan int, 1)

    go func() {
        for {
        select {              // 同时接收 ch1 和 ch2 的消息
        case v := <-ch1:
            ch <- v
        case v := <-ch2:
            ch <- v
        }
        }
        close(ch)
    }()

    return ch
}
```

select 语句让 goroutine 同时等待多个操作。因为我们将它包装在一个 for 循环中，所以应该重复从两个 channel 中的某个 channel 接收消息，对吗？但是这段代码真的有用吗？

　　一个问题是，close(ch) 语句不可访问。当 channel 被关闭时，使用 range 运算符在 channel 上循环会中断。然而，当 ch1 或 ch2 被关闭时，我们实现的 for/select 的方式并没有捕捉到这个信息。更糟糕的是，如果在某些时候 ch1 或 ch2 被关闭，合并的 channel 的接收者在记录值时将收到以下内容：

```
received: 0
received: 0
received: 0
received: 0
received: 0
...
```

所以接收者将重复接收一个等于 0 的整数。为什么？从被关闭的 channel 接收消息是非阻塞操作：

```
ch1 := make(chan int)
close(ch1)
fmt.Print(<-ch1, <-ch1)
```

尽管我们可能期望此代码会出现 panic 或阻塞，但它会运行并打印 0 0。我们在这里捕获的是关闭事件，而不是实际消息。要检查是否收到消息或关闭信号，我们必须这样做：

```
ch1 := make(chan int)
close(ch1)
v, open := <-ch1  // 给变量 open 赋值为：channel 是否打开
fmt.Print(v, open)
```

使用 open 布尔值，我们现在可以查看 ch1 是否仍然开启：

```
0 false
```

同时，我们也将 0 赋值给 v，因为它是整数的零值。

　　让我们回到第二个解决方案。我们说，如果 ch1 被关闭就不能工作了；例如，因为 select 的情况是 case v := <-ch1，所以我们将继续输入这个情况并将一个整数 0 发布到合并的 channel 中。

　　让我们回头看看处理这个问题的最佳方法是什么（见图 9.8）。我们必须从两个 channel 接收消息，那要么：

- ch1 先被关闭，我们必须从 ch2 接收，直到它被关闭。

■ ch2 先被关闭，所以我们必须从 ch1 接收，直到它被关闭。

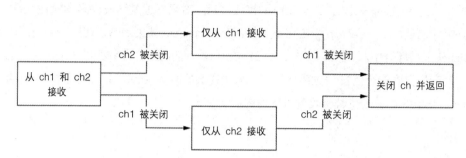

图 9.8 根据先关闭 ch1 还是 ch2 处理不同情况

如何在 Go 中实现这种情况呢？我们编写了如下一个版本：

```go
func merge(ch1, ch2 <-chan int) <-chan int {
    ch := make(chan int, 1)
    ch1Closed := false
    ch2Closed := false

    go func() {
        for {
            select {
            case v, open := <-ch1:
                if !open {                // ch1 被关闭时处理
                    ch1Closed = true
                    break
                }
                ch <- v
            case v, open := <-ch2:
                if !open {                // ch2 被关闭时处理
                    ch2Closed = true
                    break
                }
                ch <- v
            }

            if ch1Closed && ch2Closed { // 如果两个 channel 都被关闭则关闭 ch 并返回
                close(ch)
                return
            }
        }
    }()
```

```
    return ch
}
```

我们定义了两个布尔值 ch1Closed 和 ch2Closed。一旦收到来自 channel 的消息，我们就会检查它是否是被关闭的信号。如果是，我们将 channel 标记为被关闭（例如，ch1Closed = true）。两个 channel 都被关闭后，我们关闭合并的 channel 并停止 goroutine。

除了使程序开始变得复杂，这段代码还有什么问题呢？有一个主要问题：当两个 channel 之一被关闭时，for 循环将持续循环直到 channel 有数据，这意味着即使在另一个 channel 中没有收到新消息，for 循环也会继续循环。在这个例子中，我们必须牢记 select 语句的行为。假设 ch1 已被关闭（因此不会在此处收到任何新消息）；当我们再次到达 select 时，它将等待这三个条件之一发生：

- ch1 已被关闭。
- ch2 有一条新消息。
- ch2 已被关闭。

第一个条件，ch1 被关闭，将始终有效。因此，只要我们在 ch2 中没有收到消息并且该 channel 没有关闭，就将继续循环第一种情况。这将导致浪费 CPU 周期，必须避免这种情况发生。因此，我们的解决方案不可行。

我们可以尝试增强状态机部分，并在每种情况下实现子 for/select 循环，但这会使代码更加复杂和更加难以理解。

现在是回到 nil channel 的正确时机了。正如我们提到的，从 nil channel 接收消息将永远阻塞。在我们的解决方案中使用这个想法怎么样？我们不会在 channel 关闭后设置布尔值，而是将此 channel 分配给 nil。让我们编写最终版本的代码：

```
func merge(ch1, ch2 <-chan int) <-chan int {
    ch := make(chan int, 1)

    go func() {
        for ch1 != nil || ch2 != nil {// 如果至少一个 channel 不是 nil 则继续

            select {
            case v, open := <-ch1:
                if !open {
                    ch1 = nil  // 一旦 ch1 被关闭，将其赋值为 nil channel
                    break
                }
```

```
        ch <- v
    case v, open := <-ch2:
        if !open {
            ch2 = nil // 一旦 ch2 被关闭，将其赋值为 nil channel
            break
        }
        ch <- v
    }
}
close(ch)
}()

return ch
}
```

首先，只要至少有一个 channel 仍然开启，我们就循环。然后，如果 ch1 被关闭，我们将 ch1 赋值为 nil。因此，在下一次循环迭代期间，select 语句将只等待两个条件：

- ch2 有一条新消息。
- ch2 被关闭。

ch1 不再是等式的一部分，因为它是一个 nil channel 了。同时，我们对 ch2 保持相同的逻辑，并在它关闭后将其赋值为 nil。最后，当两个 channel 都关闭时，我们关闭合并的 channel 并返回。图 9.9 显示了这个实现的模型。

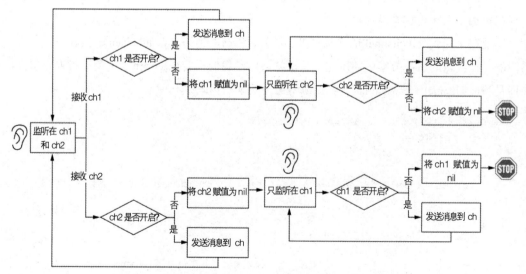

图 9.9 从两个 channel 接收消息。如果一个是关闭的，则将它赋值为 nil，我们只从一个 channel 接收消息

这是我们一直在等待的实现，它涵盖了所有不同的情况，且不需要会浪费 CPU 周期的繁忙循环。

总而言之，我们已经看到，等待或发送消息到 nil channel 是一种阻塞操作，这种行为并非没有用处。正如我们在合并两个 channel 的整个示例中所看到的那样，可以使用 nil channel 来实现一个优雅的状态机，该状态机将从 select 语句中删除一个案例。让我们记住这个想法：nil channel 在某些情况下很有用，并且在处理并发代码时应该成为 Go 开发人员的工具集的一部分。

在下一节中，我们将讨论创建 channel 时要设置的大小。

9.7　#67：对 channel 缓冲区大小感到困惑

当我们使用 make 内置函数创建 channel 时，channel 可以是非缓冲的，也可以是缓冲的。与这个话题相关，有两个错误经常发生：对该使用哪种 channel 感到困惑；如果使用缓冲 channel，使用缓冲区大小是多少的。让我们检查一下这些要点。首先，要记住核心概念。非缓冲 channel 是没有任何容量的 channel，它可以省略大小或以 0 大小来创建：

```
ch1 := make(chan int)
ch2 := make(chan int, 0)
```

使用非缓冲 channel（有时将其称为同步 channel），发送者将阻塞，直到接收者从 channel 接收到数据。缓冲 channel 是有容量的，它必须以大于或等于 1 的大小创建：

```
ch3 := make(chan int, 1)
```

使用缓冲 channel，发送者可以在 channel 未满时发送消息。一旦 channel 已满，它将阻塞，直到接收者 goroutine 收到消息。例如：

```
ch3 := make(chan int, 1)
ch3 <-1      // 非阻塞
ch3 <-2      // 阻塞
```

第一个发送没有阻塞，而第二个发送会阻塞，因为这个时候 channel 已经满了。

让我们回过头来讨论这两种 channel 类型的根本区别。channel 是实现 goroutine 之间通信的并发抽象。但是同步呢？在并发中，同步意味着我们可以保证多个 goroutine 在某个时刻处于已知状态。例如，互斥锁提供同步，因为它确保在一个时刻只有一个 goroutine 处于临界区。至于 channel：

- 非缓冲 channel 可实现同步。我们保证两个 goroutine 将处于已知状态：一个接收消息，另一个发送消息。

- 缓冲 channel 不提供任何强同步。实际上，生产者 goroutine 可以发送消息，如果 channel 未满，则继续它的执行。唯一的保证是，goroutine 在发送消息之前不会收到消息。但这只是因果关系的保证（在制作咖啡之前不会喝咖啡）。

必须牢记这一基本区别。两种 channel 类型都支持通信，但只有一种提供同步。如果需要同步，我们必须使用非缓冲 channel。非缓冲 channel 也可能更容易推测：缓冲 channel 可能引起模糊的死锁，其在非缓冲 channel 中会立即显现出来。

在另一些情况下，非缓冲 channel 更可取：例如，在一个通知 channel 的情况下，通知是通过 channel 关闭（close(ch)）处理的。在这里，使用缓冲 channel 不会带来任何好处。

但是如果需要一个缓冲 channel 呢？应该提供什么大小？为缓冲 channel 使用的默认值是它的最小值——1。所以，可以从这个角度来解决这个问题：有什么好的理由不使用 1 吗？以下是我们应该使用其他大小的可能情况列表。

- 在使用类似 worker 池的模式时，这意味着启动固定数量的 goroutine，需要将数据发送到共享 channel。在这种情况下，我们可以将 channel 缓冲区大小设置为创建的 goroutine 数量。

- 当使用 channel 来解决速率限制问题时。例如，如果需要通过限制请求数量来保证资源利用率，应该根据限制来设置 channel 缓冲区大小。

如果不在这些情况下，则应谨慎使用不同的 channel 大小。使用魔数（magic numbers）设置 channel 缓冲区大小的代码库很常见：

```
ch := make(chan int, 40)
```

为什么是 40？理由是什么？为什么不是 50 甚至 1000？设置这样的值应该有充分的理由。也许是在基准测试或性能测试之后决定的。在许多情况下，最好能够增加注释说明选择这个值的依据。

记住，确定准确的队列长度并不是一件容易的事情。首先，它是 CPU 和内存之间的平衡。值越小，我们可以面对的 CPU 争用就越多。值越大，需要分配的内存就越多。

要考虑的另一点是 2011 年关于 LMAX Disruptor 的白皮书中提到的一点（作者为 Martin Thompson 等人；具体参见链接 32）：

> 由于消费者和生产者之间的速度差异，队列通常总是接近满或接近空的。

它们很少在生产率和消费率均衡匹配的中间地带运作。

因此，很难找到稳定准确的 channel 缓冲区大小，"稳定准确"是指不会导致过多 CPU 争用或内存分配浪费。

这就是为什么除了所描述的情况，通常最好从默认 channel 缓冲区大小 1 开始。当不确定时，可以使用基准测试来衡量它。

与编程中的几乎所有主题一样，总可以找到例外。因此，本节的目标不是详尽无遗，而是指导大家在创建 channel 时应该使用什么大小。同步是非缓冲 channel 的保证，而不是缓冲 channel 的。此外，如果需要一个缓冲 channel，应该记住，使用 1 作为 channel 缓冲区大小的默认值。应使用准确的度量方法，谨慎决定使用其他值，并且应该对基本原理进行注释。最后但同样重要的是，选择缓冲 channel 也可能导致模糊的死锁，使用非缓冲 channel 更容易发现这些死锁。

在下一节中，我们将讨论处理字符串格式时可能产生的副作用。

9.8 #68：忘记字符串格式化可能产生的副作用

格式化字符串是开发人员经常要进行的操作，无论是返回错误还是记录消息。但在处理并发应用程序时，开发人员很容易忘记字符串格式化带来的潜在副作用。本节将看到两个具体示例：一个是读取 etcd 存储导致数据竞争，另一个是导致死锁的情况。

9.8.1 etcd 数据竞争

etcd 是一个用 Go 实现的分布式键值存储，它在包括 Kubernetes 在内的许多项目中用于存储所有集群数据。它提供了与集群交互的 API。例如，Watcher 接口用于接收数据变化的通知：

```
type Watcher interface {
    // Watch 监听一个键或前缀，被监听的事件将会从返回 channel 中返回
    // ...
    Watch(ctx context.Context, key string, opts ...OpOption) WatchChan
    Close() error
}
```

API 依赖于 gRPC 流。gRPC 流是一种在客户端和服务器之间不断交换数据的技术。服务器必须维护使用此功能的所有客户端的列表。因此，Watcher 接口由包含所有活动流的

watcher 结构体实现：

```
type watcher struct {
    // ...

    // streams 以 ctx 的值为键保存了所有激活的 gRPC 流。
    streams map[string]*watchGrpcStream
}
```

map 的键基于调用 Watch 方法时提供的上下文：

```
func (w *watcher) Watch(ctx context.Context, key string, opts ...OpOption)
WatchChan {
    // ...
    ctxKey := fmt.Sprintf("%v", ctx)  // 根据提供的上下文格式化 map 的键
    // ...
    wgs := w.streams[ctxKey]
    // ...
}
```

ctxKey 是 map 的键，根据客户端提供的上下文进行格式化。从使用值（context.WithValue）创建的上下文格式化字符串时，Go 将读取此上下文中的所有值。在这种情况下，etcd 开发人员发现提供给 Watch 的上下文在某些情况下是包含可变值（例如，指向结构体的指针）的上下文。他们发现了一种情况，当一个 goroutine 正在更新上下文中的某个值时，另一个 goroutine 正在执行 Watch，因此读取了该上下文中的所有值。这导致了数据竞争。

修复方案（参见链接 33）不依赖 fmt.Sprintf 来格式化 map 的键，这可防止遍历和读取上下文中的包装值的链。代替方案是实现一个自定义的 streamKeyFromCtx 函数来从一个不可变的特定上下文值中提取键。

> **注意** 上下文中潜在的可变值可能会引入额外的复杂性，从而引发数据竞争，这可能是一个需要谨慎考虑的设计决策。

这个例子说明，我们必须小心并发应用程序中字符串格式化的副作用——在这种情况下会产生数据竞争。在下面的示例中，我们将看到导致死锁情况的副作用。

9.8.2 死锁

假设我们必须处理一个可以被同时访问的 Customer 结构体。无论是读取还是写入，

我们都将使用 sync.RWMutex 来保护访问。我们将实现一个 UpdateAge 方法来更新客户的年龄并检查年龄值是否为正。同时，我们将实现 Stringer 接口。

下面这段代码中的一个 Customer 结构体公开了一个 UpdateAge 方法并实现了 fmt.Stringer 接口，你能看出这段代码的问题是什么吗？

```go
type Customer struct {
    mutex sync.RWMutex          // 使用一个 sync.RWMutex 来保护并发访问
    id    string
    age   int
}

func (c *Customer) UpdateAge(age int) error {
    c.mutex.Lock()              // 在更新 Customer 时锁定和延迟解锁
    defer c.mutex.Unlock()

    if age < 0 {                // 如果年龄值为负数，则返回错误
        return fmt.Errorf("age should be positive for customer %v", c)
    }

    c.age = age
    return nil
}

func (c *Customer) String() string {
    c.mutex.RLock()             // 读取 Customer 时锁定和延迟解锁
    defer c.mutex.RUnlock()
    return fmt.Sprintf("id %s, age %d", c.id, c.age)
}
```

这里的问题可能并不简单。如果提供的年龄值为负数，将返回错误。因为错误是格式化过的，所以在接收器上使用%s 指令，它会调用 String 方法来格式化 Customer。但是因为 UpdateAge 已经获得了互斥锁，所以 String 方法将无法获得它（见图 9.10）。

因此，这会导致死锁情况。如果所有 goroutine 都处于休眠状态，则会导致 Panic：

```
fatal error: all goroutines are asleep - deadlock!

goroutine 1 [semacquire]:
sync.runtime_SemacquireMutex(0xc00009818c, 0x10b7d00, 0x0)
...
```

我们应该如何处理这种情况呢？首先，它说明了单元测试的重要性。在这种情况下，我们可能会争辩说，创建一个负数年龄值的测试是不值得的，因为逻辑很简单。但是，如果没有适当的测试覆盖率，我们可能会错过这个问题。

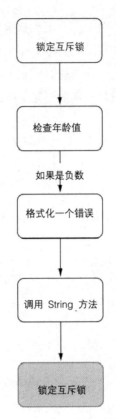

图 9.10   如果年龄值（age）为负数则执行 UpdateAge

这里可以改进的一件事是限制互斥锁的范围。在 UpdateAge 中，我们首先获取锁并检查输入是否有效。我们应该做相反的事情：首先检查输入，如果输入有效，则获取锁。这样做的好处是减少了潜在的副作用，但也会对性能产生影响——只有在需要时才获取锁，而不是在判断年龄值（age）是否有效之前：

```go
func (c *Customer) UpdateAge(age int) error {
    if age < 0 {
        return fmt.Errorf("age should be positive for customer %v", c)
    }

    c.mutex.Lock() // 仅在验证输入时锁定互斥锁
    defer c.mutex.Unlock()

    c.age = age
    return nil
}
```

在我们的例子中，只有在检查了年龄之后才锁定互斥锁可以避免死锁情况。如果年龄为负数，则调用 `String()` 而不事先锁定互斥锁。

但是，在某些情况下，限制互斥锁的范围并不简单或者根本就不可能。在这些情况下，我们必须非常小心字符串格式。也许我们想调用另一个不尝试获取互斥锁的函数，或者只想更改格式化错误的方式，使其不调用 `String()`。例如，下面的代码不会导致死锁，因为我们在直接访问 `id` 字段时只记录了客户 ID：

```go
func (c *Customer) UpdateAge(age int) error {
    c.mutex.Lock()
    defer c.mutex.Unlock()

    if age < 0 {
        return fmt.Errorf("age should be positive for customer id %s", c.id)
    }

    c.age = age
    return nil
}
```

我们已经看到了两个具体的例子，一个是从上下文格式化一个键，另一个是返回一个格式化结构体的错误。在这两种情况下，格式化字符串都会导致问题：分别是数据竞争和死锁。因此，在并发应用程序中，我们应该对字符串格式化可能产生的副作用保持谨慎。

下一节将讨论 `append` 在并发调用时的行为。

9.9 #69：使用 `append` 函数创造了数据竞争

我们之前提到过什么是数据竞争以及其影响是什么。现在，让我们看看切片以及使用 `append` 将元素添加到切片是否是没有数据竞争的。剧透一下，视情况而定。

在下面的示例中，我们将初始化一个切片并创建两个 goroutine，它们将使用 `append` 创建一个带有附加元素的新切片：

```go
s := make([]int, 1)

go func() {       // 在一个新的 goroutine 中，在 s 上追加一个新元素
    s1 := append(s, 1)
    fmt.Println(s1)
}()
```

```go
go func() {      // 相同
    s2 := append(s, 1)
    fmt.Println(s2)
}()
```

你认为这个例子有数据竞争吗？答案是没有。

我们必须先回顾一下第 3 章中描述的有关切片的基础知识。切片的底层是一个数组，并具有两个属性：长度和容量。长度是切片中可用元素的数量，容量是底层数组中的元素总数。当我们使用 append 时，行为取决于切片是否已满（长度 == 容量）。如果已满，Go 运行时会创建一个新的底层数组来添加新元素；否则，运行时会将其添加到现有的底层数组中。

在这个例子中，我们使用 make([]int, 1) 创建一个切片。这段代码创建了一个长度为 1，容量也为 1 的切片。因此，由于切片已满，在每个 goroutine 中使用 append 会返回一个新的有底层数组的切片。这个切片不会改变现有的数组，因此不会导致数据竞争。

现在，让我们运行相同的示例，稍微改变一下初始化 s 的方式。我们不是创建长度为 1 的切片，而是创建长度为 0 但容量为 1 的切片：

```go
s := make([]int, 0, 1) //改变切片的初始化方式
// 相同
```

这个新例子怎么样？它是否包含数据竞争？答案是肯定的：

```
===================
WARNING: DATA RACE
Write at 0x00c00009e080 by goroutine 10:
...
Previous write at 0x00c00009e080 by goroutine 9:
...
===================
```

我们使用 make([]int, 0, 1) 创建一个切片。因此，底层数组未满。两个 goroutine 都尝试更新底层数组的相同索引（索引 1），这是一个数据竞争。如果我们希望两个 goroutine 都在一个包含 s 的初始元素和一个额外元素的切片上工作，如何防止数据竞争呢？一种解决方案是创建 s 的副本：

```go
s := make([]int, 0, 1)

go func() {
    sCopy := make([]int, len(s), cap(s))
    copy(sCopy, s)          // 创建一个切片的副本并在副本上使用 append
```

```
    s1 := append(sCopy, 1)
    fmt.Println(s1)
}()

go func() {
    sCopy := make([]int, len(s), cap(s))
    copy(sCopy, s)        // 相同

    s2 := append(sCopy, 1)
    fmt.Println(s2)
}()
```

两个 goroutine 都制作了切片的副本。然后它们在切片的副本上使用 append，而不是在原始切片上。这可以防止数据竞争，因为两个 goroutine 都在隔离数据上工作。

切片和 map 的数据竞争

数据竞争对切片和 map 有多大影响？当我们有多个 goroutine 时，以下叙述是正确的：

- 使用至少一个更新值的 goroutine 访问相同的切片索引是一种数据竞争。这些 goroutine 会访问相同的内存位置。
- 对不同的切片索引进行操作不是数据竞争，不同的索引意味着不同的内存位置。
- 访问同一个 map（不管是相同的还是不同的键）并且至少有一个 goroutine 更新它，是一种数据竞争。为什么这与切片的数据结构不同呢？正如我们在第 3 章中提到的，map 是一个桶数组，每个桶是一个指向键值对数组的指针。哈希算法用于确定存储桶的数组索引。由于该算法在 map 初始化期间包含一些随机性，因此一次执行可能会导致相同的数组索引，而另一次执行可能不会。无论是否发生实际数据竞争，竞态检测器都会发出警告来处理这种情况。

在并发上下文中使用切片时，必须记住，在切片上使用 append 并不总是无竞争的。根据切片及其是否已满，情况会发生变化。如果切片已满，则追加是无竞争的。否则，多个 goroutine 可能会竞争更新相同的数组索引，从而导致数据竞争。

一般来说，我们不应该根据切片是否已满而有不同的实现，而应该考虑到在并发程序的共享切片上使用 append 可能会导致数据竞争。因此，应该避免这种情况。

现在，让我们讨论一个常见的错误：对切片和 map 不准确地使用互斥锁。

9.10 #70：对切片和 map 不准确地使用互斥锁

在数据既可变又共享的并发上下文中工作时，我们经常必须使用互斥锁围绕数据结构实现受保护的访问。一个常见的错误是在使用切片和 map 时不准确地使用互斥锁。让我们看一个具体的例子并了解潜在的问题。

我们将实现一个 Cache 结构体，其用于处理客户余额的缓存。此结构体将包含每个客户 ID 的余额 map 和保护并发访问的互斥锁：

```
type Cache struct {
    mu       sync.RWMutex
    balances map[string]float64
}
```

> **注意** 这个解决方案使用一个 `sync.RWMutex` 来允许多个读取者访问，只要没有写入者。

接下来，我们添加一个改变余额 map 的 AddBalance 方法。改变在临界区完成（在互斥锁加锁和互斥锁解锁之间）：

```
func (c *Cache) AddBalance(id string, balance float64) {
    c.mu.Lock()
    c.balances[id] = balance
    c.mu.Unlock()
}
```

同时，我们必须实现一种方法来计算所有客户的平均余额。一种方法是以这种方式处理最小临界区：

```
func (c *Cache) AverageBalance() float64 {
    c.mu.RLock()
    balances := c.balances     // 创建余额 map 的副本
    c.mu.RUnlock()

    sum := 0.
    for _, balance := range balances { // 在临界区之外迭代副本
        sum += balance
    }
    return sum / float64(len(balances))
}
```

首先，我们创建一个映射到局部 balances 变量的副本。仅在临界区完成复制以迭代每个

余额并在临界区之外计算平均值。这个解决方案有效吗？

如果使用带有-race 标识的两个并发 goroutine 运行测试，一个调用 AddBalance（因此改变余额），另一个调用 AverageBalance，就会发生数据竞争。这里有什么问题呢？

在内部，map 是一个 runtime.hmap 结构体，主要包含元数据（例如，计数器）和引用数据桶的指针。因此 balances := c.balances 不会复制实际数据。这和切片的原理是一样的：

```
s1 := []int{1, 2, 3}
s2 := s1
s2[0] = 42
fmt.Println(s1)
```

即便我们修改的是 s2，打印 s1 也会返回 [42 2 3]。原因是，s2 := s1 创建了一个新切片：s2 具有相同的长度和相同的容量，并且与 s1 是相同的底层数组。

回到我们的示例，我们为 balances 分配一个新 map，该 map 引用与 c.balances 相同的数据桶。同时，这两个 goroutine 对同一数据集执行操作，其中一个对其进行了改变。因此，这是一种数据竞争。如何解决数据竞争呢？有两个选择。

如果迭代操作不是很重（这里就是这种情况，因为我们执行累加操作），我们应该保护整个函数：

```
func (c *Cache) AverageBalance() float64 {
    c.mu.RLock()
    defer c.mu.RUnlock() // 在函数返回时解锁

    sum := 0.
    for _, balance := range c.balances {
        sum += balance
    }
    return sum / float64(len(c.balances))
}
```

临界区现在包含整个函数，包括迭代过程。这可以防止数据竞争。

如果迭代操作不是轻量级的，另一种选择是对数据的副本进行操作，只加锁保护副本：

```
func (c *Cache) AverageBalance() float64 {
    c.mu.RLock()
    m := make(map[string]float64, len(c.balances)) // 复制 map
    for k, v := range c.balances {
```

```
    m[k] = v
}
c.mu.RUnlock()

sum := 0.
for _, balance := range m {
    sum += balance
}
return sum / float64(len(m))
}
```

一旦做了一个深拷贝，我们就释放互斥锁。迭代是在临界区之外的副本上完成的。

让我们考虑一下这个解决方案。我们必须对 map 值进行两次迭代：一次是复制，一次是执行操作（这里是累加）。但临界区只是操作 map 副本。因此，当且仅当操作不快时，此解决方案才可能比较合适。例如，如果一个操作需要调用一个外部数据库，那这个解决方案可能会更有效。在选择一种解决方案或另一种解决方案时，没有办法去定义一个阈值，因为选择什么取决于元素数量和数据结构的平均大小等因素。

总之，我们必须小心互斥锁的边界。在本节中，我们了解了为什么将现有 map（或现有切片）分配给 map 不足以防止数据竞争。新变量，无论是 map 还是切片，都由相同的数据集支持。有两种主要的解决方案可以防止这种情况：保护整个函数，或者处理实际数据的副本。在所有情况下，设计临界区时都要小心谨慎，并确保准确定义边界。

现在让我们讨论使用 sync.WaitGroup 时的一个常见错误。

9.11 #71: 错误使用 sync.WaitGroup

sync.WaitGroup 是一种等待 n 次操作完成的机制。通常，我们使用它来等待 n 个 goroutine 完成。让我们首先回顾一下开放接口，然后将研究一个导致非确定性行为的十分常见的错误。

可以使用 sync.WaitGroup 的零值创建等待组：

```
wg := sync.WaitGroup{}
```

在内部，sync.WaitGroup 拥有一个被默认初始化为 0 的内部计数器。我们可以使用 Add(int) 方法增加该计数器，并可以使用 Done() 或 Add 一个负值来减小它。如果想等待计数器变为 0，则必须使用阻塞的 Wait() 方法。

注意　计数器不能为负数，否则 goroutine 会 panic。

在下面的示例中，我们将初始化一个等待组，启动三个将自动更新计数器的 goroutine，然后等待它们完成。我们希望等待这三个 goroutine 打印出计数器的值（应该是 3）。你能猜出这段代码是否有问题吗？

```
wg := sync.WaitGroup{}
var v uint64

for i := 0; i < 3; i++ {
    go func() {                      // 创建一个 goroutine
        wg.Add(1)                    // 增加等待组计数器
        atomic.AddUint64(&v, 1)      // 对 v 进行原子递增
        wg.Done()                    // 减小等待组计数器
    }()
}

wg.Wait()// 等到所有的 goroutine 都对 v 进行了原子递增，然后再打印它
fmt.Println(v)
```

运行这个例子，我们会得到一个不确定的值：代码可以打印从 0 到 3 的任何值。此外，如果启用 -race 标识，Go 甚至会捕获到数据竞争。鉴于我们正在使用 sync/atomic 包来更新 v，这怎么可能有问题呢？那这段代码有什么问题呢？

问题是，wg.Add(1) 是在新创建的 goroutine 中调用的，而不是在父 goroutine 中。因此，不能保证我们已经向等待组指示我们要在调用 wg.Wait() 之前等待三个 goroutine。

图 9.11 显示了代码打印 2 时的可能场景。在这种场景中，主 goroutine 启动了三个 goroutine。但是最后一个 goroutine 是在前两个 goroutine 已经调用 wg.Done() 之后执行的，因此，父 goroutine 已经被解锁。因此，在这种情况下，当主 goroutine 读取 v 时，它等于 2。竞态检测器还可以检测到对 v 的不安全访问。

在处理 goroutine 时，重要的是要记住，如果没有同步，执行是不确定的。例如，以下代码可以打印 ab 或 ba：

```
go func() {
    fmt.Print("a")
}()
go func() {
```

```
      fmt.Print("b")
} ()
```

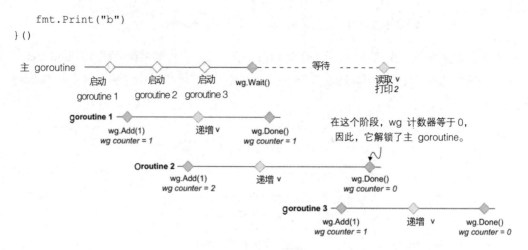

图 9.11   在主 goroutine 已经解除阻塞后，最后一个 goroutine 调用 wg.Add（1）

两个 goroutine 可以被分配给不同的线程，并且无法保证哪个线程会先执行。

CPU 必须使用内存栅栏（也称为内存屏障）来确保顺序。Go 提供了不同的同步技术来实现内存栅栏，例如，sync.WaitGroup 可确保 wg.Add 和 wg.Wait 之间是 happen before 关系。

回到我们的示例，有两个择项可以解决我们的问题。首先，可以在 3 循环之前调用 wg.Add：

```
wg := sync.WaitGroup{}
var v uint64

wg.Add(3)
for i := 0; i < 3; i++ {
    go func() {
        // ...
    } ()
}

// ...
```

或者，可以在每次循环迭代期间调用 wg.Add，然后再启动子 goroutine：

```
wg := sync.WaitGroup{}
var v uint64

for i := 0; i < 3; i++ {
```

```
    wg.Add(1)
    go func() {
        // ...
    }()
}

// ...
```

两种解决方案都很好。如果最终要设置的等待组计数器的值是预先知道的，那第一个解决方案可以防止我们不得不多次调用 `wg.Add`。但是，它需要确保在任何地方都使用相同的计数以避免细微的错误。

我们应小心不要重现 Go 开发人员犯的这个常见错误。当使用 `sync.WaitGroup` 时，`Add` 操作必须在父 goroutine 中启动 goroutine 之前完成，而 `Done` 操作必须在 goroutine 内完成。

下一节将讨论 sync 包的另一个原语：`sync.Cond`。

9.12 #72：忘记了 sync.Cond

在 sync 包的同步原语中，`sync.Cond` 可能是最少被使用和理解的。但是，它提供了我们无法通过 channel 实现的功能。本节通过一个具体的示例来展示 `sync.Cond` 何时有用以及如何使用它。

本节中的示例实现了捐赠目标机制：每当达到特定目标时都会发出警报的应用程序。我们将有一个 goroutine 负责增加余额（一个更新器 goroutine）。其他 goroutine 将接收更新并在达到特定目标时打印一条消息（一些监听器 goroutine）。例如，一个 goroutine 正在等待 10 美元的捐赠目标，而另一个 goroutine 正在等待 15 美元的捐赠目标。

首先尝试的实现是使用互斥锁。更新器 goroutine 每秒增加余额，而那些监听器 goroutine 开始循环直到达到它们的捐赠目标：

```
// 创建并实例化一个包含当前余额和互斥锁的 Donation 结构体
type Donation struct {
    mu sync.RWMutex
    balance int
}
donation := &Donation{}

// 监听器 goroutine
f := func(goal int) {        // 创建一个闭包
```

```
      donation.mu.RLock()
      for donation.balance < goal {      // 检查是否达到目标
          donation.mu.RUnlock()
          donation.mu.RLock()
      }
      fmt.Printf("$%d goal reached\n", donation.balance)
      donation.mu.RUnlock()
  }
  go f(10)
  go f(15)

  // 更新器 goroutine
  go func() {
      for {                            // 不断增加余额
          time.Sleep(time.Second)
          donation.mu.Lock()
          donation.balance++
          donation.mu.Unlock()
      }
  }()
```

我们使用互斥锁保护对共享变量 `donation.balance` 的访问。如果我们运行这个例子，它会按预期工作：

```
$10 goal reached
$15 goal reached
```

主要问题——以及使这个实现变得糟糕的原因——是繁忙的循环。每个监听器 goroutine 一直循环，直到达到其捐赠目标，这会浪费大量 CPU 周期并使 CPU 使用量巨大。我们需要找到更好的解决方案。

让我们回头看看，每当余额被更新时，我们必须找到一种从更新器 goroutine 发出信号的方法。如果我们考虑 Go 中的信号，应该考虑 channel。因此，让我们尝试使用 channel 原语的另一个版本：

```
type Donation struct {
    balance int
    ch chan int              // 更新 Donation 使其包含一个 channel
}

donation := &Donation{ch: make(chan int)}

// 监听器 goroutine
```

```
f := func(goal int) {
    for balance := range donation.ch {    // 接收 channel 更新
        if balance >= goal {
            fmt.Printf("$%d goal reached\n", balance)
            return
        }
    }
}
go f(10)
go f(15)

// 更新器 goroutine
for {
    time.Sleep(time.Second)
    donation.balance++
    donation.ch <- donation.balance  // 余额更新时发送消息
}
```

每个监听器 goroutine 从共享 channel 接收消息。同时，每当余额更新时，更新器 goroutine 都会发送消息。但是，如果我们尝试这个解决方案，可能会出现以下输出：

```
$11 goal reached
$15 goal reached
```

当余额为 10 美元而不是 11 美元时应该通知第一个 goroutine。发生了什么？

发送到 channel 的消息仅由一个 goroutine 接收。在我们的示例中，如果第一个 goroutine 在第二个 goroutine 之前从 channel 接收消息，图 9.12 显示了可能发生的情况。

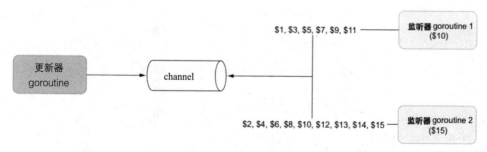

图 9.12 第一个 goroutine 收到 $1 消息，第二个 goroutine 收到 $2 消息，然后第一个 goroutine 收到 $3 消息，以此类推

多个 goroutine 从共享 channel 接收消息的默认分发模式是轮询。如果一个 goroutine 没有准备好接收消息（不是在 channel 上处于等待状态），情况可以发生改变；那样的话，Go 将消

息分发到下一个可用的 goroutine。

每条消息都由一个 goroutine 接收。因此在这个例子中，第一个 goroutine 没有收到 $10 消息，但是第二个 goroutine 收到了。只有一个 channel 关闭事件可以被广播到多个 goroutine。但是这里我们不想关闭 channel，因为那样的话，更新器 goroutine 将无法继续发送消息。

在这种情况下使用 channel 还有另一个问题。只要达到捐赠目标，监听器 goroutine 就会返回。因此，更新器 goroutine 必须知道所有监听器何时停止接收 channel 的消息。否则，channel 最终会变满并阻塞发送者。一种可能的解决方案是引入 sync.WaitGroup，但这样做会使解决方案变得更加复杂。

理想情况下，我们需要找到一种方法来在余额被更新到多个 goroutine 时重复广播通知。幸运的是，Go 有一个解决方案：sync.Cond。我们先讨论一下理论，然后将看到如何使用这个原语来解决问题。根据官方文档（参见链接 34），

> Cond 实现了一个条件变量，一个用于等待或宣布事件发生的 goroutine 的汇合点。

条件变量是等待某个条件的线程（这里是 goroutine）的容器。在我们的示例中，条件是余额更新。每当余额被更新时，更新器 goroutine 都会广播通知，而监听器 goroutine 会一直等到更新。此外，sync.Cond 依赖于 sync.Locker（一个 *sync.Mutex 或 *sync.RWMutex）来防止数据竞争。下面是一个可能的实现：

```
type Donation struct {
    cond *sync.Cond    // 添加一个 *sync.Cond
    balance int
}

donation := &Donation{
    cond: sync.NewCond(&sync.Mutex{}), // sync.Cond 依赖于互斥锁
}

// 监听器 goroutine
f := func(goal int) {
    donation.cond.L.Lock()
    for donation.balance < goal {
        donation.cond.Wait()       // 等待加锁/解锁中的条件（余额更新）
    }
    fmt.Printf("%d$ goal reached\n", donation.balance)
    donation.cond.L.Unlock()
}
```

```
go f(10)
go f(15)

// 更新器 goroutine
for {
    time.Sleep(time.Second)
    donation.cond.L.Lock()
    donation.balance++              // 在加锁/解锁中增加余额
    donation.cond.L.Unlock()
    donation.cond.Broadcast()       // 广播满足条件的事实（余额更新）
}
```

首先，我们使用 `sync.NewCond` 创建一个 `*sync.Cond` 并提供一个 `*sync.Mutex`。那么监听器和更新器 goroutine 呢？

监听器 goroutine 循环，直到达到捐赠余额。在循环中，我们使用 `Wait` 方法阻塞直到满足条件。

> **注意** 让我们确保在这里理解了术语"条件"。在这种情况下，我们谈论的是正在更新的余额，而不是捐赠目标条件。因此，它是两个监听器 goroutine 共享的单个条件变量。

对 `Wait` 的调用必须发生在临界区，这听起来很奇怪。锁不会阻止其他 goroutine 等待相同的条件吗？实际上，`Wait` 的实现如下：

1. 解锁互斥锁。
2. 暂停 goroutine，等待通知。
3. 通知到达时进行互斥锁加锁。

因此，监听器 goroutine 有两个临界区：

- 在 donation.balance <goal 中访问 donation.balance 时。
- 在 `fmt.Printf` 中访问 donation.balance 时。

这样，对共享的 `donation.balance` 变量的所有访问都受到保护。

现在，更新器 goroutine 是什么样的呢？余额更新在临界区完成，以防止数据竞争。然后我们调用 `Broadcast` 方法，它会在每次余额更新时唤醒所有等待条件的 goroutine。

因此，如果运行这个例子，它会打印出我们期望的结果：

```
10$ goal reached
15$ goal reached
```

在我们的实现中，条件变量基于正在更新的余额。因此每次进行新的捐赠时，监听器变量都会被唤醒，以检查是否达到了捐赠目标。这个解决方案可以防止我们在重复检查中出现一个占用 CPU 周期的繁忙循环。

在使用 sync.Cond 时，我们还要注意一个可能发生的问题。当我们发送通知时——例如，发送到一个 chan 结构体——即使没有活动的接收者，消息也会被缓存，这保证了最终会收到这个通知。将 sync.Cond 与 Broadcast 方法一起使用会唤醒所有当前等待条件的 goroutine；如果没有等待的 goroutine，将错过通知。这也是我们必须牢记的基本原则。

Signal() vs Broadcast()

我们可以使用 Signal() 而不是 Broadcast() 唤醒单个 goroutine。在语义方面，它与以非阻塞方式在 chan 结构体中发送消息相同：

```
ch := make(chan struct{})
select {
case ch <- struct{}{}:
default:
}
```

Go 中的信号可以通过 channel 来实现。多个 goroutine 可以捕获的唯一事件是 channel 被关闭，但这只会发生一次。因此，如果我们反复向多个 goroutine 发送通知，sync.Cond 是一个解决方案。该原语基于条件变量，这些条件变量设置等待特定条件的线程容器。使用 sync.Cond，可以广播信号来唤醒所有等待条件的 goroutine。

让我们使用 golang.org/x 和 errgroup 包扩展我们对并发原语的了解。

9.13 #73: 没有使用 errgroup

不管是哪种编程语言，重新发明轮子都不是一个好主意。代码库重新实现如何启动多个 goroutine 并汇总错误也很常见。但是 Go 生态系统中的一个包旨在支持这种常见的用例。让我们看看这个包并了解为什么它应该成为 Go 开发人员的工具集的一部分。

golang.org/x 是一个为标准库提供扩展的存储库。sync 子存储库包含一个方便的包：errgroup。

假设我们必须处理一个函数，并且接收一些想要用来调用外部服务的数据作为参数。由于限制，不能只调用一次，我们依次使用不同的子集进行多次调用。此外，这些调用是并行进行的（见图 9.13）。

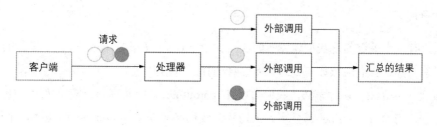

图 9.13　每个圆圈产生一个并行调用

如果在调用过程中出现一个错误，我们希望将其返回。如果出现多个错误，我们只想返回其中一个。让我们只使用标准并发原语来编写实现的提纲：

```
func handler(ctx context.Context, circles []Circle) ([]Result, error) {
    results := make([]Result, len(circles))
    wg := sync.WaitGroup{}  // 创建一个等待组来等待我们启动的所有 goroutine
    wg.Add(len(results))

    for i, circle := range circles {
        i := i // 在 goroutine 中创建一个新的变量 i（参见错误#63）
        circle := circle  // 变量 circle 也一样

        go func() {         // 每个 circle 触发一个 goroutine
            defer wg.Done() // 指示 goroutine 何时完成
            result, err := foo(ctx, circle)
            if err != nil {
                // ?
            }
            results[i] = result  // 汇总结果
        }()
    }

    wg.Wait()
    // ...
}
```

我们决定使用一个 `sync.WaitGroup` 来等待所有的 goroutine 完成并在一个切片中处理汇总的结果。这是一种方法。另一种方法是将每个部分的结果发送到一个 channel 并将它们汇总到另一个 goroutine 中。如果需要排序，主要的挑战是对传入消息重新排序。因此，我们决定采用最简单的方法和共享切片。

注意 因为每个 goroutine 都写入一个特定的索引，所以这个实现是无数据竞争的。

但是，有一个关键问题我们还没有解决。如果 foo（在新的 goroutine 中进行的调用）返回错误怎么办？我们应该如何处理？有多种选择，包括：

- 就像 results 切片一样，我们可以在 goroutine 之间共享一个错误切片。如果出现错误，每个 goroutine 都会写入该切片。我们必须在父 goroutine 中迭代这个切片以确定是否发生错误（时间复杂度为 $O(n)$）。
- 可以让 goroutine 通过共享互斥锁访问单个错误变量。
- 可以考虑共享一个错误 channel，父 goroutine 将接收并处理这些错误。

无论选择哪个选项，它都会使解决方案变得相当复杂。出于这个原因，设计和开发了 errgroup 包。它导出单个 WithContext 函数，该函数在给定上下文的情况下返回一个 *Group 结构体。该结构体为一组 goroutine 提供同步、错误传播和上下文取消，并且仅导出两个方法：

- Go 方法在新的 goroutine 中触发调用。
- Wait 方法会阻塞直到所有的 goroutine 都完成。它返回第一个非 nil 错误，如果有的话。

让我们使用 errgroup 重写解决方案。首先需要导入 errgroup 包：

```
$ go get golang.org/x/sync/errgroup
```

下面是实现：

```go
func handler(ctx context.Context, circles []Circle) ([]Result, error) {
    results := make([]Result, len(circles))
    g, ctx := errgroup.WithContext(ctx)  // 给定的父上下文创建一个 *errgroup.Group

    for i, circle := range circles {
        i := i
        circle := circle
        // 调用 Go 方法来启动处理错误的逻辑并将结果汇总到一个新的 goroutine 中
        g.Go(func() error {
            result, err := foo(ctx, circle)
            if err != nil {
```

```
        return err
    }
    results[i] = result
    return nil
})
}

if err := g.Wait(); err != nil { //调用 Wait 方法等待所有的 goroutine 完成
    return nil, err
}
return results, nil
}
```

首先，我们通过提供父上下文创建一个 `*errgroup.Group`。在每次迭代中，我们使用 `g.Go` 在新的 *goroutine* 中触发调用。此方法将 `func() error` 作为输入，并使用闭包包装对 `foo` 进行的调用并处理结果和错误。作为与我们第一个实现的主要区别，如果得到一个错误，我们会从这个闭包中返回它。然后，`g.Wait` 允许我们等待所有的 *goroutine* 完成。

这个解决方案本质上比第一个更简单（这是部分的，因为我们没有处理错误）。我们不必依赖额外的并发原语，`errgroup.Group` 足以解决我们的用例。

我们尚未触及的另一个好处是共享上下文。假设我们必须触发三个并行调用：

- 第一个调用在 1 毫秒内返回一个错误。
- 第二个和第三个调用在 5 秒内返回一个结果或错误。

我们想要返回一个错误，如果有的话。因此，等待第二次和第三次调用完成是没有意义的。使用 `errgroup.WithContext` 可创建用于所有并行调用的共享上下文。因为第一次调用会在 1 毫秒内返回错误，所以它将取消上下文，从而取消其他 *goroutine*。因此，我们不必等待 5 秒即可返回错误。这是使用 `errgroup` 的另一个好处。

> **注意**　`g.Go` 调用的进程必须是可感知上下文的。否则，取消上下文不会有任何效果。

总之，当我们必须触发多个 *goroutine* 并处理错误以及上下文传播时，值得考虑 `errgroup` 是否可以作为解决方案。正如我们所见，这个包支持一组 *goroutine* 的同步，并提供处理错误和共享上下文的答案。

本章的最后一节将讨论 Go 开发人员在复制 `sync` 类型时常犯的错误。

9.14 #74: 复制 sync 类型

sync 包提供了基本的同步原语, 例如互斥锁、条件变量和等待组。对于所有这些类型, 有一个硬性规则要遵循: 它们永远不应该被复制。让我们理解一下这个原理和可能发生的问题。

我们将创建一个线程安全的数据结构来存储计数器。它将包含一个 map[string]int, 表示每个计数器的当前值。我们还将使用 sync.Mutex, 因为必须保护访问。我们添加一个 Increment 方法来增加给定的计数器名称:

```go
type Counter struct {
    mu sync.Mutex
    counters map[string]int
}

func NewCounter() Counter {                      // 工厂方法
    return Counter{counters: map[string]int{}}
}

func (c Counter) Increment(name string) {
    c.mu.Lock()                                  // 在临界区增加计数器
    defer c.mu.Unlock()
    c.counters[name]++
}
```

增量逻辑在临界区完成: 在 c.mu.Lock() 和 c.mu.Unlock() 之间。尝试一下我们的方法, 使用 -race 选项运行以下示例, 该示例启动两个 goroutine 并增加它们各自的计数器:

```go
counter := NewCounter()

go func() {
    counter.Increment("foo")
}()

go func() {
    counter.Increment("bar")
}()
```

运行这个例子, 它会引发数据竞争:

```
===================
WARNING: DATA RACE
...
```

Counter 实现中的问题是互斥锁被复制了。因为 Increment 方法的接收者是一个值,所以每当我们调用 Increment 时，它都会执行 Counter 结构体的复制，该结构体也复制互斥锁。因此，增量不在共享临界区中完成。

不应复制 sync 类型。此规则适用于以下类型：

- sync.Cond
- sync.Map
- sync.Mutex
- sync.RWMutex
- sync.Once
- sync.Pool
- sync.WaitGroup

因此，互斥锁不应该被复制。那有哪些替代方案呢？首先是修改 Increment 方法的接收者类型：

```
func (c *Counter) Increment(name string) {
    // 同样的代码
}
```

更改接收者类型可避免在调用 Increment 时复制 Counter。因此，不会复制内部互斥锁。

如果我们想保持值类型接收者，第二个选择是将 Counter 中 mu 字段的类型更改为指针：

```
type Counter struct {
    mu *sync.Mutex          // 更改 mu 的类型
    counters map[string]int
}

func NewCounter() Counter {
    return Counter{
        mu: &sync.Mutex{},    // 改变 mu 的初始化方式
        counters: map[string]int{},
    }
}
```

如果 Increment 有一个值接收者，它仍然会复制 Counter 结构体。但是，由于 mu 现在是一个指针，它只会执行指针复制，而不是 sync.Mutex 的实际副本，因此，此解决方

案也可以防止数据竞争。

　　　　注意　我们还改变了 mu 的初始化方式。因为 mu 是一个指针，如果我们在创建 Counter 时省略它，它将被初始化为指针的零值：nil。当调用 c.mu.Lock() 时，这将导致 goroutine panic。

在以下情况下，我们可能会遇到无意间复制 sync 字段的问题：
- 使用值接收者调用方法（如我们所见）。
- 使用 sync 参数调用函数。
- 使用包含 sync 字段的参数调用函数。

对上述每种情况我们都应该保持非常谨慎。另外请注意，一些 linter（代码检查工具）可以发现这些问题——比如，使用 go vet：

```
$ go vet .
./main.go:19:9: Increment passes lock by value: Counter contains sync.Mutex
```

根据经验，当多个 goroutine 必须访问一个公共 sync 元素时，必须确保它们都依赖于同一个实例。此规则适用于 sync 包中定义的所有类型。使用指针是解决这个问题的一种方法：可以使用指向 sync 元素的指针或指向包含 sync 元素的结构体的指针。

总结

- 在传递上下文时了解它在什么条件下会被取消很重要：例如，HTTP 处理程序在发送响应时取消上下文。
- 避免泄漏意味着要注意，无论何时启动一个 goroutine，你都应该有一个最终停止它的计划。
- 为避免 goroutine 和循环变量的错误，请创建局部变量或调用函数而不是使用闭包。
- 如果有多个选择，了解多个 channel 的 select 会随机选择一个分支，从而防止做出可能导致细微并发问题的错误假设。
- 使用 chan struct{} 类型发送通知。
- 使用 nil channel 应该是你的并发工具集的一部分，因为，比如它允许你从 select 语句中移除分支。
- 遇到一个问题时，仔细考虑要使用的正确的 channel 类型。只有非缓冲的 channel 才能提供强大的同步保证。

- 除非有充足的理由，否则应该将 channel 的缓冲区大小设置为 1。
- 意识到字符串格式化可能导致额外的函数调用，意味着要注意可能的死锁和其他数据竞争。
- 调用 append 并不总是无数据竞争的，因此，不应该在共享切片上同时使用它。
- 记住切片和 map 是指针，可以防止常见的数据竞争。
- 要准确使用 sync.WaitGroup，请在启动 goroutine 之前调用 Add 方法。
- 可以使用 sync.Cond 向多个 goroutine 发送重复通知。
- 可以使用 errgroup 包同步一组 goroutine 并处理错误和上下文。
- 不应复制 sync 类型。

标准库 10

本章涵盖：

- 提供正确的持续时间
- 在使用 `time.After` 时了解潜在的内存泄漏
- 避免 JSON 处理和 SQL 中常见的错误
- 关闭瞬态资源
- 记住 HTTP 处理程序中的 `return` 语句
- 为何在生产级应用程序中不应该使用默认的 HTTP 客户端和服务端

Go 的标准库是一组增强和拓展语言的核心包。例如，Go 开发者可以编写 HTTP 的客户端和服务端、处理 JSON 数据、通过 SQL 与数据库交互。这些功能都是由标准库提供的。然而，很容易误用标准库，或者我们对其行为理解有限，导致产生了 bug 或不应该在生产级应用程序中使用某些功能。让我们来看一些在使用标准库时常见的错误。

10.1 #75：提供错误的持续时间

标准库提供了获取 `time.Duration` 的常用函数和方法，但由于 `time.Duration` 是 `int64` 的自定义类型，新手可能会因此感到困惑，进而导致提供错误的持续时间。比如，具有 Java 或 JavaScript 编程背景的开发者习惯传入数字类型。

为了说明这个常见的错误，让我们创建一个新的 `time.Ticker`，它每秒都会提供一个时钟信号：

```
ticker := time.NewTicker(1000)
for {
    select {
    case <-ticker.C:
        // 进行操作
    }
}
```

如果运行这段代码，我们会发现这个时钟信号不是每秒发出的，而是每一微秒发出的。

由于 time.Duration 基于 int64 类型，上面这段代码传入 1000 是正确的，因为 1000 是一个有效的 int64 类型的数字。但是 time.Duration 表示两个瞬时时间之间的间隔，单位是纳秒。所以我们给 NewTicker 传入 1000 纳秒=1 微秒的持续时间。

这种错误经常发生，因为像 Java 和 JavaScript 的标准库会让调用方提供以毫秒为单位的持续时间。

此外，如果我们想创建一个时间间隔为 1 微秒的 time.Ticker，那不应该直接传递一个 int64 类型的数字，而应使用 time.Duration 包中提供的 API，以免造成混淆：

```
ticker = time.NewTicker(time.Microsecond)
// 或者
ticker = time.NewTicker(1000 * time.Nanosecond)
```

这不是本书中最复杂的错误，但是具有其他语言背景的开发者，由于认为函数和方法中的时间间隔的单位是毫秒，从而很容易陷入该误区。我们必须记住，应该使用 time.Duration 包中的 API 来提供一个 int64 类型的时间单位。

接下来，我们讨论使用 time 包中的 time.After 时经常会犯的错误。

10.2　#76：time.After 和内存泄漏

time.After(time.Duration) 是一个方便使用的函数，它返回一个 channel，在等待传入的持续时间结束后，会往这个 channel 里发送一条消息。通常，它被用于并发代码，若我们只是想在一个给定的持续时间内休眠，可以使用 time.Sleep(time.Duration)。

time.After 的优点是，它可以用来实现诸如：如果我 5 秒内在 channel 中没有收到消息，我将……的语义。但是代码库中经常在循环中使用 time.After。正如本节描述的，这可能是导致内存泄漏的根本原因。

让我们看一下下面这个例子。我们将实现一个函数，它重复消费 channel 里面的消息，若 1 小时内没有收到任何消息，它会写一条警告日志。下面是一个可能的实现：

```
func consumer(ch <-chan Event) {
    for {
        select {
            case event := <-ch:   // 处理事件
                handle(event)
            case <- time.After(time.Hour):  //累加空闲计数器
                log.Println("warning: no messages received")
        }
    }
}
```

在这个例子中，我们在两种情况下使用 select：从 ch 中收到消息和 1 小时内没有收到消息（time.After 在每次迭代中都会被计算，所以每次超时时它都会被重置）。乍一看，这段代码是正常的，但是仔细观察会发现，它可能导致内存使用问题。

正如我们所说的，time.After 返回一个 channel。我们也许期望这个 channel 能在每次循环迭代中被关闭，但在这个例子中不会。由 time.After（包括 channel）创建的资源一旦超时就会被释放，但在此之前都会使用内存。使用多少内存呢？在 Go 1.15 中，每次调用 time.After 会使用 200 字节的内存。如果收到大量的消息，比如每小时 500 万条，那应用程序将消耗 1GB 的内存来存储 time.After 的资源。

我们可以通过在每次迭代中关闭 channel 来修复这个问题吗？不能，返回的 channel 是 <-chan time.Time 类型的，这意味着它是一个只能接收信息的 channel，不能被关闭。

我们有几种方法来修复这个例子。第一种方法是用上下文来代替 time.After。

```
func consumer(ch <-chan Event) {
    for {                              //主循环
        //创建一个超时上下文
        ctx, cancel := context.WithTimeout(context.Background(), time.Hour)
        select {
        case event := <-ch:
            cancel()      //如果收到消息，取消上下文
            handle(event)
        case <-ctx.Done():  //取消上下文
            log.Println("warning: no messages received")
        }
    }
}
```

这种方法的缺点是，我们需要在每次循环中都重新创建一个上下文。创建上下文在 Go 中不是最轻量的操作：比如它需要创建一个 channel，我们可以做得更好吗？

　　第二种方法是使用 time 包中的 time.NewTimer。这个函数会创建一个 time.Timer 结构体，包括下面这些导出内容：

- 一个 C 字段，它是内部定时器 channel。
- 一个 Reset(time.Duration) 方法，用于重置持续时间。
- 一个 Stop() 方法，用于停止定时器。

time.After 内部

　　我们应注意到，time.After 也依赖于 time.Timer。然而，它只返回 C 字段，所以我们无法访问 Reset 方法：

```
package time

func After(d Duration) <-chan Time {
    return NewTimer(d).C     //创建一个新的 time.Timer 并返回 channel 字段
}
```

　　让我们使用 time.NewTimer 来实现一个新版本：

```
func consumer(ch <-chan Event) {
    timerDuration := 1 * time.Hour
    timer := time.NewTimer(timerDuration)// 创建一个新定时器

    for {                               //主循环
        timer.Reset(timerDuration)      //重置持续时间
        select {
        case event := <-ch:
            handle(event)
        case <-timer.C:     //计时器过期
            log.Println("warning: no messages received")
        }
    }
}
```

在这个实现里，我们在每次循环迭代过程中保持一个重复的动作：调用 Reset 方法。和每次新创建一个上下文相比，调用 Reset 方法显得不那么麻烦了。它的速度更快，由于它不需要任何新的堆内存分配,因此对 GC 的压力也更小。对于最开始的问题,使用 time.Timer 可能是最优解决方案。

> **注意** 为了简单起见,在这个例子中,先前的 goroutine 并没有停止。正如我们在错误#62 中提到的:"在不知何时停止的情况下启动一个 goroutine",这不是一个最佳实践。在生产级别的代码中,我们应该找到一个退出条件,比如一个可以被取消的上下文。在这种情况下,我们还应该记得使用 defer time.Stop() 来停止 time.Timer,例如,在计时器被创建之后。

在循环中使用 time.After 并不是唯一导致内存泄漏的情况。这个问题与重复调用的代码有关。循环也是一种情况,但在 HTTP 处理程序中使用 time.After 也会导致一样的问题,因为这个处理程序会被多次调用。

一般来说,在使用 time.After 时应该谨慎一些。请记住,被创建的资源只有在定时器过期时才会被释放。当重复调用 time.After 时(例如,在循环、Kafka 消费者函数或 HTTP 处理程序中),它可能会导致内存泄漏。在这种情况下,我们应倾向于使用 time.NewTimer。

接下来的部分将讨论在 JSON 处理过程中最常见的错误。

10.3 #77:常见的 JSON 处理错误

Go 通过 encoding/json 包对 JSON 有非常好的支持。本节包括三个与编码 (marshaling) 和解码 (unmarshaling) 相关的常见错误。

10.3.1 由嵌入式字段导致的非预期行为

在错误#10 中,我们学习了和嵌入式字段有关的问题。在 JSON 处理场景下,让我们来讨论嵌入式字段的另一个潜在影响,它可能会产生意外的编码/解码结果。

在下面的例子中,我们创建一个 Event 结构体,其包含一个 ID 和一个嵌入式的时间戳:

```
type Event struct {
    ID int
    time.Time // 嵌入式字段
}
```

由于 time.Time 是嵌入式的,和我们之前描述的一样,因此我们可以直接通过 Event 来访问 time.Time 的方法，比如 event.Second()。

嵌入式字段对 JSON 编码有哪些潜在影响呢？让我们通过下面这个例子寻找答案。我们将实例化一个 Event 并将其编码成 JSON 格式，这段代码的输出应该是什么呢？

```
event := Event{
    ID: 1234,
    Time: time.Now(),  // 在结构体实例化过程中，匿名字段的名称是结构体的名称（Time）
}

b, err := json.Marshal(event)
if err != nil {
    return err
}

fmt.Println(string(b))
```

我们可能期望这段代码能打印出类似下面的内容：

```
{"ID":1234,"Time":"2021-05-18T21:15:08.381652+02:00"}
```

实际上，打印结果是：

```
"2021-05-18T21:15:08.381652+02:00"
```

如何解释这个输出呢？在 ID 字段和 1234 这个值上发生了什么？由于 ID 字段是导出类型的，它应该被编码。为了理解这个问题，我们必须强调以下这两点。

首先，正如在错误#10 中讨论的，如果一个嵌入式字段实现了一个接口，那么包含这个字段的结构体也将实现这个接口。

其次，我们可以通过让一个类型实现 json.Marshaler 接口来改变默认的编码行为。这个接口只包含一个 MarshalJSON 函数：

```
type Marshaler interface {
    MarshalJSON() ([]byte, error)
}
```

这里有一个带自定义编码的例子：

```
type foo struct{}  //定义结构体

func (foo) MarshalJSON() ([]byte, error) { //实现MarshalJSON方法
    return []byte(`"foo"`), nil  //返回静态响应
}
```

```
func main() {
    b, err := json.Marshal(foo{})    //json.Marshal 基于自定义的 MarshalJSON 实现
    if err != nil {
        panic(err)
    }
    fmt.Println(string(b))
}
```

我们通过实现 MarshalJSON 接口改变了默认的 JSON 编码行为，这段代码会打印"foo"。

明确了这两点，让我们回到最初的问题上，即 Event 结构体：

```
type Event struct {
    ID int
    time.Time
}
```

我们必须知道 time.Time 实现了 json.Marshaler 接口。由于 time.Time 是 Event 的一个嵌入式字段，因此编译器使用它的方法，因此，Event 也实现了 json.Marshaler。

因此，将 Event 实例传入 json.Marshal 时，会使用 time.Time 提供的编码方法，而不是默认的方法。这就是为何对 Event 编码却忽略了 ID 字段的原因。

> **注意** 如果我们使用 json.Unmarshal 对 Event 进行解码，我们也将遇到一样的问题。

要解决这个问题，主要有两种可能的方案。首先，我们可以给 time.Time 加个名字，使其不再内嵌：

```
type Event struct {
    ID int
    Time time.Time // time.Time 不再是嵌入式类型
}
```

这样一来，如果对这个版本的 Event 进行编码，它会打印这样的内容：

```
{"ID":1234,"Time":"2021-05-18T21:15:08.381652+02:00"}
```

如果我们想或者必须保留嵌入式的 time.Time 字段，另一种选择是让 Event 实现 json.Marshaler 接口：

```
func (e Event) MarshalJSON() ([]byte, error) {
    return json.Marshal(
```

```
        struct {      //创建一个匿名结构体
            ID int
            Time time.Time
        }{
            ID: e.ID,
            Time: e.Time,
        },
    )
}
```

在这种解决方案中，我们实现了一个自定义的 `MarshalJSON` 方法，同时定义了一个反映 Event 结构体的匿名结构体。但这种解决方案比较麻烦，需要我们确保 MarshalJSON 方法始终与 Event 结构体保持同步。

我们应该谨慎对待嵌入式字段。虽然通过嵌入式字段使用其字段和方法很方便，但也有可能导致微妙的错误，因为它可能使父结构体在没有明确信号的情况下实现接口。同样，在使用嵌入式字段时，我们应该清楚地了解其副作用。

在下一节，我们来看使用 `time.Time` 时另一个常见的 JSON 错误。

10.3.2 JSON 和单调时钟

当编码、解码包含 `time.Time` 类型的结构体时，我们有时会遇到预期外的比较错误。检查 `time.Time` 有助于完善我们的假设并对防止可能出现的错误非常有帮助。

操作系统会处理两种类型的时钟：壁式（wall）和单调式（monotonic）。本节先看一下这些时钟类型，然后分析在使用 JSON 和 `time.Time` 时可能产生的影响。

壁式时钟是用来确认当前时间的。这个时钟会有变化。例如，如果时钟使用网络时间协议（NTR）进行同步，它可以在时间上向前跳跃或向后跳跃。我们不应该使用壁式时钟测量持续时间，否则可能会遇到奇怪的行为，比如持续时间为负。这也是为何操作系统提供了第二种时钟类型：单调时钟。单调时钟保证时间总是向前移动，不受时间跳动的影响。但它可能会受频率调整的影响（例如，如果服务器检测到本地石英钟的移动速度和 NTR 服务器不同），但是不会受时间跳跃的影响。

在下面的例子中，我们考虑一个包含单一 `time.Time` 字段（非嵌入式）的 Event 结构体：

```
type Event struct {
    Time time.Time
}
```

我们实例化 Event，将其编码为 JSON 格式，并解码到另一个结构体中。然后我们比较这两个结构体，看看编码/解码的过程是否始终是对称的：

```
t := time.Now()        //获取当前本地时间
event1 := Event{        //实例化 Event 结构体
    Time: t,
}

b, err := json.Marshal(event1)  //编码为 JSON 格式
if err != nil {
    return err
}

var event2 Event
err = json.Unmarshal(b, &event2)  //解码 JSON
if err != nil {
    return err
}

fmt.Println(event1 == event2)
```

这段代码的输出应该是什么？它会打印 false，而不是 true。该如何解释这一点呢？

首先，让我们打印 event1 和 event2 的内容：

```
fmt.Println(event1.Time)
fmt.Println(event2.Time)

2021-01-10 17:13:08.852061 +0100 CET m=+0.000338660
2021-01-10 17:13:08.852061 +0100 CET
```

在该段代码中，event1 和 event2 打印了不同的内容。它们除了 m=+0.000338660 部分，其他地方都是一样的。这是什么意思呢？

在 Go 中，time.Time 同时包含壁式时钟和单调时钟，而不是将两个时钟拆分为不同的 API。当使用 time.Now() 获取本地时间时，它返回一个包含两个时间的 time.Time：

```
2021-01-10 17:13:08.852061 +0100 CET m=+0.000338660
----------------------------------- --------------
            Wall time                Monotonic time
```

而当我们解码 JSON 时，time.Time 字段不包含单调时钟，只包含壁式时钟。因此，当比较结构体时，结果是 false，因为存在单调时钟差异；这也是为什么在打印两个结构体时看到了差异。如何解决这个问题呢？主要有两种选择。

当使用==运算符比较两个 time.Time 字段时，它比较了结构体的所有字段，包括单调时钟部分。为了避免出现这种情况，可以使用 Equal 方法代替：

```
fmt.Println(event1.Time.Equal(event2.Time))
true
```

Equal 方法不考虑单调时钟；因此，这段代码打印 true。但在这种情况下，我们只比较了 time.Time 字段，而不是父 Event 结构体。

第二种方法是保留==来比较这两个结构体，但是使用 Truncate 方法剥离单调时钟。该方法返回将 time.Time 值向下取舍为特定持续时间的倍数的结果。我们可以像下面这样通过提供一个零持续时间来使用它：

```
t := time.Now()
event1 := Event{
    Time: t.Truncate(0), //剥离单调时钟
}

b, err := json.Marshal(event1)
if err != nil {
    return err
}

var event2 Event
err = json.Unmarshal(b, &event2)
if err != nil {
    return err
}

fmt.Println(event1 == event2)  // 使用==运算符进行比较
```

在这个版本中，两个 time.Time 字段是相等的。因此，这段代码会打印 true。

time.Time 和时区

我们还注意到，每个 time.Time 都与一个代表时区的 time.Location 相关联。比如：

```
t := time.Now() // 2021-01-10 17:13:08.852061 +0100 CET
```

这里由于我们使用了 time.Now() 时区，其被设置为 CET，它返回我们当前的当地时间。

JSON 编码的结果取决于被设置的时区。

为了防止发生这种情况，我们可以坚持使用一个特定的时区：

```
// 获取 America/New_York 的当前时区
location, err := time.LoadLocation("America/New_York")
if err != nil {
    return err
}
t := time.Now().In(location) // 2021-05-18 22:47:04.155755 -0500 EST
```

另外，我们还可以获得以 UTC 为时区的当前时间：

```
t := time.Now().UTC() // 2021-05-18 22:47:04.155755 +0000 UTC
```

总之，当我们面对包含 time.Time 的结构体时，编码/解码处理并不总是对称的，应该牢记这一原则，这样就不会写错误的测试代码了。

10.3.3 map 中的 any 类型

当解码数据时，我们可以提供一个 map 来代替结构体。其中的原理是，当键和值不确定时，传递 map 相较于一个静态的结构体能带给我们一些灵活性。然而，有一条原则需要牢记，以避免出现错误的假设和可能存在的 goroutine panic。

我们写一个实例，把一条消息解码到 map 中：

```
b := getMessage()
var m map[string]any
err := json.Unmarshal(b, &m) //提供一个 map 指针
if err != nil {
    return err
}
```

为前面的代码提供以下 JSON：

```
{
    "id": 32,
    "name": "foo"
}
```

由于我们使用了一个通用的 map[string]any，它自动解析所有不同的字段：

```
map[id:32 name:foo]
```

然而，当我们在 map 中使用 any 类型时，有一个重要的问题需要记住：任何数值，不管它是否包含小数，都会被转化为 float64 类型。我们可以通过打印 m["id"] 的类型来观察这一点：

```
fmt.Printf("%T\n", m["id"])
float64
```

应该确保不会做出错误的假设：期望没有带小数的数字值在默认的情况下被转化成整数类型。对类型转换做出不正确的假设可能会导致 goroutine panic。

下面的内容将讨论在编写与 SQL 数据库交互的应用程序时常见的错误。

10.4 #78：常见的 SQL 错误

database/sql 包提供了一个围绕 SQL（或类 SQL）数据库的通用接口。在使用这个包时，经常会看到一些使用方法上的错误。让我们深入了解以下五个常见的错误。

10.4.1 忘记 sql.Open 不一定与数据库建立连接

当使用 sql.Open 时，一个常见的误解是期望这个函数能够建立与数据库的连接：

```
db, err := sql.Open("mysql", dsn)
if err != nil {
    return err
}
```

但情况并不一定如此。根据文档（参见链接 35）中所说：

> Open 可能只是验证它的参数，而不创建与数据库的连接。

实际上，这种行为取决于所使用的 SQL 驱动。对于一些驱动，sql.Open 并不建立连接：它只是为以后的使用做准备（例如，用 db.Query）。因此，与数据库的第一个连接可能会延迟建立。

为什么需要了解这种行为呢？例如，在某些情况下，我们希望只在我们知道的所有的依赖关系都已正确设置并可到达之后，服务才是准备好的。如果不知道这一点，服务有可能在错误的配置下接收流量。

如果我们想确保使用 sql.Open 的函数保证底层数据库是可以到达的，那应该使用 Ping 方法：

```
db, err := sql.Open("mysql", dsn)
if err != nil {
    return err
}
if err := db.Ping(); err != nil { //在 sql.Open 后面调用 Ping 方法
    return err
}
```

Ping 迫使代码建立一个连接来确保数据源是有效的、数据库是可达的。请注意，Ping 的一个替代方案是 PingContext，它要求提供一个额外的上下文，传递什么时候应该取消 Ping 或超时。

尽管可能是反直觉的，但我们应记住 sql.Open 不一定能建立一个连接，第一个连接可能是延迟建立的。如果想测试我们的配置并确定数据库是可以到达的，那应该在 sql.Open 之后调用 Ping 或 PingContext 方法。

10.4.2 忘记连接池导致的问题

正如默认的 HTTP 客户端和服务端提供的默认行为在生产环境中并不一定生效（参考错误#81），了解在 Go 中如何处理数据库连接是很有必要的。sql.Open 返回一个*sql.DB 结构体。这个结构体并不代表一个单一的数据库连接，它代表一个连接池。这一点值得注意，这样我们就不会打算手动实现它了。池中的连接可以有两种状态：

- 已经被使用（例如，被另一个触发查询的 goroutine 使用）。
- 闲置（已经创建但暂时不使用）。

同样要记住，创建一个连接池有四个可用的配置参数，它们可能是我们想要覆写的。这些参数中的每一个都是*sql.DB 的导出方法：

- SetMaxOpenConns——数据库的最大可连接数（默认值：unlimited）。
- SetMaxIdleConns——空闲连接的最大数量（默认值：2）。
- SetConnMaxIdleTime——一个连接在关闭之前可以空闲的最长时间（默认值：unlimited）。
- SetConnMaxLifetime——一个连接在关闭之前可以保持开放的最长时间（默认值：unlimited）。

图 10.1 显示了一个最多有五个连接的例子。它有四个正在进行中的连接：三个空闲，一个正在使用。因此，有一个空位可供一个额外的连接使用。如果有一个新的连接进来，它将选择一个空闲的连接（如果该连接仍然可用的话）。如果没有更多空闲连接，而有一个额外的空位可用，那连接池将创建一个新连接；否则，它将等待，直到有一个连接可用。

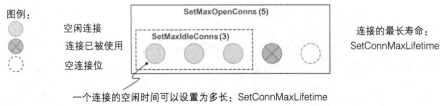

图 10.1 一个具有五个连接的连接池

那么，为什么要对这些配置参数进行调整呢？

- 对于生产级别的应用程序来说，设置 `SetMaxOpenConns` 很重要。因为默认值是 `unlimited`，所以我们应该设置此参数来确保底层数据库能够处理。
- 如果我们的应用程序有大量的并发请求，那么应该将 `SetMaxIdleConns`（默认值：2）的值调大，否则应用程序可能会频繁进行重新连接。
- 如果我们的应用可能面临突发请求，那设置 `SetConnMaxIdleTime` 很重要。当应用程序返回到一个正常请求状态时，应确保创建的连接最终被释放。
- 设置 `SetConnMaxLifetime` 是有帮助的。例如，如果我们连接到一个负载平衡的数据库服务器上，应确保我们的应用程序不会使用一个连接太长时间。

对于生产级别的应用程序，我们必须考虑这四个参数。如果一个应用程序有多种不同的使用情况，也可以使用多个连接池。

10.4.3 未使用预准备的语句

预准备的语句是很多 SQL 数据库都实现了的功能，用于执行一个重复的 SQL 语句。在内部，SQL 语句被预编译并与提供的数据隔离。这样做有两个好处：

- *效率*——语句不需要被重新编译（编译意味着解析+优化+转译）。
- *安全性*——这种方法降低了 SQL 注入攻击的风险。

因此，如果一条语句是重复的，我们应该使用预准备的语句。在不被信任的场景下也应该使用预准备的语句（比如在网站上暴露输入端，在那里的请求被映射到一个 SQL 语句上）。

为了使用预准备的语句，我们不应调用*sql.DB 的 Query 方法，而是应调用 Prepare 方法：

```
stmt, err := db.Prepare("SELECT * FROM ORDER WHERE ID = ?") //预准备的语句
if err != nil {
    return err
```

```
}
rows, err := stmt.Query(id) // 执行预准备的查询
```

我们预先准备语句，在提供参数时执行它。Prepare 方法的第一个输出是一个 *sql.Stmt，它可以被重复使用和并发运行。当不再需要该语句时，必须使用 Close() 方法将其关闭。

> 注意　Prepare 和 Query 方法有提供上下文的替代方法：PrepareContext 和 QueryContext。

为了效率和安全性，我们需要记住在何时应使用预准备的语句。

10.4.4　对空值处理不当

下一个错误是查询时错误处理空值。让我们写一个例子，其需要检索一个雇员所属的部门和年龄：

```
// 执行查询
rows, err := db.Query("SELECT DEP, AGE FROM EMP WHERE ID = ?", id)
if err != nil {
    return err
}
// 延迟释放行

var (
    department string
    age int
)
for rows.Next() {
    err := rows.Scan(&department, &age) // 扫描每行
    if err != nil {
        return err
    }
    // ...
}
```

我们使用 Query 来执行一个查询。然后，遍历这些行，并使用 Scan 将列复制到 department 和 age 的指针所指向的值中。如果运行这个例子，在调用 Scan 时可能会得到以下错误：

```
2021/10/29 17:58:05 sql: Scan error on column index 0, name "DEPARTMENT":
converting NULL to string is unsupported
```

在这里，SQL 驱动引发了一个错误，因为 department 的值等于 NULL。如果一个列可以是

空值，那么这里有两种方法可以防止 Scan 返回错误。

第一种方法是将 department 声明为一个字符串指针：

```
var (
    department *string  //将类型从字符串改为字符串指针
    age int
)
for rows.Next() {
    err := rows.Scan(&department, &age)
    // ...
}
```

我们为 scan 提供了一个指针地址，而不是直接提供一个字符串类型的地址。这样做，如果值是 NULL，department 将是 nil。

另一种方法是使用 sql.Null×××类型中的一种，例如 sql.NullString：

```
var (
    department sql.NullString //将类型改成 sql.NullString
    age int
)
for rows.Next() {
    err := rows.Scan(&department, &age)
    // ...
}
```

sql.NullString 在 string 类型上进行包装。它包含两个导出字段：String 包含了字符串的值，而 Valid 表示字符串是否为 NULL。库中有以下这些包装类型：

- sql.NullString
- sql.NullBool
- sql.NullInt32
- sql.NullInt64
- sql.NullFloat64
- sql.NullTime

两种方法都可以正常工作，其中 sql.Null×××表达的意图更清楚，正如 Go 的核心维护者 Russ Cox 提到的那样（参见链接 36）：

> 没有什么有效的区别。我们认为人们可能想使用 NullString，因为它很常见，也许比*string 更清楚地表达了意图。但两者都可以。

因此，对于一个可能是空值的列，最好的做法是把它作为一个指针来处理，或者使用 sql.Null××× 类型。

10.4.5　没有处理行迭代错误

另一个常见的错误是在行上迭代时没有处理可能出现的错误。让我们看一个错误处理被误用的函数：

```go
func get(ctx context.Context, db *sql.DB, id string) (string, int, error) {
    rows, err := db.QueryContext(ctx,
    "SELECT DEP, AGE FROM EMP WHERE ID = ?", id)
    if err != nil {                      //处理执行查询时的错误
        return "", 0, err
    }
    defer func() {
        err := rows.Close()             //处理关闭行时的错误
        if err != nil {
            log.Printf("failed to close rows: %v\n", err)
        }
    }()

    var (
        department string
        age int
    )
    for rows.Next() {
        err := rows.Scan(&department, &age) //处理扫描行时的错误
        if err != nil {
            return "", 0, err
        }
    }

    return department, age, nil
}
```

在这个函数中，我们处理了三个错误：在执行查询时、关闭行时和扫描行时。但这还远远不够。我们必须知道，for rows.Next() {}循环会在没有更多行或者准备下一行却发生错误时导致中断。在进行行迭代之后，应该调用 rows.Err 来区分这两种情况：

```go
func get(ctx context.Context, db *sql.DB, id string) (string, int, error) {
    // ...
    for rows.Next() {
        // ...
    }
    //检查 rows.Err 来确定之前的循环是否因为错误而停止
    if err := rows.Err(); err != nil {
```

```
        return "", 0, err
    }

    return department, age, nil
}
```

这是需要记住的最佳实践。由于 `rows.Next` 可以在迭代完所有行或者在准备下一行却发生错误时停止,因此应该在迭代后检查 `rows.Err`。

下面我们将讨论一个经常发生的错误:忘记关闭瞬时资源。

10.5　#79: 没有关闭瞬时资源

开发人员在代码中经常要和那些需要在某些时刻进行关闭的瞬时(临时)资源打交道。例如,为了避免出现磁盘或内存泄漏,结构体一般可以实现 `io.Closer` 接口来表达一个瞬时资源必须被关闭。让我们看三个常见的例子,看看当资源没有被正确关闭时会发生什么,以及该如何正确处理它们。

10.5.1　HTTP Body

首先,让我们在 HTTP 的上下文中讨论这个问题。我们将编写一个 getBody 方法,发出 HTTP GET 请求并返回 HTTP 正文响应。下面是第一个实现:

```go
type handler struct {
    client http.Client
    url string
}

func (h handler) getBody() (string, error) {
    resp, err := h.client.Get(h.url)   //创造一个 HTTP GET 请求
    if err != nil {
        return "", err
    }

    body, err := io.ReadAll(resp.Body)  //读取 resp.Body 来获取[]byte 类型的响应体

    if err != nil {
        return "", err
    }

    return string(body), nil
}
```

我们使用 http.Get 并通过 io.ReadAll 解析响应。这个方法看起来不错，而且它正确地返回了 HTTP 响应体。然而，这里出现了资源泄漏。让我们来了解一下哪里出了问题。

resp 是 *http.Response 类型的。它包含一个 Body io.ReadCloser 字段（io.ReadCloser 同时实现了 io.Reader 和 io.Closer）。如果 http.Get 没有返回错误，Body 变量必须被关闭，否则，就会出现资源泄漏。在这种情况下，我们的应用程序将保留一些被分配的内存，即使这些内存不再需要，也不会被 GC 回收。在最坏的情况下，可能会阻止客户端重复使用 TCP 连接。

处理响应体关闭最方便的方式是使用 defer 语句：

```go
defer func() {
    err := resp.Body.Close()
    if err != nil {
        log.Printf("failed to close response: %v\n", err)
    }
}()
```

在这个实现中，我们将响应体资源的闭合处理为一个 defer 函数，一旦 getBody 返回它就会被执行。

> **注意**   在服务端，当实现一个 HTTP 处理程序时，我们不需要关闭请求体，因为服务端会自动将其关闭。

我们还应知道，不论你是否需要处理响应体，都需要关闭它。例如，即使我们只对 HTTP 状态码有需求，不需要响应体，也需要关闭响应体来避免资源泄漏：

```go
func (h handler) getStatusCode(body io.Reader) (int, error) {
    resp, err := h.client.Post(h.url, "application/json", body)
    if err != nil {
        return 0, err
    }

    defer func() {          //即使不读取响应体，也应关闭它
        err := resp.Body.Close()
        if err != nil {
            log.Printf("failed to close response: %v\n", err)
        }
    }()

    return resp.StatusCode, nil
}
```

在这个函数里，即使我们不读取响应体，也应关闭它。

另一件有必要牢记的事情是，是否读取响应体会对关闭响应体所造成的行为有所不同：

- 如果没读取就关闭响应体，默认的 HTTP 传输可能会关闭连接。
- 如果读取之后关闭响应体，默认的 HTTP 传输不会关闭连接，因此，连接可以被重用。

因此，如果需要反复调用 getStatusCode 且保持连接，即使我们对响应体不感兴趣，也应该读取它：

```go
func (h handler) getStatusCode(body io.Reader) (int, error) {
    resp, err := h.client.Post(h.url, "application/json", body)
    if err != nil {
        return 0, err
    }

    // 关闭响应体

    _, _ = io.Copy(io.Discard, resp.Body) //读取响应体

    return resp.StatusCode, nil
}
```

在本例中，我们读取响应体并保持连接。注意，这里我们没有使用 io.ReadAll，而是使用了 io.Copy 来将 resp.Body 复制到 io.Discard 中，io.Discard 实现了 io.Writer 接口。这段代码读取响应体，且丢弃它，不需要任何复制行为，这使得比使用 io.ReadAll 更高效。

何时会关闭响应体

通常情况下，如果响应不为空，错误为 nil，就会关闭响应体：

```go
resp, err := http.Get(url)
if resp != nil {              //如果响应不为空
    defer resp.Body.Close()   //在 defer 函数中关闭响应体
}

if err != nil {
    return "", err
}
```

这个实现不是必要的。它基于这样的事实：在某些条件（比如重定向失败）下，resp

和 err 都为 nil。但是基于 Go 官方文档（参见链接 37）：

若有错误，任何响应都可以被忽略。一个非 nil 的响应和非 nil 的错误仅在 CheckRedirect 失败时发生，在这种情况下，响应体已经被关闭了。

因此，if resp != nil {} 检查是非必要的。我们应该坚持最初的解决方案，即只有在没有错误的情况下才在 defer 函数中关闭响应体。

关闭资源避免发生泄漏不仅和管理 HTTP 响应体有关。通常情况下，所有实现 io.Closer 接口的结构体都应该在某一时刻被关闭。io.Closer 接口只包含一个 Close() 方法：

```
type Closer interface {
    Close() error
}
```

现在让我们看看 sql.Rows 的影响。

10.5.2　sql.Rows

sql.Rows 是一个用于存储 SQL 查询结果的结构体。由于这个结构体实现了 io.Closer 接口，所以它应该被关闭。下面的例子省略了关闭行的操作：

```
db, err := sql.Open("postgres", dataSourceName)
if err != nil {
    return err
}

rows, err := db.Query("SELECT * FROM CUSTOMERS") //执行 SQL 查询
if err != nil {
    return err
}

// 使用行

return nil
```

忘记关闭行意味着连接泄漏，这会阻止数据库连接被放回连接池。

我们可以将关闭动作作为 if err != nil 块后面的一个 defer 函数来处理：

```
// 打开链接
```

```
rows, err := db.Query("SELECT * FROM CUSTOMERS") //执行 SQL 查询
if err != nil {
    return err
}

defer func() {                       //关闭行
    if err := rows.Close(); err != nil {
        log.Printf("failed to close rows: %v\n", err)
    }
}()

// 使用行
```

在调用 Query 之后，如果没有返回错误，应该最终关闭行以防止连接泄漏。

> **注意**　如上一节所述，db 变量（*sql.DB 类型）表示连接池。它也实现了 io.Closer 接口。但如文档里说的那样，我们很少关闭 sql.DB，因为它的存活期很长，并且在许多 goroutine 之间共享。

接下来，我们将讨论在处理文件时关闭资源。

10.5.3　os.File

os.File 表示一个打开的文件描述符，如同 sql.Rows，它最后也需要被关闭：

```
//打开文件
f, err := os.OpenFile(filename, os.O_APPEND|os.O_WRONLY, os.ModeAppend)
if err != nil {
    return err
}

defer func() {
    if err := f.Close(); err != nil {  //关闭文件描述符
        log.Printf("failed to close file: %v\n", err)
    }
}()
```

在本例中，我们使用 defer 来延迟调用 Close 方法。如果我们最终不关闭 os.File，它本身不会导致文件泄漏：当 os.File 被垃圾收集时，该文件将自动关闭。然而，最好是显式调用 Close 方法，因为我们不知道下一次 GC 何时被触发（除非手动运行它）。

显式调用 Close 还有一个好处：可以主动监视返回的错误。例如，对于可写文件就应

该是这样的。

写入文件描述符不是同步操作。出于性能考虑，我们对数据进行了缓存。在 BSD 手册中关于 close(2) 曾提到，若一个 I/O 发生错误，关闭操作可能会导致之前未提交的写入（仍然驻留在缓存中）发生错误。因此，如果我们想写入一个文件，应透传关闭文件时发生的任何错误：

```go
func writeToFile(filename string, content []byte) (err error) {
    // 打开文件

    defer func() {           //如果写操作成功，返回关闭错误
        closeErr := f.Close()
        if err == nil {
            err = closeErr
        }
    }()

    _, err = f.Write(content)
    return
}
```

在本例中，我们使用命名参数并将错误设置为 f.Close 的响应（如果写操作成功）。这样，如果这个函数出现了问题，客户端就能知道并进行相应的处理。

此外，成功关闭可写的 os.File 不能保证文件被写入磁盘。写操作仍存在于文件系统的缓存中而没有被刷新到磁盘。如果需要将文件持久化到磁盘，可以使用 Sync() 方法来提交修改。在这种情况下，来自 Close 的错误可以被安全地忽略：

```go
func writeToFile(filename string, content []byte) error {
    // 打开文件

    defer func() {
        _ = f.Close() //忽略潜在错误
    }()

    _, err = f.Write(content)
    if err != nil {
        return err
    }

    return f.Sync()  //将提交写入到磁盘
}
```

这个例子所示的是一个同步写入函数，它能确保内容在返回之前被写入磁盘，但它会影响性能。

　　在本节中，我们学到了关闭瞬时资源避免泄漏的重要性。必须在正确时间和特定场景关闭瞬时资源。我们事先并不知道哪些资源是必须被关闭的，只能通过阅读 API 文档和通过经验来获取这些信息。但是应该记住，如果一个结构体实现了 io.Closer 接口，那最后必须调用 Close 方法。最后还需要了解，如果关闭失败需要做什么：是否有足够的日志信息？是否应透传错误？应该采取的操作取决于底层实现，如本节中的三个例子所示。

　　接下来，我们将看一个 HTTP 处理中常见的错误：忘记加 return 语句。

10.6　#80：在响应 HTTP 请求后忘记加 return 语句

　　在编写 HTTP 处理程序时，很容易在响应 HTTP 请求后忘记加 return 语句。这可能会导致一种奇怪的情况，即应该在发生错误后停止处理程序，但我们没有这样做。

　　可以在下面的例子中观察到这种情况：

```
func handler(w http.ResponseWriter, req *http.Request) {
    err := foo(req)
    if err != nil {
        http.Error(w, "foo", http.StatusInternalServerError) //处理错误
    }

    // ...
}
```

如果 foo 返回错误，我们用 http.Error 来处理它，http.Error 用 foo 的错误消息和错误码为 500 的服务器内部错误来响应请求。这段代码的问题在于，如果进入 if err != nil 分支，应用程序将继续执行，因为 http.Error 不会停止执行处理程序。

　　这种错误的真正影响是什么呢？首先，让我们在 HTTP 方面讨论它。假设我们已经通过添加一个步骤来编写成功的 HTTP 响应体和状态代码完成了前面的 HTTP 处理程序：

```
func handler(w http.ResponseWriter, req *http.Request) {
    err := foo(req)
    if err != nil {
        http.Error(w, "foo", http.StatusInternalServerError)
    }

    _, _ = w.Write([]byte("all good"))
```

```
   w.WriteHeader(http.StatusCreated)
}
```

在 `err != nil` 的情况下，HTTP 响应如下：

```
foo
all good
```

这段响应中既有失败的信息也有成功的信息。

我们将只返回第一个 HTTP 状态码：在前面的示例中，是 500。然而，Go 也会记录一个警告：

```
2021/10/29 16:45:33 http: superfluous response.WriteHeader call from main.handler
(main.go:20)
```

这个警告意味着，我们尝试多次写入状态码，但这样做是多余的。

在代码执行方面，主要影响是将会继续执行本应停止的函数。例如，如果 foo 在错误之外还返回一个指针，那么继续执行将会使用这个指针，可能会导致 nil 指针废弃（因此会出现 goroutine panic）。

解决这个错误的方法是在 `http.Error` 后面添加 return 语句：

```
func handler(w http.ResponseWriter, req *http.Request) {
    err := foo(req)
    if err != nil {
        http.Error(w, "foo", http.StatusInternalServerError)
        return  //增加 return 语句
    }

    // ...
}
```

多亏了 return 语句，否则如果我们在 `if err != nil` 分支中结束，函数将停止执行。

这个错误可能不是本书中最复杂的。然而，我们很容易忘记增加 return 语句，导致这个错误经常发生。我们需要记住，`http.Error` 不会停止执行程序，必须手动添加 return 语句。如果有足够的覆盖率，这样的问题可以并且应在测试中被发现。

本章的最后一节将继续讨论 HTTP。我们来讨论为什么生产级别的应用程序不应该依赖于默认的 HTTP 客户端和服务端来实现。

10.7 #81：使用默认的 HTTP 客户端和服务端

http 包提供了 HTTP 客户端和服务端的实现。但是，开发人员很容易犯一个常见的错误：在生产环境的应用程序的上下文中依赖默认实现。让我们看看这些问题以及如何解决它们。

10.7.1 HTTP 客户端

让我们看一下默认客户端的含义。仍以 GET 请求为例。我们可以像下面这样定义一个 http.Client 零值结构体：

```
client := &http.Client{}
resp, err := client.Get("https://golang.org/")
```

或者可以使用 http.Get 函数：

```
resp, err := http.Get("https://golang.org/")
```

这两种方法的效果是一样的。http.Get 函数使用了 http.DefaultClient，它的底层就是一个零值 http.Client：

```
// DefaultClient 是 Get、 Head 和 Post 请求的默认客户端
var DefaultClient = &Client{}
```

那么，如果我们使用默认的客户端会有什么问题呢？

首先，默认客户端不指定超时限制时间。这种没有超时限制的情况是我们不期望在生产级别的项目中出现的：它会导致很多问题，例如会导致需求耗尽系统资源。

在深入研究发出请求时传递可用的超时时间之前，让我们回顾一下 HTTP 请求所涉及的 5 个步骤：

1. 拨号建立 TCP 连接。
2. TLS 握手（如果启用）。
3. 发送请求。
4. 读响应头。
5. 读响应体。

图 10.2 显示了这些步骤与主客户端超时的关系。

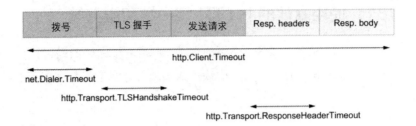

图 10.2   HTTP 请求期间的 5 个步骤和相关的超时

4 种主要的超时如下：

- `net.Dialer.Timeout`——指定等待拨号连接完成的最长时间。
- `http.Transport.TLSHandshakeTimeout`——指定等待 TLS 握手的最长时间。
- `http.Transport.ResponseHeaderTimeout`——指定等待服务器响应头部的时间。
- `http.Client.Timeout`——指定请求的时间限制。它包括从步骤 1（拨号）到步骤 5（读取响应体）的所有步骤。

HTTP 客户端超时

你可能在指定 `http.Client.Timeout` 时遇到下面这样的错误：

`net/http: request canceled (Client.Timeout exceeded while awaiting headers)`

这个错误意味着端点未能及时响应。我们得到这个报头错误是因为，等待响应时第一步就是读取它。

下面是一个覆盖这些超时的 HTTP 客户端的示例：

```
client := &http.Client{
    Timeout: 5 * time.Second,    //全局请求超时
    Transport: &http.Transport{
        DialContext: (&net.Dialer{
            Timeout: time.Second,    //拨号超时
        }).DialContext,
        TLSHandshakeTimeout: time.Second,    //TLS 握手超时
        ResponseHeaderTimeout: time.Second,    //响应头超时
    },
}
```

我们创建一个拨号、TLS 握手和读取响应头超时时间都为 1 秒的客户端。同时，每个请求都有一个 5 秒的全局超时时间。

关于默认 HTTP 客户端要记住的第二点是，如何处理连接。默认情况下，HTTP 客户端执行连接池。默认客户端重用连接（可以通过设置 `http.Transport.Disable-KeepAlives` 的值为 `true` 来禁用它）。还有一个额外的超时用来指定空闲连接在连接池中保留的时间：`http.Transport.IdleConnTimeout`。默认值是 90 秒，这意味着在这段时间内可以为其他请求重用连接。在那之后，如果连接没有被重用，它将被关闭。

要配置连接池中的连接数，必须覆写 `http.Transport.MaxIdleConns`，其默认值为 100。但是需要记住：每台主机的 `http.Transport.MaxIdleConnsPerHost` 默认限制为 2。例如，如果我们触发对同一主机的 100 个请求，那么之后连接池中只会保留 2 个连接。因此，如果再次触发 100 个请求，我们将不得不重新打开至少 98 个连接。如果必须向同一主机发送大量并行请求，这个配置会影响平均延迟。

对于生产级别的系统，我们可能希望覆写默认超时时间。调整与连接池相关的参数也会对延迟产生重大影响。

10.7.2　HTTP 服务端

在实现 HTTP 服务端时也应该小心谨慎。同样，可以使用 `http.Server` 的零值创建默认服务端：

```
server := &http.Server{}
server.Serve(listener)
```

或者可以使用函数，比如 `http.Serve`、`http.ListenAndServe` 或 `http.ListenAndServeTLS`，它们同样依赖默认的 `http.Server`。

连接被接受时，HTTP 响应分为以下 5 个步骤：

1. 等待客户端发送请求。
2. TLS 握手（如果启用）。
3. 读请求头。
4. 读请求体。
5. 写响应。

> **注意**　对于已经建立的连接，不必重复 TLS 握手。

图 10.3 显示了这些步骤和主服务端超时的关系。三种主要的超时如下：

- `http.Server.ReadHeaderTimeout`——指定读取请求头的最长时间限制的字段。
- `http.Server.ReadTimeout`——指定读取整个请求的最长时间限制的字段。
- `http.TimeoutHandler`——一个包装器函数，指定处理程序执行完的最长时间限制。

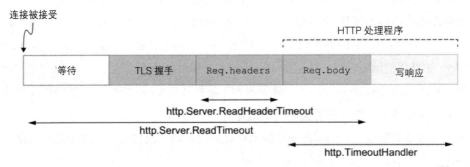

图 10.3　HTTP 响应的 5 个步骤及相关的超时

最后一个参数不是服务器端参数而是路由处理函数的包装器，用来限制执行时间。如果路由处理函数未及时响应，服务端会用特定消息返回 503 Service Unavailable，传递给路由处理函数的上下文将会被取消。

> **注意**　我们故意忽略了 `http.Server.WriteTimeout`，它不是必要的，因为 `http.TimeoutHandler` 在 Go 1.8 版本中被公开了。`http.Server.WriteTimeout` 有一些问题。首先，它的行为取决于是否启用 TLS，这使得理解和使用它会更加复杂。如果请求超时了，它会关闭 TCP 连接，而不是返回合适的 HTTP 状态码。而且它不会将取消操作传播到处理函数的上下文中，因此处理函数会在不知道 TCP 连接已经关闭的情况下继续执行。

在向未被信任的客户端公开服务时，最佳实践是至少设置 `http.Server.ReadHeaderTimeout` 字段而且使用 `http.TimeoutHandler` 包装函数。否则，客户端可能会利用这个缺陷。例如，创建一个永不终止的连接，导致系统资源耗尽。

下面是如何设置一个有这些超时的服务端的例子：

```
s := &http.Server{
    Addr: ":8080",
    ReadHeaderTimeout: 500 * time.Millisecond,
    ReadTimeout: 500 * time.Millisecond,
    //包装 HTTP 路由处理函数
    Handler: http.TimeoutHandler(handler, time.Second, "foo"), }
```

http.TimeoutHandler 包装给定的处理函数。在本例中，如果处理函数在 1 秒内未能响应，服务端将返回一个 503 状态码，并使用 foo 作为 HTTP 响应。

正如我们在 HTTP 客户端所描述的，在服务端启用 keep-alive 时，可以使用 http.Server.IdleTimeout 配置下一个请求的最大时间限制：

```
s := &http.Server{
    // ...
    IdleTimeout: time.Second,
}
```

> **注意** 如果没有设置 http.Server.IdleTimeout，http.Server. ReadTimeout 的值将用于空闲超时。如果两者都没被设置，则不会出现任何超时，连接将保持打开状态，直到被客户端关闭。

对于生产级别的应用程序，我们需要确保不使用默认的 HTTP 客户端和服务端。否则，可能会由于没有超时，甚至恶意客户端利用我们的服务端没有超时配置，让请求永远被卡住。

总结

- 对于参数是 time.Duration 类型的函数，使用时请保持谨慎。即使允许传递整数，也要尽量使用 time 包的 API 来防止任何可能的混淆。
- 在重复执行的函数中避免调用 time.After（如循环或 HTTP RPC），这样可以避免达到峰值时消耗内存，原因是 time.After 引入的资源只能在计时器到期时被释放。
- 使用 Go 结构体时留意嵌入式字段，否则可能会导致意料之外的问题，比如嵌入了 time.Time 字段，由于其实现了 json.Marshaler 接口，因此会覆盖默认的编码行为。
- 当比较两个 time.Time 结构体时，time.Timet 同时包含壁式时钟和单调时钟。使用==运算符可对这两种时钟进行比较。

- 为了避免你提供的 map 数据解码成 JSON 时出现错误的假设，请记住，默认情况下数字会被转换为 float64 类型。
- 如果需要测试配置并确保数据库可达，可调用 Ping 或 PingContext 方法。
- 为生产级别的应用程序配置数据库连接参数。
- 使用 SQL 预准备语句可以使查询更高效、更安全。
- 使用指针或者 sql.Null××× 类型来处理可以为 null 值的列。
- 在行迭代之后调用 *sql.Rows 的 Err 方法，以确保在准备下一行时没有遗漏错误。
- 在实现了 io.Closer 的结构体上执行关闭操作可避免可能的泄漏。
- 为了避免 HTTP 处理程序的一些意外行为，如果你希望处理程序在发生 http.Error 之后立刻停止，不要忘记加上 return 语句。
- 对于生产级别的应用程序，不要使用默认的 HTTP 客户端和服务端实现。这些实现缺少在生产级别的应用程序中应该强制执行的超时和行为。

$\mathcal{11}$

测试

本章涵盖：

- 区分不同种类的测试并使它们更健壮
- 让 Go 测试的运行结果更稳定
- 使用测试工具包，例如 `httptest` 和 `iotest` 包
- 避免常见的基准测试错误
- 让测试过程更高效

测试是项目生命周期中的重要一环。它有无数的好处，例如，建立对应用程序的信心、充当代码文档、使重构更容易等。与其他语言相比，Go 本身拥有强大的编写测试代码的原语。在本章中，我们将讨论一些常见的错误，这些错误使测试过程变得脆弱、低效和不准确。

11.1 #82：未区分测试种类

测试金字塔将测试分为不同的类别（见图 11.1）。单元测试在金字塔的底部。大部分测试都是单元测试，它们编写成本低、执行速度快且执行结果高度确定。通常，越往金字塔的上层走，测试变得越复杂，运行速度越慢，并且越难保证执行结果的确定性。

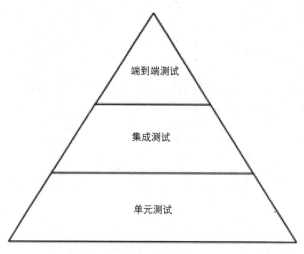

图 11.1 一个测试金字塔的例子

一个常见的技巧是明确说明要运行哪种测试。例如，在项目生命周期的不同阶段，我们可能只想运行单元测试或者运行与项目相关的所有测试。不对测试进行分类意味着可能会浪费时间和精力，并且会丧失测试的准确性。本节将讨论在 Go 语言里区分测试种类的三种主要方法。

11.1.1 build 标识

最常见的区分测试种类的方法就是使用 build 标识。build 标识是一个出现在 Go 文件首行的特殊注释，它后面需要跟一个空行。

例如，我们看 bar.go 这个文件：

```
//go:build foo

package bar
```

这个文件包含 foo 标识。需要指出的是，一个包可能包含多个具有不同 build 标识的文件。

> **注意** 对于 Go 1.17，语法 // +build foo 被 //go:build foo 取代了。而在 Go 1.18 中，执行 gofmt 命令会自动地在前者下方加一行 //go:build foo，用来帮助升级 Go 版本。

build 标识有两个主要的使用场景。第一个，我们可以使用 build 标识作为构建应用程序的条件选项：例如，如果希望仅在启用 cgo 时才包含某个源文件（cgo 是让 Go 包调用

C 代码的一种方法），我们可以添加 //go:build cgo 这个 build 标识。第二个，如果想将某个测试归类为集成测试，可以添加一个特定的标识，例如，integration。

下面是一个样例代码文件：

```
//go:build integration

package db

import (
    "testing"
)

func TestInsert(t *testing.T) {
    // ...
}
```

这里我们使用 integration 这个标识来表明该文件包含集成测试。使用 build 标识的好处是，我们可以选择执行哪种类型的测试。例如，假设一个包里有两个测试文件：

- 我们刚刚创建的文件：db_test.go。
- 另一个不包含 build 标识的文件：contract_test.go。

如果在这个包里不带任何选项地执行 go test，就会只运行不包含 build 标识的测试文件（contract_test.go）：

```
$ go test -v .
=== RUN   TestContract
--- PASS: TestContract (0.01s)
PASS
```

然而，如果加上 integration 这个标识，再执行 go test 命令，db_test.go 也会被执行：

```
$ go test --tags=integration -v .
=== RUN   TestInsert
--- PASS: TestInsert (0.01s)
=== RUN   TestContract
--- PASS: TestContract (2.89s)
PASS
```

因此，使用特定标识运行测试时会同时运行不包含 build 标识和与 build 标识匹配的测试文件。但如果只想运行集成测试，怎么办？一种可能的方法是在单元测试文件中添加否定标识。例如，使用 !integration 意味着希望仅在未指定 integration 标识时才运行测试文件（contract_test.go）：

```
//go:build !integration

package db

import (
    "testing"
)

func TestContract(t *testing.T) {
    // ...
}
```

使用这种方法：

- 包含 integration 标识执行 go test 时只运行集成测试。
- 不包含 integration 标识执行 go test 时只运行单元测试。

接下来，我们讨论一个在单个测试而非单个文件上起作用的方法。

11.1.2　环境变量

正如 Go 社区的成员 Peter Bourgon 指出的，build 标识有一个主要缺点：缺少测试已被忽略的指示（参见链接 38）。在第一个示例中，当我们执行不包含 build 标识的 go test 时，它仅显示已执行的测试：

```
$ go test -v .
=== RUN   TestUnit
--- PASS: TestUnit (0.01s)
PASS
ok      db  0.319s
```

如果我们没有注意 build 标识的工作模式，可能会忽略现有的测试。出于这个原因，一些项目倾向于使用环境变量来检查测试类别。

例如，可以通过检查一个特定的环境变量来跳过某些测试，TestInsert 集成测试的实现如下：

```
func TestInsert(t *testing.T) {
    if os.Getenv("INTEGRATION") != "true" {
        t.Skip("skipping integration test")
    }
```

```
   // ...
}
```

如果 `INTEGRATION` 环境变量没被设置成 `true`,那么 `TestInsert` 就会被跳过,但会留下跳过的提示信息:

```
$ go test -v .
=== RUN   TestInsert
   db_integration_test.go:12: skipping integration test   //打印出了测试被跳过的信息
--- SKIP: TestInsert (0.00s)
=== RUN   TestUnit
--- PASS: TestUnit (0.00s)
PASS
ok      db  0.319s
```

使用这种方法的一个好处是,可以明确哪些测试被跳过及被跳过的原因。这种方法可能不如 build 标识用得多,但是它有本节提到的优势,因此值得了解一下。

接下来,我们将看到另一种对测试进行分类的方法:短模式。

11.1.3 短模式

另一种对测试进行分类的方法与测试的运行速度有关。我们可能需要将短耗时测试与长耗时测试分开。

假设我们有一组单元测试,其中一个测试运行得特别慢。我们想将这种长耗时测试与其他测试区分开来,这样就不必每次都运行它(特别是那些在每次保存文件后都会运行的测试)。短模式允许做出这种区分:

```
func TestLongRunning(t *testing.T) {
   if testing.Short() {
     t.Skip("skipping long-running test")
   }

   // ...
}
```

我们用 `testing.Short` 来探测此次测试是否开启了短模式。如果开启了,则使用 `Skip` 跳过这个测试。开启短模式的测试,需要传入`-short`参数:

```
% go test -short -v .
=== RUN   TestLongRunning
   foo_test.go:9: skipping long-running test
```

```
--- SKIP: TestLongRunning (0.00s)
PASS
ok      foo 0.174s
```

当测试开始运行时，`TestLongRunning` 会被跳过。需要指出的是，短模式不像 build 标识，前者针对单个测试而非单个文件起效。

总之，对测试进行分类是一个成功测试策略的最佳实践。在本节中，我们介绍了三种对测试进行分类的方法：

- 在单个文件上使用 build 标识。
- 用环境变量来标识单个测试。
- 基于测试运行的速度使用短模式。

我们还可将这些方法结合起来使用，例如，使用 build 标识或环境变量来区分单元测试或集成测试；如果项目里包含长耗时测试，则可以使用短模式来区分。

下一节，我们将讨论为什么有必要将-race 开关打开。

11.2 #83: 未打开-race 开关

在前面的章节中，我们将数据竞争定义为：当两个 goroutine 同时访问同一个变量，并且至少有一个 goroutine 正在执行写入操作时，会发生数据竞争。我们应该知道，Go 官方提供了一个标准的竞态检测器工具来帮助检测数据竞争。一个常见的错误是忘记了这个工具的重要性并且没有开启它。本节将介绍竞态检测器捕获的内容、如何使用竞态检测器及它的局限性。

在 Go 里，竞态检测器并不是在编译阶段进行静态检查的，它在运行时检测数据竞争。要想打开它，在编译或运行时需要加上 -race 参数。例如：

```
$ go test -race ./...
```

启用竞态检测器后，编译器会插入额外的指令来检测数据竞争：跟踪所有的内存访问并记录数据竞争何时以及如何发生。在运行时，竞态检测器监视数据竞争。但是，我们也应该知晓开启竞态检测器后的开销：

- 内存使用量增加 5~10 倍。
- 执行时间增加 2~20 倍。

因为这种开销，所以通常建议仅在本地测试或持续集成（CI）期间启用竞态检测器。在生产环境中，我们应该关闭它（或者只在金丝雀版本的情况下使用它）。

当检测到数据竞争时，Go 会抛出一个警告。例如，下面这个例子中包含了一个数据竞争，因为 i 会被同时读/写：

```
package main

import (
    "fmt"
)

func main() {
    i := 0
    go func() { i++ }()
    fmt.Println(i)
}
```

加上 -race 参数运行上述代码，会出现以下警告：

```
==================
WARNING: DATA RACE
Write at 0x00c000026078 by goroutine 7: //表示 7 号 goroutine 正在写
  main.main.func1()
      /tmp/app/main.go:9 +0x4e

Previous read at 0x00c000026078 by main goroutine:    //表示主 goroutine 正在读
  main.main()
      /tmp/app/main.go:10 +0x88

Goroutine 7 (running) created at: //表示 7 号 goroutine 被创建
  main.main()
      /tmp/app/main.go:9 +0x7a
==================
```

为确保我们能够轻松地读懂这些信息，Go 总会记录以下内容：

- 检测到的并发 goroutine：此例中是主 goroutine 和 7 号 goroutine。
- 出现数据竞争的具体代码行号：此例中是第 9 行和第 10 行。
- 这些并发的 goroutine 什么时候被创建：此例中 7 号 goroutine 在 main()函数中被创建。

  注意 在内部，竞态检测器使用向量时钟，这是一种用于确定事件的部分时序的数据结构（也用于分布式系统，如数据库）。每创建一个 goroutine，都会创建一个向量时钟。竞态检测指令会在每次访问内存和同步事件时更新向量时钟，然后比较向量时钟来检测潜在的数据竞争。

竞态检测器不会误报。因此，如果收到警告，我们就知道代码里一定有数据竞争，但有时它会漏报。

关于测试，需要注意两点。首先，竞态检测器不可能起到超越测试的作用。因此，应该确保针对数据竞争对并发代码进行彻底测试。其次，考虑到可能的漏报，如果我们有一个测试来检查数据竞争，那么可以把这个逻辑放在一个循环中，以此增加捕获数据竞争的可能性：

```go
func TestDataRace(t *testing.T) {
    for i := 0; i < 100; i++ {
        // 实际代码
    }
}
```

此外，如果某个文件包含会导致数据竞争的测试，那么可以通过 !race build 标识来避免对其进行竞态检测：

```go
//go:build !race

package main

import (
    "testing"
)

func TestFoo(t *testing.T) {
    // ...
}

func TestBar(t *testing.T) {
    // ...
}
```

上面这个文件只有当竞态检测器关闭时才会被编译。否则，文件不会被编译，测试也就不会被执行。

总之，我们应该记住，即使不强制要求，也强烈建议使用 -race 标识来测试使用并发的程序。这种方法能够启用竞态检测器，可以检测我们的代码是否捕获了潜在的数据竞争。启用后，它会对内存和性能产生重大影响，因此必须在特定条件下使用，例如在本地测试或持续集成（CI）中。

接下来，我们将讨论与执行模式相关的两个标识：`parallel` 和 `shuffle`。

11.3 #84：未使用测试执行模式

当运行测试时，`go` 命令可以接收一系列参数来决定测试运行的方式。一个常见的错误是不知道这些参数从而失去了让测试可以快速执行或者更好地发现 bug 的机会。本节我们一起来看两个有用的参数：`parallel` 和 `shuffle`。

11.3.1 parallel 标识

并行执行模式可以让指定的测试并行执行，这在需要加速执行一些长耗时测试时非常有用。可以通过调用 `t.Parallel` 来标识某个测试可以并行执行。

```
func TestFoo(t *testing.T) {
    t.Parallel()
    // ...
}
```

当某个测试被标记成并行执行时，它会和其他被标记为并行的测试一起执行。执行时，Go 首先会挨个执行所有的串行测试，当所有串行测试执行完毕后，就会执行并行测试。

例如，下面这个示例代码中包含 3 个测试，其中有两个被标记为并行测试：

```
func TestA(t *testing.T) {
    t.Parallel()
    // ...
}

func TestB(t *testing.T) {
    t.Parallel()
    // ...
}

func TestC(t *testing.T) {
    // ...
}
```

执行这些测试会打印出如下日志：

```
=== RUN      TestA
=== PAUSE    TestA //暂停 TestA
=== RUN      TestB
```

```
=== PAUSE    TestB //暂停 TestB
=== RUN      TestC //运行 TestC
--- PASS:    TestC (0.00s)
=== CONT     TestA //重启 TestA 和 TestB
--- PASS:    TestA (0.00s)
=== CONT     TestB
--- PASS:    TestB (0.00s)
PASS
```

TestC 首先被执行。TestA 和 TestB 先被日志记下来,但是它们被暂停了,直到 TestC 执行完毕,然后才开始并行执行 TestA 和 TestB。

通常,可以同时执行的最大测试数等于 GOMAXPROCS 的值。为了让测试串行执行(将 -parallel 设置为 1)或者增加那些有大量 I/O 操作的长耗时测试的并行度,可以修改 -parallel 的值:

```
$ go test -parallel 16 .
```

并行测试的最大数量被设置为 16。

接下来,我们将一起来看另一种测试运行模式 shuffle。

11.3.2 shuffle 标识

对于 Go 1.17,可以做到让测试和基准测试的执行顺序随机化。原理是什么呢?一个最佳实践是我们在写测试时需要让它们彼此独立。例如,不能依赖特定的执行顺序或者共享变量。这些隐藏的依赖通常会导致一些错误,或者更糟的、不能在测试中被发现的 bug。为了避免这些问题,可以用-shuffle 标识将测试的运行顺序打乱。可以通过将-shuffle 设置为 on 或者 off 来打开或者关闭随机执行(默认是关闭的):

```
$ go test -shuffle=on -v .
```

然而,在一些场景下,我们希望用相同的顺序重新执行测试。例如,如果在 CI 阶段测试失败了,我们希望在本地复现这些测试。为了达到这个目的,我们向-shuffle 参数传入一个随机数而不是传入 on。通过打开-v 开关,就可以拿到这些测试在随机执行时的随机数值:

```
$ go test -shuffle=on -v .
-test.shuffle 1636399552801504000          //随机数值
=== RUN   TestBar
--- PASS: TestBar (0.00s)
=== RUN   TestFoo
```

```
--- PASS: TestFoo (0.00s)
PASS
ok      teivah  0.129s
```

我们执行随机测试，go test 命令打印出了随机数：1636399552801504000。为了让测试以相同的顺序执行，我们把这个数值传给 -shuffle：

```
$ go test -shuffle=1636399552801504000 -v .
-test.shuffle 1636399552801504000
=== RUN   TestBar
--- PASS: TestBar (0.00s)
=== RUN   TestFoo
--- PASS: TestFoo (0.00s)
PASS
ok      teivah  0.129s
```

这些测试确实是以相同的顺序重新执行了：先执行 TestBar，再执行 TestFoo。

一般来说，我们应该对现有的测试标识保持谨慎，并随时了解 Go 的最新版本的功能。并行运行测试是减少运行所有测试的整体执行时间的好方法。shuffle 模式可以帮助我们发现隐藏的依赖关系，这些依赖关系可能意味着测试错误，甚至是隐藏的 bug。

11.4 #85：未使用表格驱动型测试

表格驱动型测试是编写精简测试的有效技术，它可以减少重复代码，帮助我们专注于重要的事情：测试逻辑。本节通过一个具体示例来说明为什么在 Go 里使用表格驱动型测试值得我们了解。

让我们看这样一个例子，从一个字符串中去掉所有的换行后缀（\n 或者\r\n）：

```
func removeNewLineSuffixes(s string) string {
    if s == "" {
        return s
    }
    if strings.HasSuffix(s, "\r\n") {
        return removeNewLineSuffixes(s[:len(s)-2])
    }
    if strings.HasSuffix(s, "\n") {
        return removeNewLineSuffixes(s[:len(s)-1])
    }
    return s
}
```

此函数递归地删除字符串里的\r\n 和\n 后缀。现在，假设我们要全面地测试这个函数。我们至少应该覆盖以下几种情况：

- 输入为空字符串。
- 输入以\n 结尾。
- 输入以\r\n 结尾。
- 输入以多个\n 结尾。
- 输入结束不含换行符。

下面的测试方法是为每个用例创建一个单元测试：

```go
func TestRemoveNewLineSuffix_Empty(t *testing.T) {
    got := removeNewLineSuffixes("")
    expected := ""
    if got != expected {
        t.Errorf("got: %s", got)
    }
}

func TestRemoveNewLineSuffix_EndingWithCarriageReturnNewLine(t *testing.T) {
    got := removeNewLineSuffixes("a\r\n")
    expected := "a"
    if got != expected {
        t.Errorf("got: %s", got)
    }
}

func TestRemoveNewLineSuffix_EndingWithNewLine(t *testing.T) {
    got := removeNewLineSuffixes("a\n")
    expected := "a"
    if got != expected {
        t.Errorf("got: %s", got)
    }
}

func TestRemoveNewLineSuffix_EndingWithMultipleNewLines(t *testing.T) {
    got := removeNewLineSuffixes("a\n\n\n")
    expected := "a"
    if got != expected {
        t.Errorf("got: %s", got)
    }
}

func TestRemoveNewLineSuffix_EndingWithoutNewLine(t *testing.T) {
    got := removeNewLineSuffixes("a\n")
    expected := "a"
    if got != expected {
        t.Errorf("got: %s", got)
    }
}
```

每个函数都代表一种我们想要覆盖的特定情况。但是，这些函数有两个主要缺点。首先，函数名称太复杂（有的长度达到了 55 个字符），这让函数要测试的内容变得不清晰。第二，这些函数之间的代码重复量很大，因为代码结构是相同的：

1. 调用 removeNewLineSuffixes。
2. 定义预期要得到的值。
3. 比较函数的输出和预期要得到的值。
4. 输出错误信息。

如果我们想更改某个步骤——例如，将预期值作为错误消息的一部分——那么将不得不在所有单元测试中重复添加相同的代码。而且我们编写的测试越多，代码就越难以维护。

然而，我们可以使用表格驱动型测试，这样只需编写一次逻辑。表格驱动型测试依赖于子测试，单个测试函数可以包含多个子测试。例如，以下测试包含两个子测试：

```go
func TestFoo(t *testing.T) {
    t.Run("subtest 1", func(t *testing.T) {//运行第一个名为 subtest 1 的子测试
        if false {
            t.Error()
        }
    })
    t.Run("subtest 2", func(t *testing.T) { //运行第二个名为 subtest 2 的子测试
        if 2 != 2 {
            t.Error()
        }
    })
}
```

TestFoo 函数包含 subtest 1 和 subtest 2 这两个子测试。如果运行这个单元测试，那么它会展示这两个子测试的结果：

```
--- PASS: TestFoo (0.00s)
    --- PASS: TestFoo/subtest_1 (0.00s)
    --- PASS: TestFoo/subtest_2 (0.00s)
PASS
```

我们也可以将父测试的名字和子测试的名字相连，并使用-run 标识来运行单个子测试。例如，我们可以只运行 subtest 1：

```
$ go test -run=TestFoo/subtest_1 -v //使用-run 标识来只运行 subtest 1
=== RUN   TestFoo
=== RUN   TestFoo/subtest_1
```

```
--- PASS: TestFoo (0.00s)
    --- PASS: TestFoo/subtest_1 (0.00s)
```

我们回到示例，看看如何使用子测试来避免重复测试逻辑。主要思想是为每个测试用例创建一个子测试。接下来，我们将讨论如何用一个 map，其中键代表测试名称，值代表测试数据（包含输入值、预期值）来完成表格驱动型测试。

表格驱动型测试通过使用同时包含测试数据和子测试数据的数据结构来避免重复代码。以下是使用 map 的一种可能实现：

```go
func TestRemoveNewLineSuffix(t *testing.T) {
    tests := map[string]struct {        //定义测试数据
        input    string
        expected string
    }{
        `empty`: {                  // map 的每个键值对代表一个子测试
            input:    "",
            expected: "",
        },
        `ending with \r\n`: {
            input:    "a\r\n",
            expected: "a",
        },
        `ending with \n`: {
            input:    "a\n",
            expected: "a",
        },
        `ending with multiple \n`: {
            input:    "a\n\n\n",
            expected: "a",
        },
        `ending without newline`: {
            input:    "a",
            expected: "a",
        },
    }
    for name, tt := range tests {      //迭代 map
        tt := tt
        t.Run(name, func(t *testing.T) {//对每个键值对运行一个新的子测试
            got := removeNewLineSuffixes(tt.input)
            if got != tt.expected {
                t.Errorf("got: %s, expected: %s", got, tt.expected)
            }
        })
    }
}
```

变量 tests 是一个 map。键是测试名称，值是测试数据：输入的字符串、预期得到的字符串。每个键值对都是我们要覆盖的新测试用例。我们为每个键值对运行一个新的子测试。

这个测试克服了我们前面讨论过的两个缺点：

- 每个测试名称现在都是一个字符串，而不是一个 PascalCase 风格的函数名称，这使其更易于阅读。
- 测试逻辑只写一次，所有用例均可共享。修改测试逻辑或添加新的测试用例，改动很小。

关于表格驱动型测试，我们需要提到最后一件事，这也是错误的来源：正如我们之前提到的，可以通过调用 t.Parallel 将测试标记为并行运行，也可以在传递给 t.Run 的闭包内的子测试中执行此操作：

```
for name, tt := range tests {
    t.Run(name, func(t *testing.T) {
        t.Parallel()  //将子测试标记为并行运行
        // 使用 tt
    })
}
```

然而，这个闭包使用了一个循环变量。为了防止出现类似错误#63 中讨论的，可能导致闭包使用错误的 tt 变量值的问题，我们应该创建另一个变量或者复制 tt：

```
for name, tt := range tests {
    tt := tt                    //复制 tt，使得它变成每个循环迭代的局部变量
    }
    t.Run(name, func(t *testing.T) {
        t.Parallel()
        // 使用 tt
    })
```

使用这种方式，每个闭包都只会访问它们自己的 tt 变量。

总之，如果多个单元测试具有相似的代码逻辑，那么可以使用表格驱动型测试将它们放到同一个测试函数里。因为这种技术可以防止代码重复，因此更改测试逻辑、添加新的用例都会变得更容易。

接下来，我们讨论如何防止 Go 中的不可靠测试。

11.5 #86: 在单元测试中休眠

不可靠测试是指在不更改任何代码的情况下，既可能成功也可能失败的测试。不可靠测试是测试中最大的障碍之一，因为它们的调试成本很高，并且会破坏我们对测试准确性的信心。在 Go 测试中调用 time.Sleep，可能是一个不可靠的信号。例如，并发代码通常使用休眠进行测试。本节将介绍如何从测试中删除休眠的具体方法，以防止我们编写出不可靠测试。

我们将通过一个函数来讲述本节内容，这个函数返回一个值并同时在后台启动一个工作 goroutine。我们会调用一个函数来获得 Foo 结构体的切片，并且返回最好的元素（即切片中的第一个）。同时，另一个 goroutine 会调用 Publish 方法，并将切片里的前 n 个 Foo 传递给 Publish 方法：

```go
type Handler struct {
    n         int
    publisher publisher
}

type publisher interface {
    Publish([]Foo)
}

func (h Handler) getBestFoo(someInputs int) Foo {
    foos := getFoos(someInputs) //获取 Foo 切片
    best := foos[0] // 获取第一个元素（为了代码简洁，省略了检查 foos 长度的步骤）

    go func() {
        if len(foos) > h.n {           //获取前 n 个 Foo 结构体
            foos = foos[:h.n]
        }
        h.publisher.Publish(foos)    //调用 Publish 方法
    }()

    return best
}
```

Handler 结构体包含两个字段：n 和 publisher（用于发布前 n 个 Foo 结构体）。首先，我们得到一个 Foo 切片；在返回切片的第一个元素之前，我们启动了一个新的 goroutine，过滤 foos 切片，然后调用 Publish。

如何测试这个函数呢？编写代码来断言响应数据是很简单的事情。但是，如果还想检查传递给 Publish 方法的内容该怎么办?

我们可以 mock publisher 接口来记录调用 Publish 方法时传递过来的参数。然后可以在检查被记录的参数之前休眠几毫秒:

```
type publisherMock struct {
    mu   sync.RWMutex
    got  []Foo
}

func (p *publisherMock) Publish(got []Foo) {
    p.mu.Lock()
    defer p.mu.Unlock()
    p.got = got
}

func (p *publisherMock) Get() []Foo {
    p.mu.RLock()
    defer p.mu.RUnlock()
    return p.got
}

func TestGetBestFoo(t *testing.T) {
    mock := publisherMock{}
    h := Handler{
        publisher: &mock,
        n:          2,
    }
    foo := h.getBestFoo(42)
    //检查 foo

    time.Sleep(10 * time.Millisecond)//检查传递给 Publish 方法的参数之前休眠 10ms
    published := mock.Get()
    //检查 published
}
```

我们 mock 了一个 publisher,它用互斥锁来保护对 published 字段的访问。在单元测试中,我们调用 time.Sleep 来在检查传递给 Publish 的参数之前留出一些时间。

这个测试本质上是不可靠的。不能严格证明 10 ms 就足够了(在本例中可能可以,但不能保证在其他情况下也可以)。

那么,有哪些方法可以改进这个单元测试呢?首先,我们可以通过定时重试来断言结果是否正确。例如,可以编写一个函数,该函数接收以下几个参数:断言函数、最大重试次数、重试等待时间（避免忙循环）：

```
func assert(t *testing.T, assertion func() bool,
    maxRetry int, waitTime time.Duration) {
    for i := 0; i < maxRetry; i++ {
        if assertion() {        //检查断言
            return
        }
        time.Sleep(waitTime)    //重试之前休眠
    }
    t.Fail()                    //在多次重试后最终失败
}
```

这个函数检查传递进来的断言是否成功，若重试了 maxRetry 次后仍不成功，则整个测试失败。这里也使用 time.Sleep，但是我们可以让休眠的时间更短。

例如，让我们回到 TestGetBestFoo：

```
assert(t, func() bool {
    return len(mock.Get()) == 2
}, 30, time.Millisecond)
```

每次重试前休眠 1 ms，并且设置了最大重试次数，而不像之前那样直接休眠 10ms。如果最后测试成功，这种方法可以缩短总执行时间，因为我们缩短了等待的时间间隔。因此，这种基于重试的方法优于直接休眠的方法。

> 注意　一些测试库，如 testify，提供了重试功能。例如，在 testify 里，我们可以使用 Eventually 方法，它支持自动重试断言直到成功，并且可以设置重试一定次数后最终失败时的报错信息。

另一种策略是使用 channel 来同步发布 Foo 结构体的 goroutine 和测试 goroutine。例如，在 mock 实现的 Publish 方法里，将此值发送到 channel，而不是将接收到的切片复制到 got 字段中：

```
type publisherMock struct {
    ch chan []Foo
}

func (p *publisherMock) Publish(got []Foo) {
    p.ch <- got      //发送接收到的参数
}
```

```
func TestGetBestFoo(t *testing.T) {
    mock := publisherMock{
        ch: make(chan []Foo),
    }
    defer close(mock.ch)

    h := Handler{
        publisher: &mock,
        n:         2,
    }

    foo := h.getBestFoo(42)
    // 检查 foo

    if v := len(<-mock.ch); v != 2 {        //比较接收到的参数
        t.Fatalf("expected 2, got %d", v)
    }
}
```

在 Publish 方法里，将接收到的参数发送到 channel。同时，在测试 goroutine 里使用 mock 的 publisher，并用接收到的值创建断言。我们还可以实现超时策略，以确保如果出现问题，不会永远阻塞在等待 mock.ch 上。例如，我们可以使用 select 与 time.After 来实现。

我们应该支持哪个选择：重试还是同步？实际上，同步可以将等待时间缩短到最低限度，如果设计得当，可以使测试完全确定。

如果不能使用同步方法，或许应该重新考虑我们的方案，因为方案可能有问题。如果确实不可能使用同步方法，也应该使用重试策略，这比使用被动睡眠来消除测试中的不确定性更好。

下面让我们继续讨论如何防止测试中的不可靠性，这次使用 time API。

11.6 #87: 没有有效处理 time API

有些函数必须依赖 time API：例如，获取当前时间。在这种情况下，非常容易写出不可靠的测试并且在某些时候测试会失败。在本节中，我们将通过一个具体示例来讨论。目标不是涵盖所有的测试用例和相关技术，而是提供如何使用 time API 来编写更健壮的测试函数的指导。

假设一个应用程序接收了我们想要存储在内存中的事件。我们需要实现一个 Cache 结构体来保存最近的事件。此结构体会暴露三个方法来完成以下事情：

- 增加事件。
- 获取所有的事件。
- 去掉给定时间内的事件（我们将主要讨论这个方法）。

每个方法都需要访问当前时间。我们先用 `time.Now()` 来完成第三个方法的第一版实现（假定所有的事件都是根据时间来排序的）：

```go
type Cache struct {
    mu     sync.RWMutex
    events []Event
}

type Event struct {
    Timestamp time.Time
    Data      string
}

func (c *Cache) TrimOlderThan(since time.Duration) {
    c.mu.Lock()
    defer c.mu.Unlock()

    t := time.Now().Add(-since) // 从当前时间减去给定的时间间隔
    for i := 0; i < len(c.events); i++ {
        if c.events[i].Timestamp.After(t) {
            c.events = c.events[i:] // 去掉 i 之前的事件
            return
        }
    }
}
```

我们用当前时间减去传入的时间间隔得到时间变量 t。然后，因为事件都根据时间排好了顺序，所以一旦检查到事件的时间是在 t 之后，就能马上更新内部的 `events` 切片。

应该如何测试这个方法呢？可以根据当前时间使用 `time.Now()` 来创建事件：

```go
func TestCache_TrimOlderThan(t *testing.T) {
    events := []Event{            // 用 time.Now() 创建事件
        {Timestamp: time.Now().Add(-20 * time.Millisecond)},
        {Timestamp: time.Now().Add(-10 * time.Millisecond)},
        {Timestamp: time.Now().Add(10 * time.Millisecond)},
    }
    cache := &Cache{}
```

```
cache.Add(events) // 将事件添加到 cache 中
cache.TrimOlderThan(15 * time.Millisecond) //将 15ms 之前的事件去掉
got := cache.GetAll() //获取所有的事件
expected := 2
if len(got) != expected {
    t.Fatalf("expected %d, got %d", expected, len(got))
}
}
```

我们使用 `time.Now()` 加减一个小的时间间隔创建了一个事件切片，并将其添加到 `cache` 中。然后去掉 15ms 之前的事件，并进行断言。

　　这种方法有一个主要缺点：如果执行测试的机器突然繁忙，那我们可能会去掉比预期更多的事件。我们也许可以增加传入的时间间隔，以减少测试失败的机会，但这样做并不总是可行的。例如，如果时间戳字段是在添加事件时生成的未导出字段，该怎么办？在这种情况下，不可能传递特定的时间戳，那么我们最终可能会在单元测试中添加休眠来进行测试。

　　这个问题的根源是 `TrimOlderThan` 的实现。因为它调用了 `time.Now()`，所以很难实现健壮的单元测试。我们来讨论两种方法来让测试更可靠一些。

　　第一种方法是让获取当前时间戳变成 `Cache` 结构体的一个依赖。在生产环境中，我们可以注入真实的实现，而在测试环境中，我们传入一个桩函数。

　　有很多方法来实现这个依赖，例如，接口或者函数类型。在我们的例子里，因为我们只依赖单个方法（`time.now()`），所以可以定义一个函数类型：

```
type now func() time.Time

type Cache struct {
    mu      sync.RWMutex
    events []Event
    now    now
}
```

上面的 `now` 是一个返回 `time.Time` 的函数类型。在工厂方法里，我们可以用下面这种方法传入真实的 `time.Now`：

```
func NewCache() *Cache {
    return &Cache{
        events: make([]Event, 0),
        now:    time.Now,
    }
}
```

因为 now 依赖未导出，因此不能从外部访问它。然而，我们可以创建一个 Cache 结构体
并基于预定义的时间戳注入一个 func() time.Time 的伪实现：

```
func TestCache_TrimOlderThan(t *testing.T) {
    events := []Event{      //基于指定的时间戳创建事件
        {Timestamp: parseTime(t, "2020-01-01T12:00:00.04Z")},
        {Timestamp: parseTime(t, "2020-01-01T12:00:00.05Z")},
        {Timestamp: parseTime(t, "2020-01-01T12:00:00.06Z")},
    }
    cache := &Cache{now: func() time.Time {//注入一个静态函数来修复时间问题
        return parseTime(t, "2020-01-01T12:00:00.06Z")
    }}
    cache.Add(events)
    cache.TrimOlderThan(15 * time.Millisecond)
    // ...
}

func parseTime(t *testing.T, timestamp string) time.Time {
    // ...
}
```

在创建一个新的 Cache 结构体时，我们向 now 依赖注入了一个固定时间。通过这种方法，
测试变得可靠了。即使在最坏的条件下，我们的测试结果也是确定的。

使用全局变量

我们可以通过一个全局变量来获取时间而不是通过一个字段：

```
var now = time.Now    //定义一个全局变量
```

一般来说，应该尽量避免使用这种可变的共享变量。在我们的例子中，它至少会导致
一个问题：测试将不再是独立的，因为它们都依赖于一个共享变量。因此，测试不能并行
运行。如果可能的话，应该将这些情况作为结构体依赖的一部分来处理，从而促进测试隔
离。

该解决方案也是可扩展的。例如，如果函数调用 time.After，该怎么办？我们可以
添加另一个 after 依赖，也可以创建一个接口定义这两种方法：Now 和 After。然而，
这么做有一个主要缺点：例如，如果从外部包创建单元测试，那么 now 依赖就不能被访问
了（在错误#90 中探讨了这一点）。

在这个例子中，可以使用另一种技术。我们可以要求客户端提供当前时间，而不是将时间作为一个未导出的依赖来处理：

```
func (c *Cache) TrimOlderThan(now time.Time, since time.Duration) {
    // ...
}
```

更进一步，我们可以将这两个函数参数合并成一个 time.Time，它代表一个特定的时间点，此时间点之前的事件会被去掉：

```
func (c *Cache) TrimOlderThan(t time.Time) {
    // ...
}
```

由调用方来计算这个时间点：

```
cache.TrimOlderThan(time.Now().Add(time.Second))
```

在测试里，我们也要传入相应的时间点：

```
func TestCache_TrimOlderThan(t *testing.T) {
    // ...
    cache.TrimOlderThan(parseTime(t, "2020-01-01T12:00:00.06Z").
        Add(-15 * time.Millisecond))
    // ...
}
```

这么做是最简单的，因为它不需要创建另一个类型或者桩函数。

一般来说，我们应该谨慎对待测试里使用 time API 的代码，因为它很容易导致不可靠测试。在本节中，我们讨论了两种处理它的方法。可以将与时间相关的操作作为依赖的一部分，通过使用自己的实现或依赖外部库在单元测试中 mock 它们；或者可以重新设计我们的 API 并要求客户端提供我们需要的信息，例如，当前时间（这种技术更简单但也有更多限制）。

现在让我们继续讨论两个和 Go 测试相关的很有用的包：httptest 和 iotest。

11.7 #88：未使用测试工具包

标准库提供了一些测试工具包。一个常见的错误是不知道这些工具包，进而尝试重新造轮子或者用一些不称手的方法。本节研究其中的两个包：一个用于帮助我们使用 HTTP，另一个用于在执行 I/O 时使用 reader 和 writer。

11.7.1 httptest 包

httptest 包（参见链接 39）为服务端和客户端提供了 HTTP 测试的工具函数。让我们看其中的两个例子。

首先，让我们看看 httptest 包如何帮助我们写一个 HTTP 服务器。我们将会实现一个处理程序，它完成一些基本的操作：编写消息头和消息体，并返回特定的状态码。为了清晰起见，我们将省略错误处理：

```go
func Handler(w http.ResponseWriter, r *http.Request) {
    w.Header().Add("X-API-VERSION", "1.0")
    b, _ := io.ReadAll(r.Body)
    _, _ = w.Write(append([]byte("hello "), b...))//将 hello 和请求体相连
    w.WriteHeader(http.StatusCreated)
}
```

HTTP 处理程序接收两个参数：请求和写入响应的方法（指的是 http.ResponseWriter）。httptest 包为两者提供了工具函数。对于请求，我们可以将 HTTP 方法、URL 和请求体传给 httptest.NewRequest，以构建一个请求 *http.Request。对于响应，我们可以使用 httptest.NewRecorder 来记录处理程序中发生的变化。让我们来编写这个处理程序的单元测试：

```go
func TestHandler(t *testing.T) {
    req := httptest.NewRequest(http.MethodGet, "http://localhost", //构建请求
        strings.NewReader("foo"))
    w := httptest.NewRecorder() //创建响应记录器
    Handler(w, req) //调用处理程序

    if got := w.Result().Header.Get("X-API-VERSION"); got != "1.0" {//验证 HTTP 头
        t.Errorf("api version: expected 1.0, got %s", got)
    }
    body, _ := ioutil.ReadAll(w.Body) //验证 HTTP 请求体
    if got := string(body); got != "hello foo" {
        t.Errorf("body: expected hello foo, got %s", got)
    }

    if http.StatusOK != w.Result().StatusCode { //验证 HTTP 状态码
        t.FailNow()
    }
}
```

使用 httptest 来测试一个处理程序时并不会测试传输（HTTP 部分）。测试的重点是用一个请求直接调用处理程序，并记录下响应。然后，使用响应记录器，验证 HTTP 头、HTTP 请求体及 HTTP 状态码。

下面让我们看看如何测试一个 HTTP 客户端。我们将编写一个客户端来请求 HTTP 服务器，该服务器会计算从一个坐标移动到另一个坐标需要多长时间。客户端看起来像下面这样：

```
func (c DurationClient) GetDuration(url string, lat1, lng1, lat2, lng2 float64)
    (time.Duration, error) {
  resp, err := c.client.Post(
      url, "application/json",
      buildRequestBody(lat1, lng1, lat2, lng2),
  )
  if err != nil {
      return 0, err
  }

  return parseResponseBody(resp.Body)
}
```

上述代码向一个指定的 URL 发送 HTTP POST 请求，返回解析后的响应（比如 JSON）。

如果我们想测试客户端，该怎么办？一个方法是启动一个 Docker 容器来返回预先设置好的响应。然而，这个方法执行起来比较慢。另一个方法是用 httptest.NewServer 基于我们提供的处理程序来创建一个本地的 HTTP 服务器。当服务器运行起来后，我们把它的 URL 传递给 GetDuration 函数：

```
func TestDurationClientGet(t *testing.T) {
  srv := httptest.NewServer(                //启动 HTTP 服务器
      http.HandlerFunc(
          //注册一个处理程序来响应请求
          func(w http.ResponseWriter, r *http.Request) {
              _, _ = w.Write([]byte(`{"duration": 314}`))
          },
      ),
  )
  defer srv.Close() //关闭服务器

  client := NewDurationClient()
  duration, err :=
      //提供服务器的 URL
```

```
        client.GetDuration(srv.URL, 51.551261, -0.1221146, 51.57, -0.13)
    if err != nil {
        t.Fatal(err)
    }

    if duration != 314*time.Second { // 验证响应
        t.Errorf("expected 314 seconds, got %v", duration)
    }
}
```

在这个测试中，我们用一个固定返回 314 秒的静态处理程序创建了一个服务器。我们也可以基于发送的请求来断言。此外，当调用 GetDuration 时，我们提供了刚才启动的服务器的 URL。与前面仅测试处理程序相比，这个测试实际进行了一个 HTTP 调用，但它只花了几毫秒。

我们也可以在 httptest.NewTLSServer 中使用 TLS 启动一个新服务器，使用 httptest.NewUnstartedServer 来启动一个未启动的服务器，这样就可以只在需要的时候启动它（懒加载）。

我们应该记住，在测试 HTTP 应用时，httptest 包是很有用的。无论是编写服务器还是客户端程序，httptest 包都可以帮助我们创建高效的测试。

11.7.2　iotest 包

iotest 包（参见链接 40）为 reader 和 writer 提供了工具函数，这是一个 Go 开发者经常忘记的工具包。

当我们实现了一个自定义的 io.Reader 时，记得用 iotest.TestReader 来测试它。这个工具函数能测试一个 reader 是否正常工作：它能准确地记录读了多少字节，以填充传入的切片等。如果提供的 reader 实现了如 io.ReaderAt 的接口的话，iotest 包也可以测试不同的行为。

假设我们有一个自定义的 LowerCaseReader，它能从一个给定的 io.Reader 流里过滤出小写字母。下面是测试这个 reader 是否正常工作的代码：

```
func TestLowerCaseReader(t *testing.T) {
    err := iotest.TestReader(
        &LowerCaseReader{reader: strings.NewReader("aBcDeFgHiJ")},//提供的 io.Reader
        []byte("acegi"),                   //期望的输出
    )
    if err != nil {
```

```
        t.Fatal(err)
    }
}
```

我们用自定义的 `LowerCaseReader`、期望的输出（小写字符串 `acegi`）来调用 `iotest.TestReader`。

　　`iotest` 包的另一个使用场景是确认一个使用 reader 和 writer 的程序能否正确处理错误：

- `iotest.ErrReader` 创建一个返回指定错误的 `io.Reader`。
- `iotest.HalfReader` 创建一个只能读出请求字节数一半的 `io.Reader`。
- `iotest.OneByteReader` 创建一个每次只能读出 1 字节（还有数据可读的情况下）的 `io.Reader`。
- `iotest.TimeoutReader` 创建一个第二次读取时会返回空数据的错误，但之后的读又正常的 `io.Reader`。
- `iotest.TruncateWriter` 创建一个向另一个 `io.Writer` 写完 n 字节数据后静默停止的 `io.writer`。

　　例如，假设我们实现了下面这个函数，它读取一个 reader 的所有字节：

```
func foo(r io.Reader) error {
    b, err := io.ReadAll(r)
    if err != nil {
        return err
    }

    // ...
}
```

我们想确认程序是否足够健壮，例如，给定的 reader 在读了一次后就失败了（例如模拟网络错误）：

```
func TestFoo(t *testing.T) {
    //用 iotest.TimeoutReader 封装了给定的 io.Reader
    err := foo(iotest.TimeoutReader(
    strings.NewReader(randomString(1024)),
    ))
    if err != nil {
        t.Fatal(err)
    }
}
```

我们用 iotest.TimeoutReader 封装了给定的 io.Reader。前面我们提到过，第二次读会失败。运行测试验证我们的程序能否正确处理错误，结果发现失败了。实际上，io.ReadAll 会返回任何它遇到的错误。

　　知道了这一点，我们就可以实现自定义的 readAll 函数，它最多可以容忍 n 个错误：

```go
func readAll(r io.Reader, retries int) ([]byte, error) {
    b := make([]byte, 0, 512)
    for {
        if len(b) == cap(b) {
            b = append(b, 0)[:len(b)]
        }
        n, err := r.Read(b[len(b):cap(b)])
        b = b[:len(b)+n]
        if err != nil {
            if err == io.EOF {
                return b, nil
            }
            retries--
            if retries < 0 { //检测重试次数是否达到限额
                return b, err
            }
        }
    }
}
```

这个实现和 io.ReadAll 很接近，但是它能重试指定的次数。如果将初始函数（foo）里的调用 io.ReadAll 改成调用 readAll 函数，这个测试将不再失败：

```go
func foo(r io.Reader) error {
    b, err := readAll(r, 3) //表示最多进行三次尝试
    if err != nil {
        return err
    }

    // ...
}
```

我们已经看到了一个如何检查某个函数从 io.Reader 读取数据时能否容忍错误的示例，它依靠 iotest 包完成了测试。

　　在进行 I/O 操作和使用 io.Reader/io.Writer 时，要记住，iotest 包是很方便的。正如我们所看到的，它提供了一些工具函数来测试自定义 io.Reader 的行为，并且能

测试当读写数据发生错误时我们的程序能否正确处理。

接下来，我们将讨论一些可能导致写出不准确的基准测试的常见陷阱。

11.8 #89：写出不准确的基准测试

一般来说，我们永远不应该猜测性能好坏。在进行性能优化时，可能有很多因素发挥作用，即使我们对结果很笃定，测试它们也不是一个坏主意。然而，编写基准测试并不简单，很容易写出不准确的基准测试并基于它们做出错误的假设。本节的目标是讨论这些导致写出不准确的基准测试的常见陷阱。

在讨论这些陷阱之前，让我们简单回顾一下在 Go 里如何进行基准测试。基准测试的框架代码如下：

```
func BenchmarkFoo(b *testing.B) {
    for i := 0; i < b.N; i++ {
        foo()
    }
}
```

函数名称以 Benchmark 开头。被测函数（foo）在 for 循环中被调用。b.N 表示循环迭代的次数。当进行基准测试时，Go 尝试使运行时间接近指定的基准测试时间。默认的时间是 1 秒，可以通过 -benchtime 来指定。b.N 从 1 开始，如果这个基准测试在 1 秒内完成了，b.N 就增大，基准测试就继续进行下去，直到这一轮基准测试的时间接近指定的benchtime：

```
$ go test -bench=.
cpu: Intel(R) Core(TM) i5-7360U CPU @ 2.30GHz
BenchmarkFoo-4              73            16511228 ns/op
```

在这里，基准测试花费了 1 秒，foo 函数被执行了 73 次，平均执行时间是 16 511 228 纳秒。我们可以用 -benchtime 来改变基准测试的时间：

```
$ go test -bench=. -benchtime=2s
BenchmarkFoo-4 150 15832169 ns/op
```

和前面相比，foo 函数被执行的次数接近之前的两倍。

接下来，让我们来看看常见的陷阱。

11.8.1　未重置或暂停计时器

在一些案例中，我们需要在基准测试进入循环前进行一些操作。这些操作可能会花费不少时间（例如，生成一个非常大的数据切片），从而会显著影响基准测试的结果：

```
func BenchmarkFoo(b *testing.B) {
    expensiveSetup()
    for i := 0; i < b.N; i++ {
        functionUnderTest()
    }
}
```

在这个例子中，我们可以在进入循环前调用 ResetTimer：

```
func BenchmarkFoo(b *testing.B) {
    expensiveSetup()
    b.ResetTimer() // 重置基准测试计时器
    for i := 0; i < b.N; i++ {
        functionUnderTest()
    }
}
```

调用 ResetTimer 能把从测试开始到现在所花费的时间以及内存分配计数器清零。这样，这个比较耗时的操作会从测试结果中被去掉。

如果需要在每次循环中都进行耗时操作，又该怎么办呢？

```
func BenchmarkFoo(b *testing.B) {
    for i := 0; i < b.N; i++ {
        expensiveSetup()
        functionUnderTest()
    }
}
```

我们不能重置计时器，因为那会在每次循环迭代时执行重置。但是我们可以在调用 expensiveSetup 的前后停止并恢复基准测试计时器：

```
func BenchmarkFoo(b *testing.B) {
    for i := 0; i < b.N; i++ {
        b.StopTimer()    // 停止基准测试计时器
        expensiveSetup()
        b.StartTimer()   // 恢复基准测试计时器
        functionUnderTest()
    }
}
```

这里，在执行耗时操作前停止基准测试计时器，执行完后恢复计时器。

　　注意　关于这种方法有一个需要记住的问题：如果被测函数与设置（setup）函数相比执行速度太快，那么基准测试可能需要很长时间才能执行完。原因是达到 benchtime 实际会比 1 秒长很多。计算基准时间仅基于 functionUnderTest 的执行时间。因此，如果我们在每次循环迭代中都要等待很长一段时间，那么基准测试将花费比 1 秒多得多的时间。如果想保持基准测试的执行时间不变，一种可能的措施是缩短基准时间。

我们必须使用定时器（timer）的一些方法来保持基准测试的准确性。

11.8.2　对微基准测试做出错误假设

微基准测试（micro-benchmark）测量的是一个微小的计算单元，它很容易导致做出错误的假设。例如，我们不确定是用 atomic.StoreInt32 还是 atomic.StoreInt64（假设我们处理的数据总是适配 32 位）。我们想写一个基准测试来比较这两个函数：

```
func BenchmarkAtomicStoreInt32(b *testing.B) {
    var v int32
    for i := 0; i < b.N; i++ {
        atomic.StoreInt32(&v, 1)
    }
}

func BenchmarkAtomicStoreInt64(b *testing.B) {
    var v int64
    for i := 0; i < b.N; i++ {
        atomic.StoreInt64(&v, 1)
    }
}
```

如果运行这个基准测试，则输出如下：

```
cpu: Intel(R) Core(TM) i5-7360U CPU @ 2.30GHz
BenchmarkAtomicStoreInt32
BenchmarkAtomicStoreInt32-4     197107742
BenchmarkAtomicStoreInt64
BenchmarkAtomicStoreInt64-4     213917528
5.682 ns/op
5.134 ns/op
```

我们很容易想当然地认为 `atomic.StoreInt64` 更快。现在，为了公平，我们将 `atomic.StoreInt64` 测试放到 `atomic.StoreInt32` 测试前面。下面是测试的输出：

```
BenchmarkAtomicStoreInt64
BenchmarkAtomicStoreInt64-4        224900722          5.434 ns/op
BenchmarkAtomicStoreInt32
BenchmarkAtomicStoreInt32-4        230253900          5.159 ns/op
```

这次，`atomic.StoreInt32` 表现得更好，怎么回事？

对于微基准测试，许多因素都会影响结果。例如，运行基准测试时的机器活动、电源管理、散热及指令序列的缓存对齐。我们必须记住，Go 项目之外的许多因素都会影响结果。

> **注意**　我们应该确保执行基准测试的机器是空闲的。但是，后台运行的进程依然可能影响基准测试的结果。基于此，`perflock` 等工具能限制基准测试可以消耗多少 CPU。例如，我们可以限定使用总可用 CPU 资源的 70% 运行基准测试，将其余 30% 分配给操作系统和其他进程，并降低机器活动因素对结果的影响。

一种选择是使用 `-benchtime` 参数增加基准测试时间。类似概率论中的大数定律，如果多次运行基准测试，它应该趋近于预期值（假设我们忽略了指令缓存和类似机制的好处）。

另一种选择是在经典基准测试工具之上使用外部工具。例如，作为 golang.org/x 库的一部分的 `benchstat` 工具，允许我们计算并比较有关基准测试执行的统计信息。

让我们使用 `-count` 参数运行基准测试 10 次并将输出通过管道传输给特定文件：

```
$ go test -bench=. -count=10 | tee stats.txt
cpu: Intel(R) Core(TM) i5-7360U CPU @ 2.30GHz
BenchmarkAtomicStoreInt32-4 234935682 5.124 ns/op
BenchmarkAtomicStoreInt32-4 235307204 5.112 ns/op
// ...
BenchmarkAtomicStoreInt64-4 235548591 5.107 ns/op
BenchmarkAtomicStoreInt64-4 235210292 5.090 ns/op
// ...
```

然后我们可以在这个文件上执行 `benchstat`：

```
$ benchstat stats.txt
name               time/op
AtomicStoreInt32-4  5.10ns ± 1%
AtomicStoreInt64-4  5.10ns ± 1%
```

结果是相同的：这两个函数平均需要 5.10 纳秒才能完成。我们还看到基准测试之间的百分比变化：±1%。这个指标告诉我们，两个基准测试都是稳定的，这让我们对计算的平均结果更有信心。因此，我们不能说 `atomic.StoreInt32` 更快或更慢，但可得出这样的结论：对于我们测试的场景（在特定机器上的特定 Go 版本中），`atomic.StoreInt32` 的执行时间和 `atomic.StoreInt64` 的执行时间基本相同。

一般来说，我们应该对微基准测试保持谨慎。许多因素会对结果产生重大影响，并可能导致错误的假设。增加基准测试时间或使用 `benchstat` 等工具重复执行基准测试及计算统计数据，可以有效限制外部因素对结果产生影响并获得更准确的结果，最终得出更好的结论。

还要强调一下，如果最终要在其他机器上运行程序，应该谨慎地使用在给定机器上执行的微基准测试的结果。生产系统的行为可能与我们运行微基准测试的系统完全不同。

11.8.3 未注意编译器优化

另一个与编写基准测试相关的常见错误是被编译器优化所愚弄，这也可能导致错误的基准测试假设。在本节中，我们将用一个人口计数函数（一个统计被设置为 1 的位的数量的函数）来看 Go 的 14813 号主题（参见链接 41，它也被 Go 项目的成员 Dave Cheney 讨论过）：

```
const m1 = 0x5555555555555555
const m2 = 0x3333333333333333
const m4 = 0x0f0f0f0f0f0f0f0f
const h01 = 0x0101010101010101

func popcnt(x uint64) uint64 {
    x -= (x >> 1) & m1
    x = (x & m2) + ((x >> 2) & m2)
    x = (x + (x >> 4)) & m4
    return (x * h01) >> 56
}
```

这个函数的输入与输出参数都是 `uint64` 类型的。可以用下面的代码对其进行基准测试：

```
func BenchmarkPopcnt1(b *testing.B) {
    for i := 0; i < b.N; i++ {
        popcnt(uint64(i))
    }
}
```

然而，如果执行这个基准测试，我们将得到一个令人吃惊的结果：

```
cpu: Intel(R) Core(TM) i5-7360U CPU @ 2.30GHz
BenchmarkPopcnt1-4        1000000000                0.2858 ns/op
```

0.28ns 基本上就是一个时钟周期，所以这个数字低得不合理。问题出在开发者并没有注意到编译器的优化。在这个例子中，被测函数足够简单以至于被内联：一种优化方法是，用被调用函数的主体替换函数调用，从而防止函数调用产生开销，它的开销很小。内联发生后，编译器会注意到该调用没有产生副作用，因此将其替换为以下基准测试：

```go
func BenchmarkPopcnt1(b *testing.B) {
    for i := 0; i < b.N; i++ {
        // 空的
    }
}
```

这个基准测试现在是空的，这也是我们得到了一个近似时钟周期的结果的原因。为了避免发生这种情况，最佳实践如下：

1. 在每次循环迭代期间，将结果赋值给一个局部变量（基准测试函数中的局部上下文）。
2. 将最新的结果赋值给全局变量。

在我们的例子中，编写了以下基准测试：

```go
var global uint64   //定义一个全局变量

func BenchmarkPopcnt2(b *testing.B) {
    var v uint64      //定义一个局部变量
    for i := 0; i < b.N; i++ {
        v = popcnt(uint64(i)) //将结果赋值给局部变量
    }
    global = v //将结果赋值给全局变量
}
```

global 是一个全局变量，而 v 是一个局部变量，局部变量的生效范围是基准测试函数。在每次循环迭代期间，我们将 popcnt 的返回结果赋值给局部变量，然后将最新的结果赋值给全局变量。

> **注意** 为什么不将 popcnt 调用的结果直接赋值给 global 变量以简化测试呢？因为写入全局变量比写入局部变量慢（我们在错误#95 中将讨论这些）。因此，我们应该将每次的结果写入一个局部变量，以减少开销。

如果我们运行这两个基准测试，得到的结果会存在显著差异：

```
cpu: Intel(R) Core(TM) i5-7360U CPU @ 2.30GHz
BenchmarkPopcnt1-4        1000000000              0.2858 ns/op
BenchmarkPopcnt2-4        606402058               1.993 ns/op
```

BenchmarkPopcnt2 是基准测试的正确版本，它保证我们避免内联优化（这可以人为地降低执行时间，甚至删除对被测函数的调用）。如果依赖 BenchmarkPopcnt1 的结果，可能会导致错误的假设。

让我们记住避免编译器优化欺骗基准测试结果的方法：将被测函数的返回结果赋值给局部变量，然后将最新结果赋值给全局变量。这个最佳实践可以防止我们做出错误的假设。

11.8.4 被观察者效应愚弄

在物理学中，观察者效应是指观察行为对被观察系统的扰动。这种影响也可以在基准测试中看到，并可能导致对结果的错误假设。让我们看一个具体的例子，然后尝试解决其中的问题。

我们想要实现一个函数，其参数可以是元素为 int64 类型的矩阵。这个矩阵有固定的 512 列，我们要计算前 8 列的总和，如图 11.2 所示。

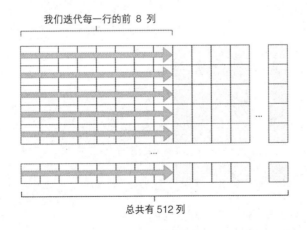

图 11.2　计算前 8 列的和

为了优化，我们还想确定改变列数是否有影响，所以我们还实现了第二个函数，它有 513 列。实现如下：

```
func calculateSum512(s [][512]int64) int64 {
    var sum int64
    for i := 0; i < len(s); i++ { //遍历每一行
        for j := 0; j < 8; j++ { //遍历前 8 列
            sum += s[i][j]    //累加
        }
    }
    return sum
}

func calculateSum513(s [][513]int64) int64 {
    // 与 calculateSum512 相同的实现
}
```

我们迭代每一行，然后遍历前 8 列，并对返回值 sum 进行累加。calculateSum513 中的实现保持不变。

我们想对这些函数进行基准测试，以确定在固定行数的情况下哪个函数的性能更好：

```
const rows = 1000

var res int64

func BenchmarkCalculateSum512(b *testing.B) {
    var sum int64
    s := createMatrix512(rows) //创建一个 512 列的矩阵
    b.ResetTimer()
    for i := 0; i < b.N; i++ {
        sum = calculateSum512(s) //计算和
    }
    res = sum
}

func BenchmarkCalculateSum513(b *testing.B) {
    var sum int64
    s := createMatrix513(rows) //创建一个 513 列的矩阵
    b.ResetTimer()
    for i := 0; i < b.N; i++ {
        sum = calculateSum513(s) //计算和
    }
    res = sum
}
```

我们只想创建一次矩阵，以降低对结果的影响。因此，我们在循环外调用

createMatrix512 和 createMatrix513。我们预期结果可能相似，因为都是迭代前 8
列，但情况并非如此（在我的机器上）：

```
cpu: Intel(R) Core(TM) i5-7360U CPU @ 2.30GHz
BenchmarkCalculateSum512-4          81854          15073 ns/op
BenchmarkCalculateSum513-4         161479           7358 ns/op
```

第二个基准测试（513 列）大约快了 50%。同样，因为我们都迭代了前 8 列，所以这个结
果非常令人惊讶。

　　要理解这种差异，需要了解 CPU 缓存的基础知识。简而言之，一个 CPU 由不同层级
的缓存（通常是 L1、L2 和 L3）组成。这些高速缓存降低了从主存储器访问数据的平均成
本。在某些情况下，CPU 可以从主存储器中获取数据并将其复制到 L1。在这个例子里，CPU
尝试将 calculateSum 感兴趣的矩阵子集（每行的前 8 列）提取到 L1 中。但是，矩阵
在 513 列时适合内存，在 512 列时则不适合。

　　注意　本章不解释原因，我们在错误#91 中会再次看到这个问题。

　　回到基准测试，主要问题是，我们在两种情况下都重复使用了相同的矩阵。被测函数被
重复调用了数千次，我们并没有测试当函数接收一个全新的矩阵时的执行情况。我们测试的
是接收同一个矩阵时的函数，该矩阵的子集已经被缓存。由于调用 calculateSum513 时
缓存未命中次数更少，因此它的执行时间更短。

　　这是观察者效应的一个例子。因为我们一直在观察一个重复调用的计算密集型函数，CPU
缓存可能会发挥作用并显著影响结果。在这个例子中，为了防止这种影响，我们应该在每次
测试期间创建一个矩阵，而不是重用一个：

```
func BenchmarkCalculateSum512(b *testing.B) {
   var sum int64
   for i := 0; i < b.N; i++ {
      b.StopTimer()
      s := createMatrix512(rows) //在每次循环时创建一个新的矩阵
      b.StartTimer()
      sum = calculateSum512(s)
   }
   res = sum
}
```

现在每次循环都会创建一个新矩阵。如果我们再次运行基准测试（并调整基准测试时间——否则执行时间太长），结果会较接近：

```
cpu: Intel(R) Core(TM) i5-7360U CPU @ 2.30GHz
BenchmarkCalculateSum512-4          1116          33547 ns/op
BenchmarkCalculateSum513-4          998           35507 ns/op
```

我们看到两个基准测试在接收新矩阵时有相近的测试结果，因此没有做出 calculateSum513 运行更快的错误假设。

正如我们在本节中看到的，因为我们重用了相同的矩阵，所以 CPU 缓存对结果有很大的影响。为了防止这种情况，我们必须在每次循环迭代期间创建一个新矩阵。一般来说，观察一个被测函数可能会导致测试结果的显著差异，尤其是在底层优化很重要的 CPU 密集型函数的微基准测试中。在每次迭代期间强制重新构建数据，可能是防止这种影响的好方法。

在本章的最后一节，我们将讨论一些关于 Go 测试的常见技巧。

11.9　#90: 未探索所有的 Go 测试特性

在编写测试时，开发人员应该了解 Go 的特定测试功能和选项。否则，测试过程可能不太准确，甚至效率较低。本节将讨论让我们能更舒适地编写 Go 测试的内容。

11.9.1　代码覆盖率

在开发过程中，如果能可视化地看见我们的代码哪些部分被测试覆盖到了会非常有用。可以使用 -coverprofile 标识获取这个信息：

```
$ go test -coverprofile=coverage.out ./...
```

执行这个命令会创建一个名为 coverage.out 的文件，我们用 go tool cover 来打开它：

```
$ go tool cover -html=coverage.out
```

执行这个命令将打开浏览器，展示每一行代码的覆盖情况。

在默认情况下，只分析当前被测试包的代码覆盖率。例如，假设有以下目录结构：

```
/myapp
 |_ foo
  |_ foo.go
  |_ foo_test.go
 |_ bar
```

```
|_ bar.go
|_ bar_test.go
```

如果 foo.go 的某些部分只在 bar_test.go 中被测试，则在默认情况下，它不会显示在覆盖率报告中。要包含它，我们必须在 myapp 文件夹的路径下执行命令并使用 -coverpkg 标识：

```
go test -coverpkg=./... -coverprofile=coverage.out ./...
```

我们需要使用这个特性来查看当前的代码覆盖率，并决定哪些部分需要进行更多的测试。

> **注意**　在追求代码覆盖率时要保持谨慎。拥有 100% 的测试覆盖率并不意味着应用程序没有错误。正确地分析出测试涵盖了哪些内容比任何静态阈值都更重要。

11.9.2　从一个不同的包进行测试

在编写单元测试时，一种方法是关注外部行为而不是内部实现。假设我们向客户端暴露了一个 API，我们可能希望测试关注从外部可见的内容，而不是内部实现细节。这样，如果内部实现发生了变化（例如，如果将一个函数重构为两个），测试将保持不变。测试代码也更容易理解，因为它们显示了 API 是如何被使用的。如果想强制执行这种做法，我们可以使用不同的包来实现。

在 Go 中，一个文件夹中的所有文件都应该属于同一个包，只有一个例外：一个测试文件可以属于一个 _test 包。例如，假设以下 counter.go 源文件属于 counter 包：

```
package counter

import "sync/atomic"

var count uint64

func Inc() uint64 {
    atomic.AddUint64(&count, 1)
    return count
}
```

测试文件可以被放在相同的包中并且可以访问像 count 这样的内部变量。或者可以将测试文件放在 counter_test 包中，例如下面这个 counter_test.go 文件：

```
package counter_test

import (
    "testing"

    .
    "myapp/counter"
)

func TestCount(t *testing.T) {
    if counter.Inc() != 1 {
        t.Errorf("expected 1")
    }
}
```

在这个例子中，测试文件被放在了外部的包中，所以它不能访问像 count 这样的内部变量。采用这种做法，可以保证测试不会使用任何未导出的变量；因此，它将专注于测试对外暴露的行为。

11.9.3　工具函数

在编写测试时，我们处理错误的方式与在生产代码中的处理方式不同。例如，假设要测试一个参数是 Customer 结构体的函数。因为 Customer 的创建函数将被重用，所以我们决定创建一个 createCustomer 函数来进行测试。此函数会返回一个 Customer 结构体和一个可能的错误：

```
func TestCustomer(t *testing.T) {
    customer, err := createCustomer1("foo")//创建一个customer并且检查错误
    if err != nil {
        t.Fatal(err)
    }
    // ...
    _ = customer
}

func createCustomer(someArg string) (Customer, error) {
    // 创建 customer
    if err != nil {
        return Customer{}, err
    }
    return customer, nil
}
```

我们用 createCustomer 工具函数来创建一个 customer 对象，然后进行后面的测试。然而，在测试函数的上下文中，我们可以将 *testing.T 变量传递给工具函数来简化错误管理：

```
func TestCustomer(t *testing.T) {
    customer := createCustomer(t, "foo") //调用工具函数时传入 t
    // ...
}

func createCustomer(t *testing.T, someArg string) Customer {
    // 创建 customer
    if err != nil {
        t.Fatal(err) //如果不能创建 customer，就直接让测试失败
    }
    return customer
}
```

如果无法创建 customer，createCustomer 就不会返回错误，而是直接让测试失败。这使得 TestCustomer 的代码更短，也更容易阅读。

记住这种在测试函数中进行错误处理的做法，其可改进我们的测试。

11.9.4　设置和拆卸

在某些情况下，我们可能需要准备一个测试环境。例如，在集成测试中，我们启动了一个特定的 Docker 容器，然后停止它。我们可以在每个测试或每个包里调用设置和拆卸函数。幸运的是，在 Go 中，两者都是可以实现的。

为了在每个测试函数里都能进行设置和拆卸，我们可以调用设置函数进行初始化，用 defer 来调用拆卸函数进行收尾。

```
func TestMySQLIntegration(t *testing.T) {
    setupMySQL()
    defer teardownMySQL()
    // ...
}
```

也可以注册一个在测试结束时执行的函数。例如，假设 TestMySQLIntegration 需要调用 createConnection 来创建数据库连接。如果我们希望这个函数也包含清理部分，可以使用 t.Cleanup 注册一个清理函数：

```
func TestMySQLIntegration(t *testing.T) {
    // ...
    db := createConnection(t, "tcp(localhost:3306)/db")
    // ...
}

func createConnection(t *testing.T, dsn string) *sql.DB {
    db, err := sql.Open("mysql", dsn)
    if err != nil {
        t.FailNow()
    }
    t.Cleanup( //注册一个在测试结束时执行的函数
        func() {
            _ = db.Close()
        })
    return db
}
```

在测试结束时，传给 t.Cleanup 的闭包函数会被执行。这使得未来的单元测试更容易编写，因为它们不用负责关闭数据库连接。

请注意，我们可以注册多个清理函数。在这种情况下，它们的执行顺序就像 defer 一样：后进先出。

要在每个包里进行设置和拆卸，必须使用 TestMain 函数。TestMain 的一个简单实现如下：

```
func TestMain(m *testing.M) {
    os.Exit(m.Run())
}
```

这个特定函数接收一个 *testing.M 参数，该参数只暴露了一个 Run 方法来运行所有测试。因此，我们可以用设置函数和拆卸函数包裹这个 Run 方法：

```
func TestMain(m *testing.M) {
    setupMySQL()        // 设置 MySQL
    code := m.Run()     // 运行包内的所有测试
    teardownMySQL()     // 关闭 MySQL
    os.Exit(code)
}
```

上面这个例子会在所有测试运行前启动 MySQL，然后再关闭 MySQL。

使用这些方法添加设置函数和拆卸函数，就可以配置复杂的环境来进行测试了。

总结

- 使用 build 标识、环境变量或短模式对测试进行分类，可使测试过程更加高效。你可以使用 build 标识或环境变量（例如，单元测试与集成测试）创建不同类型的测试，并区分短耗时和长耗时测试，从而决定执行哪种类型的测试。

- 在写并发程序时，强烈推荐打开 -race 开关，这样可以发现潜在的可能引发 bug 的数据竞争问题。

- 使用 -parallel 参数可加速测试的执行，尤其对长耗时测试而言。

- 使用 -shuffle 参数可确保测试不依赖可能隐藏的错误假设。

- 表格驱动型测试是一种有效的方法：它将一组类似的测试聚集在一起，以防止代码重复，并且让将来的更改更容易。

- 使用同步操作可避免休眠，可以使测试更稳定、健壮。如果无法使用同步操作，请考虑使用重试的方法。

- 了解如何使用 time API 是另一种使测试更稳定的方法。你可以使用通用技术，例如将时间作为一个隐藏依赖进行处理或要求客户端提供。

- 测试 HTTP 应用时，httptest 包会非常有帮助。它提供了一组工具函数来测试客户端和服务端。

- iotest 包可帮助编写 io.Reader 的测试代码并能测试程序对错误的容忍度。

- 关于基准测试：
    - 使用与 time 相关的方法来保持基准测试的准确性。
    - 处理微基准测试时，增加 benchtime 或者使用如 benchstat 的工具可能会有帮助。
    - 如果进行基准测试和最终运行应用的机器不是同一台，那么要小心对待基准测试的结果。
    - 注意被测函数会产生副作用，应防止编译器优化在基准测试结果上欺骗你。
    - 为了避免观察者效应，强制 CPU 密集型的基准测试函数重新构建测试数据。

- 进行代码覆盖率测试时带上 -coverprofile 参数，可以快速发现哪部分代码需要得到更多关注。

- 将单元测试放到和被测函数不同的包里，从而强制测试函数只关注对外暴露的行为，不关注内部实现。

- 处理错误时使用 *testing.T 变量而不是常见的 if err != nil，能使代码更简单、更易读。
- 可以使用设置函数和拆卸函数来配置复杂的环境，例如，在集成测试的情况下就很有用。

12 优化

本章涵盖：
- 深入探究硬件的运作方式
- 理解堆与栈并减少分配
- 使用标准的 Go 诊断工具
- 了解 Go 垃圾收集器的工作原理
- 在 Docker 和 Kubernetes 中运行 Go 程序

在开始本章讲解之前，先声明一下：在大多数情况下，编写可读、清晰的代码比编写性能更优但更复杂且更难理解的代码更有价值。优化通常是有代价的，我们建议你遵循软件工程师 Wes Dyer 的这句名言：

> 正确、清晰、简洁、快速，按此顺序来编写代码。

这并不意味着应该禁止优化应用程序来提高运行速度和效率。例如，我们可以尝试识别代码中那些需要优化的执行路径，因为有时需要这样做，例如，为了让客户满意，或这样做可以降低成本。在本章中，我们将讨论常见的优化技术，有些是 Go 特有的，有些则不是。我们还将讨论识别程序运行时性能瓶颈的方法，这样我们就不会盲目地进行优化。

12.1 #91: 不了解 CPU 缓存

机械同理心是三届 F1 世界冠军杰基·斯图尔特（Jackie Stewart）创造的一个术语：

你不必成为工程师才能做赛车手，但你应有机械同理心。

简而言之，当了解了系统设计使用的方式时，无论是 F1 赛车、飞机还是计算机，我们都可以与其设计保持一致以获得最佳性能。在本节中，我们将讨论具体示例，其中对 CPU 缓存如何工作的理解可以帮助我们优化 Go 应用程序。

12.1.1　CPU 架构

首先，让我们了解 CPU 架构的基础知识以及为什么 CPU 缓存很重要。我们将以 Intel Core i5-7300 CPU 为例。

现代 CPU 依靠缓存来加速内存访问，在大多数情况下依赖三个缓存层级：L1、L2 和 L3。在 i5-7300 CPU 上，这些缓存的大小如下所述。

- L1：64 KB
- L2：256 KB
- L3：4 MB

i5-7300 CPU 有两个物理核心，但有四个逻辑核心（也称为虚拟核心或线程）。在 Intel 家族中，将一个物理内核划分为多个逻辑内核称为超线程。

图 12.1 描绘了 Intel Core i5-7300 CPU（T*n* 代表线程 *n*）。每个物理核心（Core 0 和 Core 1）分为两个逻辑核心（T0 和 T1）。L1 缓存被分割为两个子缓存：L1D 用于缓存数据，L1I 用于缓存指令（各 32 KB）。缓存不仅与数据有关——当 CPU 执行应用程序时，它还可以缓存一些指令，主要作用是加快整体执行速度。

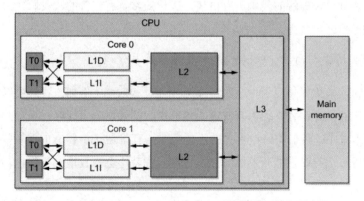

图 12.1　i5-7300 CPU 拥有三级缓存，两个物理核心，四个逻辑核心

内存位置越靠近逻辑核心，访问速度就越快（参见链接 42）：

- L1：约 1ns。
- L2：约是 L1 速度的 1/4。
- L3：约是 L1 速度的 1/10。

CPU 缓存的物理位置也可以解释这些速度上的差异。L1 和 L2 被称为 on-die（片上缓存），这意味着它们与处理器的其余部分属于同一块硅片。而 L3 缓存被称作 off-die（片外缓存），它部分地解释了与 L1 和 L2 相比访问速度上的差异。

对于主内存（或 RAM）来说，其平均访问速度大约只是 L1 的 1/50 或 1/100。访问一次主存的开销大约可以访问存储在 L1 上的 100 个变量。因此，作为 Go 开发人员，改进性能的途径之一是确保应用程序使用更多的 CPU 缓存。

12.1.2 缓存行

理解缓存行的概念很关键。在讲述缓存行是什么之前，让我们先了解为什么需要缓存行。

当访问特定的内存地址时（例如，通过读取变量），在不久的将来可能会发生以下情况之一：

- 将再次引用相同的内存地址。
- 将引用附近的内存地址。

前者代表时间局部性，后者代表空间局部性。两者都是局部性原理的一部分。

例如，让我们看一下计算切片中各元素（元素类型为 int64）之和的函数：

```
func sum(s []int64) int64 {
    var total int64
    length := len(s)
    for i := 0; i < length; i++ {
        total += s[i]
    }
    return total
}
```

在此示例中，时间局部性适用于多个变量：i、length 和 total。在整个迭代过程中，我们不断访问这些变量。空间局部性适用于代码指令和切片 s。因为切片是基于在内存中连续分配的数组实现的，所以在这种情况下，访问 s[0] 意味着也访问了 s[1]、s[2] 等。

时间局部性是我们需要 CPU 缓存的部分原因：加速对相同变量的重复访问。但是，由于空间局部性，CPU 会复制我们所说的缓存行，而不是将单个变量从主内存复制到缓存。

　　缓存行是固定大小的连续内存段，通常为 64 B（8 个 `int64` 类型的变量）。每当 CPU 决定从 RAM 中缓存一个内存块时，它都会将该内存块复制到缓存行。因为内存是一个层次结构，当 CPU 想要访问一个特定的内存位置时，它首先检查 L1 缓存，再检查 L2 缓存，然后是 L3 缓存，最后，如果该位置不在这些缓存中，则在主内存中。

　　让我们用一个具体的例子来说明获取内存块的过程。我们第一次用包含 16 个 `int64` 类型的元素的切片调用 sum 函数。当 sum 访问 s[0] 时，这个内存地址还没有在缓存中。如果 CPU 决定缓存这个变量（我们会在本章后面讨论这个决定），它会复制整个内存块，如图 12.2 所示。

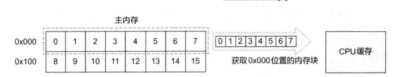

图 12.2　访问 s[0] 使 CPU 复制 0x000 内存块

　　首先，访问 s[0] 会导致缓存未命中，因为该地址不在缓存中。这种未命中被称为强制性失效。但是，如果 CPU 获取了 0x000 内存块，则访问下标为 1 到 7 的元素都会缓存命中。当 sum 访问 s[8] 时，也适用同样的逻辑（见图 12.3）。

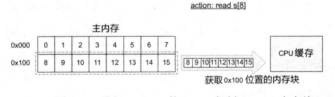

图 12.3　访问 s[8] 使 CPU 复制 0x100 内存块

　　同样，访问 s[8] 会导致强制性失效。但是如果将 0x100 内存块复制到缓存行中，它同样也会加快对下标为 9 到 15 的元素的访问。最终，遍历 16 个元素会导致 2 次强制缓存未命中和 14 次缓存命中。

CPU 缓存策略

　　你可能想知道 CPU 复制内存块时的确切策略。例如，它会将一个块复制到所有级别的缓存吗？还是只复制到 L1？在这种情况下，是否会被复制到 L2 和 L3 呢？

我们必须知道是有不同策略的。有时缓存是包含的（例如，L2 中的数据也存在于 L3 中），有时缓存是独占的（例如，L3 被称为牺牲缓存，因为它只包含被 L2 驱逐的数据）。

通常，这些策略会被 CPU 供应商隐藏并且知道了也不一定有用。所以，我们不会深入研究这些问题。

让我们用一个具体的例子来说明 CPU 缓存有多快。我们将实现两个函数，在迭代包含 int64 类型的元素的切片时计算总数。在一种情况下，我们将每 2 个元素迭代一次，在另一种情况下，将每 8 个元素迭代一次：

```
func sum2(s []int64) int64 {
    var total int64
    for i := 0; i < len(s); i+=2 { // 每次迭代 2 个元素
        total += s[i]
    }
    return total
}
func sum8(s []int64) int64 {
    var total int64
    for i := 0; i < len(s); i += 8 { // 每次迭代 8 个元素
        total += s[i]
    }
    return total
}
```

除了迭代步长之外，这两个函数是相同的。如果对这两个函数进行基准测试，我们的直觉可能认为第二个版本将快 4 倍左右，因为我们必须增加 4 倍以上的元素。然而，基准测试表明，sum8 在我的机器上只快了大约 10%：确实更快，但只有 10%。

原因与缓存行有关。我们看到，一个缓存行通常是 64 B，最多包含 8 个 int64 类型的变量。在这里，这些循环的运行时长由内存访问来决定，而不是由循环的递增指令来决定。在第一种情况下，四分之三的访问会导致缓存命中。因此，这两个函数的执行时间差异并不显著。这个例子说明了为什么缓存行很重要，如果我们缺乏对计算机运行逻辑的了解，那么很容易被直觉所愚弄——这种情况就是 CPU 缓存数据的方式。

让我们继续讨论局部性原理，并看一个使用空间局部性的具体例子。

12.1.3　包含结构体的切片 vs 包含切片的结构体

本节来看一个比较两个函数的执行时间的例子。第一个将包含结构体的切片作为参数，并对所有 a 字段求和：

```
type Foo struct {
    a int64
    b int64
}

func sumFoo(foos []Foo) int64 { // 接收一个 Foo 切片
    var total int64
    for i := 0; i < len(foos); i++ { // 迭代每一个 Foo 的元素并加和每个 a 字段
        total += foos[i].a
    }
    return total
}
```

sumFoo 接收一个 Foo 切片并通过读取每个 a 字段来增加 total 的值。

第二个函数也计算总和。但是这一次，参数是一个包含切片的结构体：

```
type Bar struct {
  a []int64 // a 和 b 现在是切片
  b []int64
}

func sumBar(bar Bar) int64 { // 接收一个结构体
  var total int64
    for i := 0; i < len(bar.a); i++ {
        total += bar.a[i] // 加和到 total 中
  }
  return total
}
```

sumBar 接收一个包含两个切片的 Bar 结构体，切片分别是 a 和 b。它遍历 a 的每个元素以增加 total 的值。

你认为这两个函数的速度会有所不同吗？在运行基准测试之前，让我们直观地看一下图 12.4 所示的内存差异。两种情况的数据量相同：切片中有 16 个 Foo 元素，Bar 类型的切片中也有 16 个元素。每个黑条代表一个 int64 类型的数据，其被读取以计算总和，而每个灰条代表一个被跳过的 int64 类型的数据。

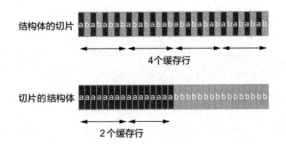

图 12.4　包含切片的结构体更加紧凑，因此需要更少的缓存行来迭代

在 sumFoo 的情况下，我们收到一个包含 a 和 b 两个字段的结构体的切片。因此，在内存中有交替出现的 a 和 b。而在 sumBar 的情况下，我们收到一个包含两个切片 a 和 b 的结构体。因此，a 的所有元素都是被连续分配的。

这种差异不会导致任何内存压缩优化。但是这两个函数的目标都是迭代每个 a，这在一种情况下需要使用 4 个缓存行，而在另一种情况下只需要 2 个缓存行。

如果我们对这两个函数进行基准测试，sumBar 会更快（在我的机器上大约快 20%）。主要原因是它有更好的空间局部性，这使得 CPU 从内存中获取的缓存行更少。

此示例演示了空间局部性如何对性能产生重大影响。为了优化应用程序，我们应该组织数据以从每个单独的缓存行中获取最大价值。

但是，使用空间局部性是否足以帮到 CPU？我们仍然缺少一个关键特征：可预测性。

12.1.4　可预测性

可预测性是指 CPU 预测应用程序将做什么以加速其执行的能力。让我们来看一个具体示例，其中缺乏可预测性，这会对应用程序性能产生负面影响。

同样，让我们看一下对元素列表求和的两个函数。第一个函数迭代链表并对所有值求和：

```
type node struct { // 链表数据结构
    value int64
    next *node
}

func linkedList(n *node) int64 {
   var total int64\
   for n != nil { // 迭代每一个节点
     total += n.value // 加和到 total
          n = n.next
```

```
    }
    return total
}
```

此函数接收一个链表，对其进行迭代，并累加求和。

另一种方式是，让我们再次看一下迭代切片的 sum2 函数，每两个元素累加一次：

```
func sum2(s []int64) int64 {
    var total int64
    for i := 0; i < len(s); i+=2 { //每两个元素迭代一次
        total += s[i]
    }
    return total
}
```

假设链表是被连续分配的：例如，由单个函数分配。在 64 位体系结构中，一个字的长度为 64 位。图 12.5 比较了函数接收的两种数据结构（链表和切片）；深色条代表用来求和的 int64 类型的元素。

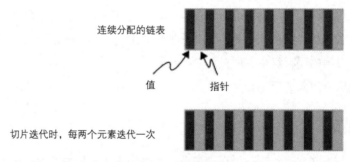

图 12.5　在内存中链表和切片按照相似的方式被压缩

在这两个示例中，我们都面临类似的压缩。因为链表是由一系列值和 64 位指针元素组成的，所以我们使用每两个元素中的一个来增加总和。同时，sum2 示例仅读取两个元素中的一个来加和。

这两个数据结构具有相同的空间局部性，因此我们可以预期这两个函数的执行时间相似。但是在切片上迭代的函数要快得多（在我的机器上大约快 70%）。原因是什么？

要理解这一点，我们必须讨论步长的概念。步长与 CPU 如何处理数据有关。共有三种不同类型的步长（见图 12.6）：

- 单位步长——我们要访问的所有值都是被连续分配的。例如，包含 int64 类型的元素的切片。这个步长对于 CPU 来说是可预测的并且是最有效的，因为它需要最少数量的缓存行来遍历元素。

- 恒定步长——对于 CPU 来说仍然是可预测的。例如，每两个元素迭代一次的切片。这个步长需要更多的缓存行来遍历数据，因此它的效率低于单位步长。
- 非单位步长——CPU 无法预测的步长。例如，链表或指针切片。因为 CPU 不知道数据是否被连续分配，所以它不会获取任何缓存行。

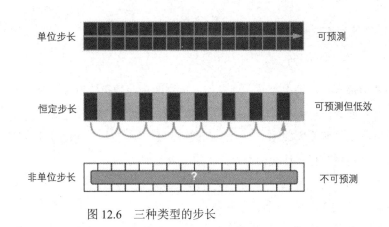

图 12.6　三种类型的步长

对于 sum2，我们面临一个恒定的步长。然而，对于链表，我们面临的是非单位步长。即使我们知道数据是被连续分配的，CPU 也不知道。因此，它无法预测如何遍历链表。

由于不同的步长和相似的空间局部性，遍历链表比遍历切片明显要慢得多。由于单位步长具有更好的空间局部性，我们通常应该优先考虑单位步长而不是恒定步长。但是，无论数据被如何分配，CPU 都无法预测非单位步长的情况，因而会导致负面的性能影响。

到目前为止，我们已经讨论了，CPU 缓存的速度很快，但明显要比主内存慢得多。因此，CPU 需要一种策略来将内存块提取到缓存行。这个策略称为缓存放置策略，这个策略可以显著影响性能。

12.1.5　缓存放置策略

在错误#89 中，我们讨论了一个带有矩阵的示例，在该矩阵中我们必须计算前八列的总和。那时，我们没有解释为什么改变总列数会影响基准测试结果。这听起来可能违反直觉：因为我们只需要读取前八列，为什么改变总列数会影响执行时间呢？让我们来看看这个问题。

回顾一下，上面提到的代码实现如下：

```
func calculateSum512(s [][512]int64) int64 { // 接收一个 512 列的矩阵
    var sum int64
    for i := 0; i < len(s); i++ {
        for j := 0; j < 8; j++ {
            sum += s[i][j]
        }
    }
    return sum
}
func calculateSum513(s [][513]int64) int64 { // 接收一个 513 列的矩阵
    // 与 calculateSum512 相似的实现
}
```

我们遍历每一行，每次对前八列求和。当这两个函数每次都使用新矩阵进行基准测试时，我们没有观察到任何差异。但是，如果我们继续重复使用相同的矩阵，calculateSum513 在我的机器上的速度大约比 calculateSum512 快 50%。原因在于 CPU 缓存以及如何将内存块复制到缓存行。让我们调查一下以了解这种差异。

当 CPU 决定复制一个内存块并将其放入缓存时，它必须遵循特定的策略。假设一个 L1D 缓存是 32 KB，一个缓存行是 64 B，如果将一个块随机放入 L1D 中，CPU 在最坏的情况下将不得不迭代 512 个缓存行来读取一个变量。这种缓存被称为全相联。

为了提高从 CPU 缓存访问地址的速度，设计人员制定了有关缓存放置的不同策略。让我们跳过历史，讨论当今使用最广泛的选择：组相联缓存，它依赖于缓存分区。

为了让图 12.7 清晰起见，我们将处理该问题的简化版本：

- 我们假设一个 L1D 的缓存是 512 B（8 个缓存行）。
- 矩阵由 4 行 32 列组成，我们只读取前 8 列。

图 12.7 显示了该矩阵如何被存储在内存中。我们将使用二进制数来表示内存块地址。此外，灰色块代表我们要迭代的前 8 个 int64 类型的元素。其余块在迭代期间被跳过。

每个内存块包含 64 B，因此包含 8 个 int64 类型的元素。第一个内存块从 0x0000000000000 开始，第二个从 0001000000000（二进制数为 512）开始，以此类推。我们还展示了可以容纳 8 行的缓存。

注意   我们会看到错误#94 中要介绍的内容，切片不一定要从块的开头开始。

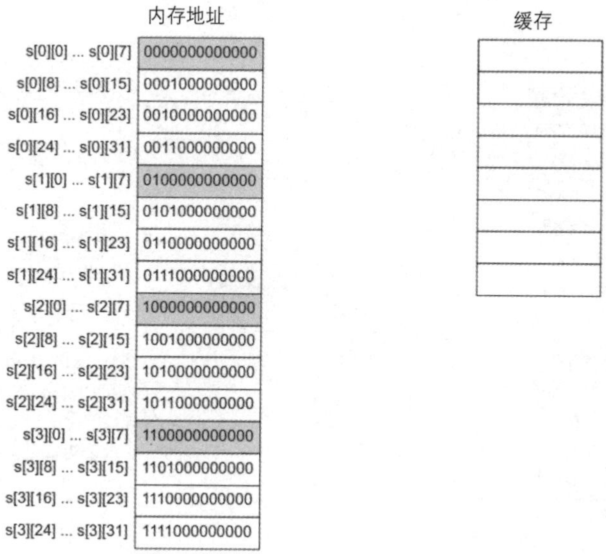

图 12.7　存储在内存中的矩阵，以及用于执行的空缓存

使用组相联缓存策略，缓存被划分为组。我们假设缓存是双向组相联的，这意味着每个组包含两行。一个内存块只能属于一个组，其放置位置由其内存地址决定。要理解这一点，我们必须将内存块地址分解为三个部分：

- **块偏移量**基于块大小。这里的块大小是 512 B，512 等于 2^9。因此，地址的前 9 位代表块偏移量（block offset，bo）。
- **组索引**指示地址所属的组。因为缓存是双向组相联的，并且包含 8 行，所以我们有 8 / 2 = 4 个组。此外，4 等于 2^2，因此接下来的两位代表组索引（set index，si）。
- 地址的其余部分由**标记位**（tb）组成。在图 12.7 中，为简单起见，我们使用 13 位表示一个地址。为了计算 tb，我们使用 13 − bo − si。这意味着剩下的两位代表标记位。

假设该函数启动并尝试读取属于地址 0000000000000 的 s[0][0]。由于该地址尚未出现在缓存中，因此 CPU 计算其组索引并将其复制到相应的缓存组（参见图 12.8）。

如前所述，9 位表示块偏移量：它是每个内存块地址的最小公共前缀。接下来的 2 位表示组索引。地址为 0000000000000 时，si 等于 00。因此，该内存块被复制到组 0。

当函数从 s[0][1] 读取到 s[0][7] 时，数据已经在缓存中了。CPU 是怎么知道的呢？CPU 计算内存块的起始地址，计算组索引和标记位，然后检查组 0 中是否存在 00。

接下来函数读取 s[0][8]，这个地址还没有被缓存。因此，复制内存块 0100000000000 时发生相同的操作（参见图 12.9）。

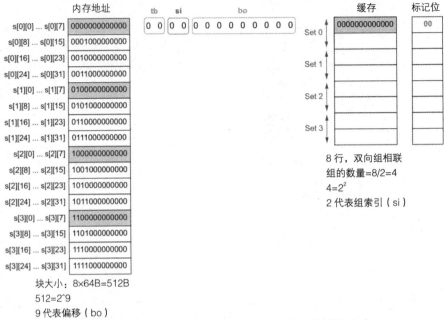

图 12.8 内存地址 000000000000 被复制到组 0 中

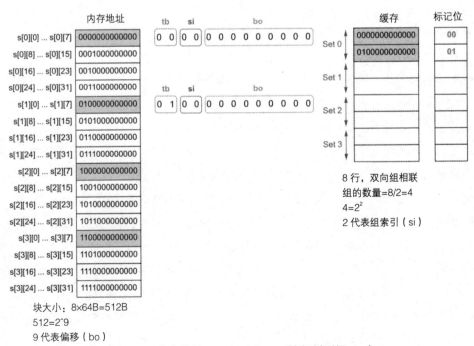

图 12.9 内存地址 0100000000000 被复制到组 0 中

此内存的组索引等于 00，因此它也属于组 0。缓存行被复制到组 0 中的下一个可用行。然后，再次从 s[1][1] 读取到 s[1][7] 导致缓存命中。

现在事情变得有趣了。该函数读取 s[2][0]，并且该地址不存在于缓存中。执行相同的操作（参见图 12.10）。

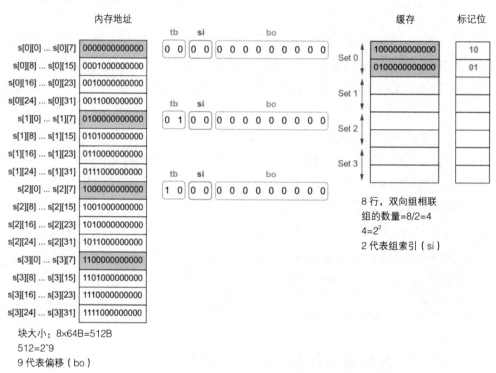

图 12.10　内存地址 1000000000000 替换了组 0 中现有的缓存行

组索引再次等于 00。但是，组 0 已满——CPU 做了什么？ 将内存块复制到另一组？ 不是的，CPU 替换现有缓存行之一以复制内存块 1000000000000。

缓存替换策略取决于 CPU，但通常是伪 LRU 策略（真正的 LRU 太复杂而无法处理）。在这种情况下，假设它替换了我们的第一个缓存行：0000000000000。当迭代第 3 行时会重复这种情况：内存地址 1100000000000 也有一个等于 00 的组索引，导致替换现有的缓存行。

现在，假设基准测试执行函数，其中一个切片指向从地址 0000000000000 开始的同一矩阵。当函数读取 s[0][0] 时，该地址不在缓存中。该块已被替换。

基准测试将导致更多的缓存未命中，而不是使用 CPU 缓存从一个执行到另一个。这种类型的缓存未命中称为冲突未命中：如果未对缓存进行分区，则不会发生未命中。我们迭代的所有变量都属于一个组索引为 00 的内存块。因此，我们只使用一个缓存组，而不是分布在整个缓存中。

之前我们讨论了步长的概念，将其定义为 CPU 如何遍历我们的数据。在这个例子中，这个步长被称为临界步长：它会访问具有相同组索引的内存地址，因此被存储到相同的缓存组。

让我们回到带有两个函数 calculateSum512 和 calculateSum513 的真实示例。基准测试在 32 KB 八路组相联的 L1D 缓存上执行：总共 64 组。因为一个缓存行是 64 B，所以临界步长等于 $64 \times 64 = 4$ KB。4 KB 的 int64 类型的元素代表了 512 个元素。我们达到了 512 列矩阵的临界步长，缓存分布很差。同时，如果矩阵包含 513 列，则不会导致临界步长。这就是我们观察到两个基准测试之间存在巨大差异的原因。

总之，我们必须意识到现代缓存是分区的。根据步长，在某些情况下只使用一组，这可能会损害应用程序性能并导致冲突未命中。这种步长称为临界步长。对于性能密集型应用程序，应该避免达到临界步长来充分利用 CPU 缓存。

> **注意** 我们的示例还强调了为什么应该注意微基准测试的结果，如果它是在生产系统以外的系统上执行的。如果生产系统有不同的缓存架构，性能可能会有很大的不同。

让我们继续讨论 CPU 缓存的影响。这一次，我们在编写并发代码时看到了具体的效果。

12.2 #92：编写导致伪共享的并发代码

到目前为止，我们已经讨论了 CPU 缓存的基本概念。我们已经看到，一些特定的缓存（通常是 L1 和 L2）并未在所有逻辑核心之间共享，而是在特定的物理核心上共享。这种特殊性有一些具体的影响，例如并发性和伪共享，这会导致性能显著下降。让我们通过一个例子来看看什么是伪共享，然后看看如何防止它。

在这个例子中，我们使用了两个结构体，Input 和 Result：

```
type Input struct {
  a int64
  b int64
}

type Result struct {
  sumA int64
```

```
  sumB int64
}
```

这段代码的目的是实现一个 count 函数，该函数接收 Input 切片并计算以下内容：

- 将 Input.a 的所有字段加和到 Result.sumA。
- 将 Input.b 的所有字段加和到 Result.sumB。

为了这个例子，我们实现了一个并发解决方案，其中一个 goroutine 计算 sumA，另一个 goroutine 计算 sumB：

```
func count(inputs []Input) Result {
  wg := sync.WaitGroup{}
  wg.Add(2)

  result := Result{} // 初始化 result 结构体

  go func() {
    for i := 0; i < len(inputs); i++ {
      result.sumA += inputs[i].a // 计算 sumA
    }
    wg.Done()
  }()

  go func() {
    for i := 0; i < len(inputs); i++ {
      result.sumB += inputs[i].b // 计算 sumB
    }
    wg.Done()
  }()

  wg.Wait()
  return result
}
```

我们启动了两个 goroutine：一个遍历每个 a 字段，另一个遍历每个 b 字段。从并发的角度来看，这个例子很好。例如，它不会导致数据竞争，因为每个 goroutine 都会增加自己的变量。但是这个例子说明了降低预期性能的伪共享的概念。

让我们看看主内存（参见图 12.11）。因为 sumA 和 sumB 是被连续分配的，所以在大多数情况下（八分之七），两个变量被分配到同一个内存块。

图 12.11 在此示例中，sumA 和 sumB 是同一内存块的一部分

现在，我们假设机器包含两个内核。在大多数情况下，我们最终应该将两个线程安排在不同的核心上。因此，如果 CPU 决定将此内存块复制到高速缓存行，则会复制两次（参见图 12.12）。

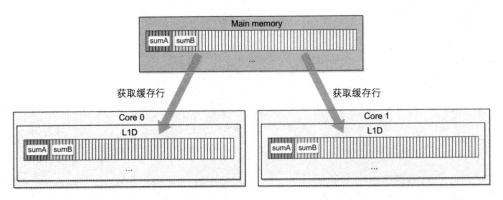

图 12.12 每个块都被复制到核心 0 和核心 1 上的缓存行

两个缓存行都被复制，因为 L1D（L1 数据缓存）是按核心来分配的。回想一下在我们的示例中，一侧是 sumA，另一侧是 sumB（参见图 12.13）。

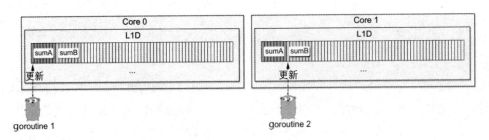

图 12.13 每个 goroutine 都会更新自己的变量

因为这些缓存行是被复制的，所以 CPU 的目标之一就是保证缓存的一致性。例如，如果一个 goroutine 更新 sumA，而另一个 goroutine 读取 sumA（在一些同步之后），我们希望应用程序获得最新的值。

然而，我们的例子并没有完全做到这一点。两个 goroutine 都访问它们自己的变量，而不是共享变量。我们可能希望 CPU 知道这一点并理解这不是冲突，但事实并非如此。当我们在缓存中写入变量时，CPU 跟踪一致性的粒度不是变量，而是缓存行。

当一个缓存行被多个核心共享并且至少有一个 goroutine 是写入者时，整个缓存行将失效。即使更新在逻辑上是独立的（例如，sumA 和 sumB），也会发生这种情况。这就是伪共享问题，它会降低性能。

> **注意** 在 CPU 内部，CPU 使用 MESI 协议来保证缓存一致性。它跟踪每个缓存行，将其标记为已修改、独占、共享或无效（MESI）。

了解内存和缓存的最重要的方面之一是跨内核共享内存不是真实的——这是一种幻觉。这种理解来自这样一个事实，即我们不认为机器是黑匣子，我们试图对潜在的层次有机械同理心。

那么如何解决伪共享问题呢？有两个主要的解决方案。

第一个解决方案是，使用与我们展示的相同的方法，但确保 sumA 和 sumB 不属于同一缓存行。例如，我们可以更新 Result 结构体以在字段之间添加填充。填充是一种分配额外内存的技术。因为 int64 类型的数据需要一个 8 B 的分配和 64 B 长的缓存行，所以我们需要 $64 - 8 = 56$ B 的填充：

```
type Result struct {
  sumA int64
  _    [56]byte
    sumB int64
}
```

图 12.14 展示了一种可能的内存分配。使用填充，sumA 和 sumB 将始终属于不同的内存块，因此属于不同的缓存行。

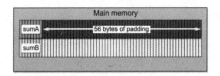

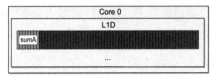 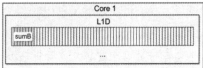

图 12.14　sumA 和 sumB 属于不同的内存块

如果我们对这两种解决方案（填充和没有填充）进行基准测试，会发现，填充解决方案明显更快（在我的机器上大约快 40%）。这是一项重要的改进，它是在两个字段之间添加填充以防止伪共享的结果。

第二种解决方案是重新设计算法的结构。例如，不是让两个 goroutine 共享相同的结构体，而是让它们通过 channel 传递它们的本地结果。基准测试结果与填充方案的测试结果大致相同。

总之，我们必须记住，跨 goroutine 共享内存在最低内存级别是一种错觉。当至少一个 goroutine 是写入者，缓存行在两个内核之间共享时，就会发生伪共享。如果需要优化依赖于并发的应用程序，应该检查是否应用了伪共享，因为，众所周知，这种模式会降低应用程序的性能。我们可以通过填充或通信来防止伪共享。

下一节我们将讨论 CPU 如何并行执行指令及如何利用该功能。

12.3　#93：不考虑指令级并行性

指令级并行性是另一个可以显著影响性能的因素。在定义这个概念之前，让我们讨论一个具体的例子及如何优化它。

我们将编写一个函数来接收包含两个 int64 类型元素的数组。这个函数会迭代一定次数（一个常量）。在每次迭代期间，它将执行以下操作：

- 增加数组的第一个元素。
- 如果第一个元素是偶数，则增加数组的第二个元素。

这是 Go 版本的代码：

```
const n = 1_000_000
func add(s [2]int64) [2]int64 {
  for i := 0; i < n; i++ { // 迭代 n 次
    s[0]++ // 增加 s[0]
    if s[0]%2 == 0 { // 当 s[0] 是偶数时，增加 s[1]
      s[1]++
    }
  }
  return s
}
```

循环内执行的指令如图 12.15 所示（增量需要先读再写）。指令序列是连续的：首先递增 s[0]；然后，在递增 s[1] 之前，需要再次读取 s[0]。

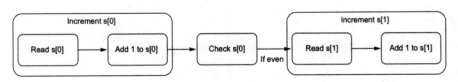

图 12.15　三个主要步骤：递增、检查、递增

注意　该指令序列与汇编指令的粒度不匹配。但为了清楚起见，我们在本节中使用了一个简化的视图。

让我们花一些时间讨论一下指令级并行（ILP）背后的理论。几十年前，CPU 设计人员不再仅仅关注用时钟速度来提高 CPU 性能。他们开发了多种优化操作，包括 ILP，它允许开发人员并行执行一系列指令。在单个虚拟内核中实现 ILP 的处理器称为超标量处理器。例如，图 12.16 展示了一个 CPU 正在执行一个由三个指令 I1、I2 和 I3 组成的应用程序。

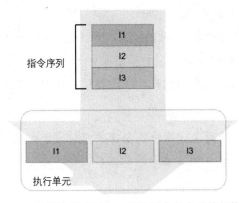

图 12.16　尽管按顺序写入，但这三个指令是并行执行的

执行一系列指令需要不同的阶段。简而言之，CPU 需要解码指令并执行它们。执行由执行单元处理，执行单元执行各种操作和计算。

在图 12.16 中，CPU 决定并行执行这三个指令。请注意，并非所有指令都必须在一个时钟周期内完成。例如，读取寄存器中已存在的值的指令将在一个时钟周期内完成，但读取必须从主存储器中获取地址的指令可能需要数十个时钟周期才能完成。

如果按顺序执行，该指令序列将花费以下时间（函数 t(x) 表示 CPU 执行指令 x 所花费的时间）：

```
total time = t(I1) + t(I2) + t(I3)
```

由于 ILP 技术，执行指令的总时间如下：

```
total time = max(t(I1), t(I2), t(I3))
```

从理论上讲，ILP 看起来很神奇。但它会导致一些称为冒险的挑战。

例如，如果 I3 将变量设置为 42，但 I2 是条件指令（例如，if foo == 1），怎么办？理论上，这种情况应该防止并行执行 I2 和 I3。这被称为控制冒险或分支冒险。实际上，CPU 设计者使用分支预测解决控制冒险。

例如，CPU 可以计算出最近 100 次中有 99 次条件为真；因此，它将并行执行 I2 和 I3。如果预测错误（I2 恰好为假），CPU 将刷新其当前执行管道，确保没有不一致。此刷新导致 10 到 20 个时钟周期的性能损失。

其他类型的冒险可能会阻止并行执行指令。作为软件工程师，我们应该意识到这一点。例如，让我们考虑以下两条更新寄存器（用于执行操作的临时存储区域）的指令：

- I1 将寄存器 A 和 B 中的数加到 C。
- I2 将寄存器 C 和 D 中的数加到 D。

因为 I2 取决于 I1 关于寄存器 C 值的结果，所以这两条指令不能同时执行。I1 必须在 I2 之前完成。这称为数据冒险。为了处理数据冒险，CPU 设计人员提出了一种叫作转发的技巧，它基本上绕过了写入寄存器的操作。这种技术并没有解决问题，只是试图减轻影响。

> **注意** 当流水线中有至少两条指令需要相同的资源时，则存在结构冒险。作为 Go 开发人员，我们无法真正影响这些类型的危害，因此不在本节中讨论它们。

现在我们对 ILP 理论有了一定的了解，回到最初的问题并关注循环的内容：

```
s[0]++
if s[0]%2 == 0 {
    s[1]++
}
```

正如我们所讨论的，数据冒险会阻止指令同时执行。让我们看看图 12.17 中的指令序列；这次我们强调指令之间的冒险。

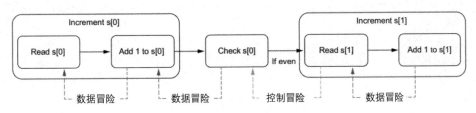

图 12.17　指令之间的冒险类型

由于有 if 语句，所以此序列包含一个控制冒险。然而，正如所讨论的，优化执行和预测应该采用哪个分支是 CPU 的职责。这里还有多种数据冒险。正如我们所讨论的，数据冒险会阻止 ILP 并行执行指令。图 12.18 从 ILP 的角度显示了指令序列：唯一独立的指令是 s[0] 检查和 s[1] 递增，因此由于分支预测，这两个指令集可以并行执行。

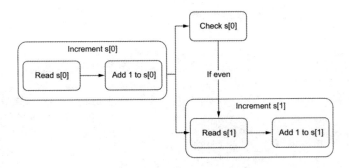

图 12.18　两个增量操作按顺序执行

那么累加操作呢？我们可以改进代码以尽量减少数据冒险的数量吗？

让我们编写另一个引入临时变量的版本（add2）：

```
func add(s [2]int64) [2]int64 { // 第一版
    for i := 0; i < n; i++ {
        s[0]++
```

```
        if s[0]%2 == 0 {
            s[1]++
        }
    }
    return s
}

func add2(s [2]int64) [2]int64 { // 第二版
    for i := 0; i < n; i++ {
        v := s[0] // 引入一个新的变量来固定 s[0] 的值
        s[0] = v + 1
        if v%2 != 0 {
            s[1]++
        }
    }
    return s
}
```

在这个新版本中，我们将 s[0] 的值固定为一个新变量 v。之前我们递增 s[0] 并检查它是否为偶数。为了复制这种行为，因为 v 基于 s[0]，所以为了增加 s[1]，现在检查 v 是否为奇数。

　　图 12.19 比较了两个版本的冒险。步骤数相同。显著差异在于数据冒险：s[0] 增量的步骤和检查 v 的步骤现在依赖于相同的指令（将 s[0] 读入 v）。

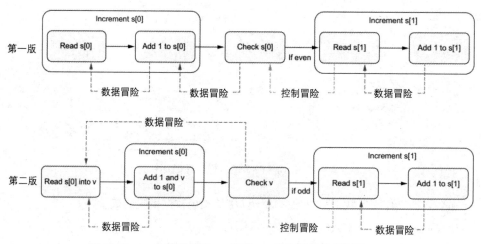

图 12.19　一个显著差异：检查 v 的步骤的数据冒险

为什么这很重要？因为它允许 CPU 提高并行度（参见图 12.20）。

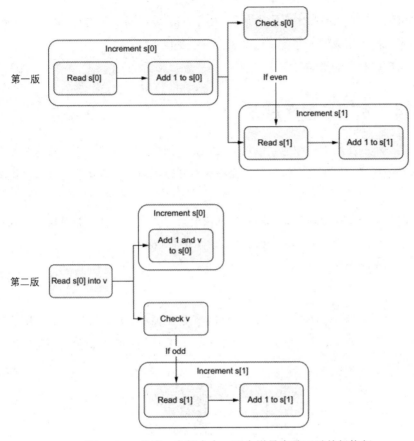

图 12.20　在第二个版本中，两个增量步骤可以并行执行

　　尽管步骤数量相同，但第二个版本增加了可以并行执行的步骤数量：三个并行路线而不是两个。同时，执行时间也会被优化，因为最长的执行路径已经被简化。如果我们对这两个函数进行基准测试，可以发现第二个版本的速度有了显著提高（在我的机器上大约提高了20%），这主要是因为 ILP。

　　这一节我们讨论了现代 CPU 如何使用并行机制来优化一组指令的执行时间。我们还研究了数据冒险，它可以阻止并行执行指令。我们通过减少数据冒险的数量来优化 Go 示例，以增加可以并行执行的指令数量。

　　了解 Go 如何将代码编译成汇编语言以及如何使用 CPU 优化（例如 ILP）是另一个改进途径。在这里，引入一个临时变量可以显著提高性能。这个例子展示了机械同理心如何帮助我们优化 Go 应用程序。

我们还要记住，对此类微优化应保持谨慎。由于 Go 编译器不断发展，因此当 Go 版本发生变化时，应用程序生成的汇编程序也可能会发生变化。

下一节讨论数据对齐的影响。

12.4 #94：不了解数据对齐

数据对齐是一种安排数据分配方式以加速 CPU 访问内存的方法。不了解这个概念会导致额外的内存消耗甚至性能下降。本节讨论此概念及其适用范围，以及防止代码优化不足的技术。

要了解数据对齐的工作原理，让我们首先讨论没有它会发生什么。假设我们分配两个变量，一个 int32 类型的（32 B）和一个 int64 类型的（64 B）：

```
var i int32
var j int64
```

在没有数据对齐的情况下，在 64 位架构上，这两个变量的分配方式如图 12.21 所示。j 变量可以被分配在两个字上。如果 CPU 想要读取 j，它需要两次内存访问而不是一次。

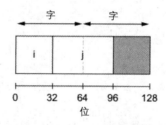

图 12.21 j 被分配在 2 个字上

为了防止发生这种情况，变量的内存地址应该是其自身大小的倍数，这就是数据对齐的概念。在 Go 中，对齐可保证如下事项：

- Byte、uint8、int8：占用 1 B。
- uint16、int16：占用 2 B。
- uint32、int32、float32：占用 4 B。
- uint64、int64、float64、complex64：占用 8 B。
- complex128：占用 16 B。

所有这些类型都保证对齐的方式：它们的地址是它们大小的倍数。例如，任何 int32 类型的变量的地址都是 4 的倍数。

让我们回到现实世界。图 12.22 显示了 i 和 j 在内存中分配的两种不同情况。

在第一种情况下，在 i 之前分配了一个 32 位的变量。因此，i 和 j 是连续分配的。在第二种情况下，32 位的变量在 i 之前没有被分配（比如是 64 位的变量）；所以，i 被分配在一个字的开头。为了遵从数据对齐（地址是 64 的倍数），j 不能与 i 一起被分配，而是被分配给下一个 64 的倍数。灰色框表示 32 位的填充。

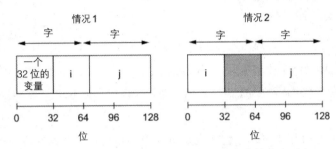

图 12.22　在这两种情况下，j 都与其自身的大小对齐

接下来，让我们看看填充何时会成为问题。我们将考虑以下包含三个字段的结构：

```
type Foo struct {
    b1 byte
    i  int64
    b2 byte
}
```

我们有一个字节类型（1 B）、一个 int64（8 B）类型和另一个字节类型（1 B）。在 64 位架构上，结构体在内存中的分配如图 12.23 所示。b1 首先被分配。因为 i 是一个 int64 类型的，它的地址必须是 8 的倍数。因此，不可能将它与 b1 一起分配在 0x01。8 的倍数的下一个地址是什么？0x08。b2 被分配给下一个可用地址，它是 1 的倍数：0x10。

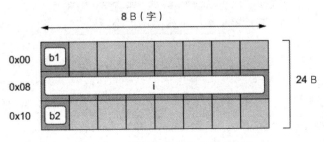

图 12.23　该结构体总共占用 24 B

因为结构体的大小必须是字大小（8 B）的倍数，所以它的地址不是 17 B，而是总共 24 B。在编译过程中，Go 编译器添加填充以保证数据对齐：

```
type Foo struct {
    b1 byte
    _  [7]byte // 编译器添加的填充
    i  int64
    b2 byte
    _  [7]byte // 编译器添加的填充
}
```

每次创建 Foo 结构体时，它都需要 24 B 的内存，但只有 10 B 包含数据——其余 14 B 是填充的。因为结构体是一个原子单元，所以它永远不会被重组，即使在垃圾收集（GC）之后也是如此；它将始终占用内存中的 24 B。请注意，编译器不会重新排列字段；它只添加填充以保证数据对齐。

如何减少分配的内存量呢？经验法则是重新组织结构体，使其字段按类型大小降序排列。在我们的例子中，首先是 int64 类型，然后是两种字节类型：

```
type Foo struct {
    i  int64
    b1 byte
    b2 byte
}
```

图 12.24 显示了这个新版本的 Foo 是如何在内存中被分配的。i 先被分配，占用一个完整的字。与上一版本的主要区别在于，现在 b1 和 b2 可以在同一个字中并存。

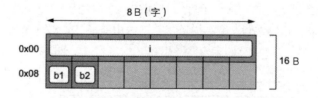

图 12.24 该结构体现在在内存中占用 16 B

同样，该结构体必须是字大小的倍数；但它并没有占用内存中的 24 B，而只占用了 16 B。仅通过将 i 移动到第一个位置，我们就节省了 33% 的内存。

如果我们使用 Foo 结构体的第一个版本（24 B）而不是压缩的版本，具体的影响会是什么呢？如果保留 Foo 结构体（例如，内存中的 Foo 缓存），我们的应用程序将消耗额外的内存。但即使不保留 Foo 结构体，也会有其他影响。例如，如果我们频繁创建 Foo 变量并将它们分配到堆中（将在下一节讨论"堆"这个概念），结果将是更频繁地进行垃圾收集，从而影响整个应用程序的性能。

说到性能，还有另一个对空间局部性的影响。例如，让我们考虑下面的 sum 函数，它将 Foo 结构体的一部分作为参数。此函数迭代切片并对所有 i 字段求和（int64 类型的）：

```
func sum(foos []Foo) int64 {
    var s int64
    for i := 0; i < len(foos); i++ {
        s += foos[i].i // 对所有 i 字段求和
    }
    return s
}
```

因为切片由数组支持，这意味着 Foo 结构体被连续分配。

我们讨论一下两个版本的 Foo 的底层数组并检查数据的两个缓存行（128 B）。在图 12.25 中，每个灰色条代表 8 B 的数据，并且较暗的条是 i 变量（我们要求和的字段）。

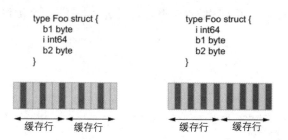

图 12.25　因为每个缓存行包含更多的 i 变量，所以在 foo 切片上迭代时需要更少的缓存行数量

正如我们所见，使用最新版本的 Foo，每个缓存行都更有用，因为它包含平均多 33% 的 i 变量。因此，迭代 Foo 切片以对所有 int64 类型的元素求和更有效。

我们可以用一个基准测试来验证这个观察结果。如果我们使用包含 10 000 个元素的切片对 Foo 的两个版本运行基准测试，那么使用最新 Foo 结构体的版本在我的机器上大约快 15%。与更改结构体中单个字段的位置相比，速度提高了 15%。

让我们记住数据对齐。正如我们在本节中看到的，重新组织 Go 结构体的字段以按类型大小降序对它们进行排序可防止填充。防止填充意味着分配更紧凑的结构，可以实现优化，例如降低垃圾收集的频率和保持更好的空间局部性。

下一节将讨论栈和堆之间的根本区别及它们为何重要。

12.5 #95: 不了解栈与堆

在 Go 中，变量可以被分配在栈上或堆上。这两种类型的内存在根本上是不相同的，它们可以显著影响数据密集型应用程序的性能。让我们了解一下这些概念和编译器决定变量分配位置所遵循的规则。

12.5.1 栈 vs 堆

首先，让我们讨论一下栈和堆的区别。栈是默认内存；它是一种后进先出（LIFO）的数据结构，用于存储特定 goroutine 的所有局部变量。当一个 goroutine 启动时，它会获得 2 KB 的连续内存作为它的栈空间（这个大小随着时间的推移而变化并且可能会再次改变）。然而，这个大小在运行时不是固定的，会根据需要增大和缩小（但它在内存中始终保持连续，保持数据局部性）。

当 Go 进入一个函数时，会创建一个栈帧，代表内存中只有当前函数才能访问的一个区间。让我们看一个具体的例子来理解这个概念。在这里，main 函数将打印 sumValue 函数的结果：

```
func main() {
    a := 3
    b := 2
    c := sumValue(a, b) // 调用 sumValue 函数
    println(c) // 打印结果
}

//go:noinline // 关闭内联
func sumValue(x, y int) int {
    z := x + y
    return z
}
```

这里有两点需要注意。首先，我们使用 println 内置函数而不是 fmt.Println，这将强制在堆上分配 c 变量。其次，我们禁用 sumValue 函数的内联，否则，函数调用将不会发生（我们在错误#97 中将讨论内联）。

图 12.26 显示了分配 a 和 b 之后的栈。因为我们执行了 main 函数，所以为这个函数创建了一个栈帧。变量 a 和 b 被分配到这个栈帧所在的栈中。存储的所有变量都是有效地址，这意味着它们可以被引用和访问。

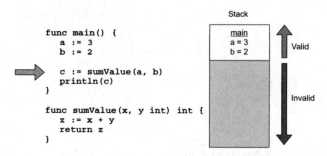

图 12.26　a 和 b 都被分配在了栈上

图 12.27 显示了如果进入 sumValue 函数直到执行到 return 语句会发生什么。Go运行时创建一个新的栈帧作为当前 goroutine 栈的一部分。x 和 y 与 z 在当前栈帧中一起被分配。

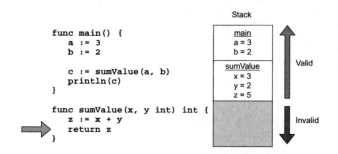

图 12.27　调用 sumValue 创建一个新的栈帧

先前的栈帧（main 函数）包含仍然被认为有效的地址。我们不能直接访问 a 和 b；但是，举例来讲，如果我们在 a 上有一个指针，那么它就是有效的。我们很快就会讨论指针。

让我们转到 main 函数的最后一条语句：println。我们退出了 sumValue 函数，那么它的栈帧会发生什么？见图 12.28。

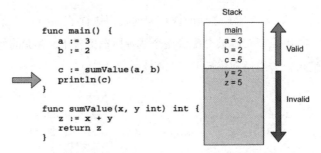

图 12.28 sumValue 栈帧被删除并被替换为来自 main 的变量。在本例中，
x 已被 c 擦除，而 y 和 z 仍在内存中被分配但无法被访问

sumValue 栈帧并未从内存中被完全删除。当函数返回时，Go 不会花时间释放变量来回收可用空间。但是这些以前的变量不能再被访问，当来自父函数的新变量被分配到栈时，它们取代了之前的分配。从某种意义上说，栈是自清洁的；它不需要额外的机制，例如 GC。

现在，让我们稍微改变一下以了解栈的局限性。该函数将返回一个指针，而不是返回一个 int 类型的数据：

```go
func main() {
    a := 3
    b := 2
    c := sumPtr(a, b)
    println(*c)
}

//go:noinline
func sumPtr(x, y int) *int { // 返回一个指针
    z := x + y
    return &z
}
```

main 中的变量 c 现在是 *int 类型的。让我们直接转到调用 sumPtr 之后的最后一个 println 语句。如果 z 仍然被分配在栈上（不可能发生的情况）会发生什么？见图 12.29。

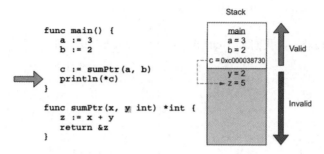

图 12.29　变量引用了一个不再有效的地址

如果 `c` 正在引用变量 `z` 的地址，并且 `z` 是在栈上被分配的，我们就会遇到一个大问题。该地址将不再有效，而且 `main` 的栈帧将继续增长并擦除 `z` 变量。因此，栈是不够的，我们需要另外一种类型的内存：堆。

堆内存是所有 goroutine 共享的内存池。在图 12.30 中，三个 goroutine G1、G2 和 G3 中的每一个都有自己的栈，它们共享同一个堆。

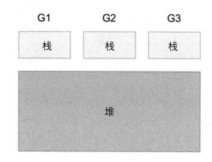

图 12.30　三个 goroutine 都有自己的栈，但共享堆

在前面的示例中，我们看到 `z` 变量不能存在于栈中；因此，它逃逸到堆中。如果编译器无法证明函数返回后某个变量未被引用，则会在堆上分配该变量。

我们为什么要关心这些？了解栈和堆之间的区别有什么意义？因为这对性能有重大影响。

正如我们所说，栈是自清洁的，并由单个 goroutine 访问。而堆必须由外部系统清理：GC。堆分配得越多，对 GC 施加的压力就越大。当 GC 运行时，它会使用 25% 的可用 CPU 资源，并且可能会产生毫秒级的 "stop the world" 延迟（应用程序暂停的阶段）。

我们还必须了解，对于 Go 运行时来说，在栈上分配更快，因为它很简单：一个指针引用下一个可用的内存地址。而在堆上分配需要更多的努力才能找到正确的位置，因此需要更多的时间。

为了说明这些差异，我们对 sumValue 和 sumPtr 进行基准测试：

```
var globalValue int
var globalPtr *int

func BenchmarkSumValue(b *testing.B) {
    b.ReportAllocs() // 报告堆的分配
    var local int
    for i := 0; i < b.N; i++ {
        local = sumValue(i, i) // 按值求和
    }
    globalValue = local
}

func BenchmarkSumPtr(b *testing.B) {
    b.ReportAllocs() // 报告堆的分配
    var local *int
    for i := 0; i < b.N; i++ {
        local = sumPtr(i, i) // 按指针求和
    }
    globalValue = *local
}
```

如果运行这些基准测试（并且仍然禁用内联），我们会得到以下结果：

```
BenchmarkSumValue-4   992800992    1.261 ns/op   0 B/op   0 allocs/op
BenchmarkSumPtr-4      82829653   14.84 ns/op    8 B/op   1 allocs/op
```

sumPtr 比 sumValue 慢一个数量级，这是使用堆而不是栈的直接结果。

> **注意** 这个例子表明，使用指针来避免复制不一定更快；这取决于上下文。到目前为止，在本书中，我们仅从语义的角度讨论了值与指针：当必须共享值时使用指针。在大多数情况下，这应该是要遵循的规则。还要记住，现代 CPU 在复制数据方面非常高效，尤其是在同一缓存行中。让我们避免过早优化并首先关注可读性和语义。

还应该注意，在之前的基准测试中，我们调用了 b.ReportAllocs()，它突出了堆分配（栈分配不计算在内）。

- B/op：每次操作分配多少字节。
- allocs/op：每次操作对应的分配次数。

下面我们来讨论变量逃逸到堆的条件。

12.5.2　逃逸分析

逃逸分析是指编译器执行的工作，用以决定一个变量应该被分配在栈上还是堆上。让我们看看主要规则。

当无法在栈上完成分配时，会在堆上完成。尽管这听起来像是一个简单的规则，但记住这一点很重要。例如，如果编译器无法证明函数返回后某个变量未被引用，则该变量将被分配在堆上。在上一节中，sumPtr 函数返回一个指针，其指向在函数范围内创建的变量，这个过程就是这种情况。一般来说，向上共享（sharing up）会逃逸到堆。

但是相反的情况呢？如果我们接收一个指针，如下例所示，会怎样？

```go
func main() {
    a := 3
    b := 2
    c := sum(&a, &b)
    println(c)
}

//go:noinline
func sum(x, y *int) int { // 接收指针
    return *x + *y
}
```

sum 接收在父函数中创建的变量的两个指针。我们转到 sum 函数中的 return 语句，图 12.31 显示了当前的栈。

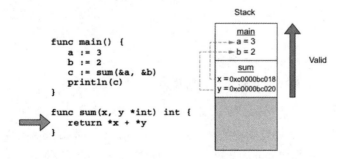

图 12.31　x 和 y 变量引用有效的地址

尽管是另一个栈帧的一部分，x 和 y 变量也仍然引用有效的地址。因此，a 和 b 不必逃逸，

它们可以留在栈上。一般情况下，向下共享（sharing down）会留在栈上。

以下是变量可以逃逸到堆的其他情况：

- 全局变量，因为多个 goroutine 可以访问它们。
- 发送到 channel 的指针：

```
type Foo struct{ s string }
ch := make(chan *Foo, 1)
foo := &Foo{s: "x"}
ch <- foo
```

在这里，foo 逃逸到堆中。

- 由发送到 channel 的值引用的变量：

```
type Foo struct{ s *string }
ch := make(chan Foo, 1)
s := "x"
bar := Foo{s: &s}
ch <- bar
```

因为 s 被 Foo 通过 Foo 的地址引用，所以 s 在这种情况下会逃逸到堆中。

- 如果一个局部变量太大而不适合栈。
- 如果局部变量的大小未知。例如，s := make([]int, 10) 可能不会逃逸到堆中，但 s := make([]int, n) 会，因为它的大小是基于一个变量的。
- 如果切片的底层数组使用 append 进行了重新分配。

尽管上述列表为我们提供了理解编译器决策的想法，但它并不详尽，并且可能会在未来的 Go 版本中发生变化。为了确认假设，可以使用 -gcflags 访问编译器的决定：

```
$ go build -gcflags "-m=2"
...
./main.go:12:2: z escapes to heap:
```

在这里，编译器通知我们，z 变量将逃逸到堆中。

了解堆和栈之间的根本区别对于优化 Go 应用程序至关重要。正如我们所见，堆分配对于 Go 运行时处理来说更为复杂，并且需要具有 GC 的外部系统来释放数据。在某些数据密集型应用程序中，堆管理可占总 CPU 时间消耗的 20% ~ 30%。另一方面，栈是自清洁的，并且对单个 goroutine 而言是本地的，从而使分配速度更快。因此，优化分配内存方式可以带来巨大的投资回报。

了解逃逸分析的规则也是必不可少的，这样写出来的代码更高效。一般来说，向下共享留在栈上，而向上共享逃逸到堆中。这可以防止常见的错误，诸如我们想要返回指针这种过早的优化，还可避免复制。让我们首先关注可读性和语义，然后在需要时再优化内存分配方式。

下一节将讨论如何减少分配。

12.6 #96：不了解如何减少分配

减少分配是加速 Go 应用程序的常见优化技术。本书前面的内容已经涵盖了一些减少堆分配次数的方法：

- 未优化的字符串连接（见错误#39）：使用 `strings.Builder` 而不是 + 运算符来连接字符串。
- 无用的字符串转换（见错误#40）：尽可能地避免将 `[]byte` 转换为字符串。
- 切片和字典初始化效率低下（见错误#21 和错误#27）：如果长度已知，则预分配切片和字典。
- 更好的数据结构对齐以减小结构的大小（错误#94）。

作为本节的一部分，我们将讨论三种减少分配的常用方法：

- 修改 API。
- 依赖编译器优化。
- 使用 `sync.Pool` 等工具。

12.6.1 修改 API

第一个方法是仔细处理我们提供的 API。让我们以 `io.Reader` 接口为例：

```
type Reader interface {
    Read(p []byte) (n int, err error)
}
```

`Read` 方法接收一个切片并返回读取的字节数。现在，想象一下，如果 `io.Reader` 接口被设计成另一种方式：传递一个表示必须读取多少字节的 `int` 类型的参数并返回一个切片：

```
type Reader interface {
    Read(n int) (p []byte, err error)
}
```

从语义上讲，这没有错。但在这种情况下，返回的切片会自动逃逸到堆中。我们将处于上一节描述的向上共享的案例中。

　　Go 的设计者使用向下共享的方法来防止切片自动逃逸到堆中。因此，由调用者提供切片。这并不一定意味着这个切片不会逃逸：编译器可能已经决定不将这个切片留在栈上。但是，这取决于调用者如何处理它的分配，而不是由调用 Read 方法引起的约束。

　　有时，即使是 API 的微小变化也会对分配产生积极影响。在设计 API 时，让我们了解上一节中描述的逃逸分析规则，如果需要，使用 -gcflags 来理解编译器的决定。

12.6.2　编译器优化

　　Go 编译器的目标之一是尽可能地优化我们的代码。这是一个关于字典的具体例子。

　　在 Go 中，我们不能使用切片作为键类型来定义字典。在某些情况下，尤其是在执行 I/O 的应用程序中，我们可能会收到 []byte 数据，希望将其用作键。我们有义务先将其转化为字符串，因此可以编写如下代码：

```
type cache struct {
    m map[string]int // 持有以 string 为键的 map
}

func (c *cache) get(bytes []byte) (v int, contains bool) {
    key := string(bytes) // 从[]byte 转换成 string
    v, contains = c.m[key] // 使用字符串值来查询字典
    return
}
```

因为 get 函数接收了一个 []byte 切片，所以我们将其转换为一个 string 键来查询 map。

　　但是，如果我们使用 string(bytes) 查询 map，Go 编译器会实现特定的优化：
```
func (c *cache) get(bytes []byte) (v int, contains bool) {
    v, contains = c.m[string(bytes)] // 直接使用 string(bytes) 来查询 map
    return
}
```

尽管这几乎是相同的代码（直接调用 string(bytes) 而不是传递变量），但编译器将避免执行这种字节到字符串的转换。因此，第二个版本比第一个版本更快。

　　这个例子说明，看起来相似的函数的两个版本可能会在 Go 编译器的工作后产生不同的

汇编代码。我们还应该了解可能的编译器优化以优化应用程序。我们需要关注 Go 未来的版本，以查看是否向该语言添加了新的优化。

12.6.3　sync.Pool

如果想解决分配数量问题，另一个改进方法是使用 sync.Pool。我们应该明白，sync.Pool 不是缓存：这里不能设置固定大小或最大容量。它是一个重用公共对象的池。

假设我们要实现一个 write 函数，它接收一个 io.Writer，调用一个函数来获取 []byte 切片，然后将其写入 io.Writer。我们的代码如下所示（为清楚起见，省略了错误处理）：

```
func write(w io.Writer) {
  b := getResponse() // 收到一个 []byte 类型的响应
  _, _ = w.Write(b) // 写入 io.Writer
}
```

在这里，getResponse 在每次调用时返回一个新的 []byte 切片。如果想通过重用这个切片来减少分配的次数该怎么办？我们假设所有响应的最大大小为 1024 B。在这种情况下，可以使用 sync.Pool。

创建 sync.Pool 需要一个 func() any 工厂函数，见图 12.32。sync.Pool 暴露了两个方法：

- Get() any——从池中获取一个对象。
- Put(any)——将一个对象返回到池中。

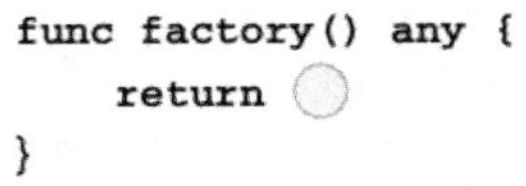

```
func factory() any {
    return ◯
}
```

图 12.32　定义一个工厂函数，在每次调用时创建一个新对象

如果池为空，则使用 Get 创建一个新对象，否则重用一个对象。然后，在使用该对象后，我们可以使用 Put 将其放回池中。图 12.33 显示了一个示例，其中包含先前定义的对象，当池为空时使用 Get，当池不为空时使用 Put 和 Get。

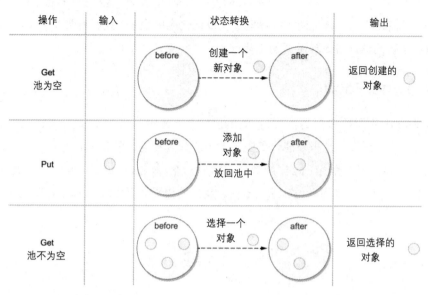

图 12.33　Get 要么创建一个新对象，要么从池中返回一个对象。Put 将对象返回池中

什么时候从池中释放对象？没有特定的方法来执行此操作：它依赖于 GC。每次 GC 之后，池中的对象都会被销毁。

回到我们的示例，假设我们可以更新 getResponse 函数以将数据写入给定的切片而不是创建切片，可以实现另一个版本，其依赖池的 write 方法：

```go
var pool = sync.Pool{
    New: func() any {              // 创建对象池并设置工厂函数
        return make([]byte, 1024)
    },
}

func write(w io.Writer) {
    buffer := pool.Get().([]byte) // 从池中获取或创建一个 []byte
    buffer = buffer[:0]           // 重置缓冲区
    defer pool.Put(buffer)        // 把缓冲区放回池中

    getResponse(buffer)           // 把返回结果写入提供的缓冲区
    _, _ = w.Write(buffer)
}
```

我们使用 sync.Pool 结构体定义了一个新的池，并设置工厂函数以创建一个长度为 1024 个元素的新 []byte。在 Write 函数中，我们尝试从池中获取一个缓冲区。如果池为空，则该函数创建一个新缓冲区；否则，它从池中选择任意一个缓冲区并将其返回。一个关键步骤是使用 buffer[:0] 重置缓冲区，因为该切片可能已被使用过。然后我们使用 defer 推迟对 Put 的调用以将切片放回池中。

在这个新版本中，调用 write 不会为每个调用创建一个新的 []byte 切片。我们可以重用现有的已分配切片。在最坏的情况下——例如，在 GC 之后——该函数将创建一个新的缓冲区；然而，摊销的分配成本降低了。

综上所述，如果我们经常分配很多同类型的对象，可以考虑使用 sync.Pool。它是一组临时对象，可以帮助我们防止重复重新分配相同类型的数据。sync.Pool 可以安全地同时被多个 goroutine 使用。

接下来，我们讨论内联的概念，以了解这种计算机优化方法。

12.7　#97：没有依赖内联

内联是指用函数体替换函数调用。如今，内联由编译器自动完成。了解内联的基础知识可以成为优化应用程序特定代码路径的一种方式。

让我们看一个内联简单求和函数的具体示例，该求和函数求两个 int 类型的值的和：

```
func main() {
    a := 3
    b := 2
    s := sum(a, b)
    println(s)
}

func sum(a int, b int) int { // 内联这个函数
    return a + b
}
```

如果使用 -gcflags 运行 go build，将得到编译器做出的关于 sum 函数的决定：

```
$ go build -gcflags "-m=2"
./main.go:10:6: can inline sum with cost 4 as:
func(int, int) int { return a + b }
...
./main.go:6:10: inlining call to sum func(int, int) int { return a + b }
```

编译器决定内联对 sum 的调用。因此，以前的代码通过以下方式被替换：

```
func main() {
    a := 3
```

```
    b := 2
    s := a + b // sum 函数体替换 sum 函数调用
    println(s)
}
```

内联仅适用于具有一定复杂性的函数，因此也将其称为内联预算。否则，编译器会告诉我们该函数太复杂而无法内联：

```
./main.go:10:6: cannot inline foo: function too complex:
    cost 84 exceeds budget 80
```

内联有两个主要好处。首先，它消除了函数调用的开销（尽管自 Go 1.17 和基于寄存器的调用约定发布以来开销已经减轻）。其次，它允许编译器进行进一步的优化。例如，在内联一个函数之后，编译器可以决定最初应该在堆上逃逸的变量可以留在栈上。

问题是，如果这种优化是由编译器自动应用的，我们作为 Go 开发人员为什么要关心它呢？ 答案在于栈中内联的概念。

栈中内联是关于内联调用其他函数的函数。在 Go 1.9 之前，内联只考虑叶函数。现在，多亏了栈中内联，下面的 foo 函数也可以被内联：

```
func main() {
    foo()
}
func foo() {
    x := 1
        bar(x)
}
```

因为 foo 函数不太复杂，所以编译器可以内联它的调用：

```
func main() {
    x := 1 // 使用 foo 的函数体替换
        bar(x)
}
```

由于栈中内联，作为 Go 开发人员，我们现在可以使用快速路径内联的概念来优化应用程序以区分快速路径和慢速路径。让我们看一个在 sync.Mutex 实现中发布的具体示例，以了解其工作原理。

在栈中内联之前，Lock 方法的实现如下：

```
func (m *Mutex) Lock() {
    if atomic.CompareAndSwapInt32(&m.state, 0, mutexLocked) {
```

```
    // 互斥锁没有被锁定
    if race.Enabled {
        race.Acquire(unsafe.Pointer(m))
    }
    return
}

// 互斥锁已被锁定
var waitStartTime int64
starving := false
awoke := false
iter := 0
old := m.state
for {
    // …… 一段复杂的逻辑
}
if race.Enabled {
    race.Acquire(unsafe.Pointer(m))
}
}
```

我们可以区分两条主要路径：

- 如果互斥锁没有被锁定（atomic.CompareAndSwapInt32 为真），执行快速路径。
- 如果互斥锁已经被锁定（atomic.CompareAndSwapInt32 为假），执行慢速路径。

但是，无论采用何种路径，该函数都不能被内联，因为它很复杂。为了使用栈中内联，Lock 方法被重构，慢速路径存在于特定函数中：

```
func (m *Mutex) Lock() {
    if atomic.CompareAndSwapInt32(&m.state, 0, mutexLocked) {
        if race.Enabled {
            race.Acquire(unsafe.Pointer(m))
        }
        return
    }
    m.lockSlow() // 互斥锁已被锁定的路径
}

func (m *Mutex) lockSlow() {
    var waitStartTime int64
    starving := false
    awoke := false
    iter := 0
    old := m.state
```

```
for {
    // ...
}
if race.Enabled {
    race.Acquire(unsafe.Pointer(m))
}
}
```

由于此更改，可以内联 Lock 方法。好处是，一个尚未锁定的互斥锁现在被锁定，而无须支付调用函数的开销（速度可提高约 5%）。当互斥锁已经被锁定时，慢速路径没有改变。以前加锁操作需要一个函数调用来执行这个逻辑；它仍然是一个函数调用，这次是调用 lockSlow。

这种优化技术是关于区分快速路径和慢速路径的。如果可以内联快速路径但不能内联慢速路径，我们可以将慢速路径提取到特定函数中。因此，如果没有超出内联预算，我们的函数就是内联的候选者。

内联是我们应该关心的隐形编译器优化。如本节所示，了解内联如何工作及如何获取编译器的决定可以成为使用快速路径内联技术进行优化的途径。如果执行快速路径，则在特定函数中提取慢速路径以避免函数调用。

下一节我们将讨论常见的诊断工具，这些工具可以帮助我们了解应该在 Go 应用程序中优化的内容。

12.8　#98：没有使用 Go 诊断工具

Go 提供了一些出色的诊断工具，可帮助我们深入了解应用程序的执行情况。本节重点介绍两类工具：分析工具和跟踪工具。这两类工具都非常重要，它们应该成为对优化感兴趣的 Go 开发人员的核心工具集的一部分。我们首先讨论分析工具。

12.8.1　分析工具

分析工具可观测应用程序执行的各种指标。它使我们能够解决性能问题、检测争用、定位内存泄漏等。这些指标可以通过以下几个配置文件收集：

- CPU——确定应用程序将时间花在了哪里。
- Goroutine——报告正在进行的 goroutine 的栈跟踪。
- Heap——报告堆内存分配以监控当前内存使用情况，并检查可能的内存泄漏。

- Mutex——报告锁争用，以查看代码中使用的互斥锁的行为，以及应用程序是否在锁定调用上花费了太多时间。
- Block——显示 goroutine 阻塞等待同步原语的位置。

在 Go 中，有一款分析工具名为 pprof。首先，让我们了解如何以及何时启用 pprof；然后，我们讨论最关键的配置文件类型。

启用 pprof

有几种方法可以启用 pprof。例如，我们可以使用 net/http/pprof 包通过 HTTP 提供分析数据：

```
package main

import (
    "fmt"
    "log"
    "net/http"
    _ "net/http/pprof" // 匿名导入 pprof
)

func main() {
// 暴露一个 HTTP 服务端
    http.HandleFunc("/", func(w http.ResponseWriter, r *http.Request)
{       fmt.Fprintf(w, "")
    })
    log.Fatal(http.ListenAndServe(":80", nil))
}
```

导入 net/http/pprof 会产生副作用，使我们能够访问 pprof URL，http://host/debug/pprof。请注意，即使在生产环境中启用 pprof 也是安全的（参见链接 43）。影响性能的配置，如 CPU 分析，默认情况下不启用，也不会连续运行，它们仅在特定时间段内被激活。

现在我们已经了解了如何暴露 pprof 服务端，让我们讨论最常见的配置。

CPU 分析

CPU 分析依赖于操作系统和信号。当它被激活时，应用程序默认通过 SIGPROF 信号要求操作系统每 10 ms 中断一次。当应用程序收到 SIGPROF 信号时，它会暂停当前活动并将执行转移到分析工具。分析工具收集诸如当前 goroutine 活动之类的数据，并汇总我们可以检索的执行统计信息。然后分析工具停止，应用程序继续执行直到下一个 SIGPROF。

我们可以通过访问 `/debug/pprof/profile` 端点来激活 CPU 分析。默认情况下，访问此端点会执行 30 s 的 CPU 分析。在 30 s 内，应用程序每 10 ms 中断一次。请注意，我们可以更改这两个默认值：可以使用 `second` 参数向端点传递分析应该持续多长时间（例如，`/debug/pprof/profile?seconds=15`），还可以更改中断速率（甚至小于 10 ms）。但在大多数情况下，10 ms 应该足够了，在减小这个值（意味着增加速率）时，应该注意不要损害性能。30 s 后，我们可下载 CPU 分析的结果。

基准测试期间的 CPU 分析

我们还可以使用 `-cpuprofile` 标识启用 CPU 分析，例如在运行基准测试时：

```
$ go test -bench=. -cpuprofile profile.out
```

此命令生成可通过 `/debug/pprof/profile` 下载的相同类型的文件。

从这个文件中，我们可以使用 `go tool` 浏览到分析结果：

```
$ go tool pprof -http=:8080
```

此命令会打开一个显示调用图的 Web UI。图 12.34 显示了一个应用程序的例子。箭头越大，它越是热门路径。然后我们可以浏览到这张图表并获得执行参数。

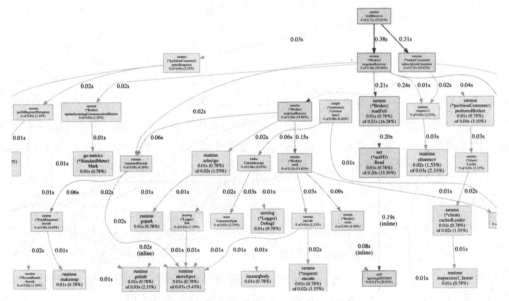

图 12.34   应用程序在 30 s 内的调用图

例如，图 12.35 告诉我们，在 30 s 内，decode 方法（*FetchResponse 的接收器）花费了 0.06 s。在这 0.06 s 中，0.02 s 用于 RecordBatch.decode，0.01 s 用于 makemap（创建字典）。

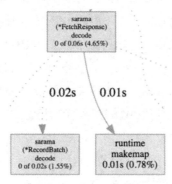

图 12.35　调用图的例子

还可以从具有不同表示形式的 Web UI 访问此类信息。例如，Top 视图按执行时间对函数进行排序，而火焰图可视化了执行时间的层次结构。UI 甚至可以逐行显示源代码中代价高的部分。

　　注意　我们还可以通过命令行深入分析数据。但是，我们在本节中重点介绍 Web UI。

多亏有了这些数据，我们可以大致了解应用程序的行为方式：
- 对 runtime.mallogc 的调用太多可能意味着过多的小堆分配，我们可以尝试将其最小化。
- 花在 channel 操作或互斥锁上的时间过多可能表明过度争用，正在损害应用程序的性能。
- 在 syscall.Read 或 syscall.Write 上花费太多时间意味着应用程序在内核模式下花费了大量时间。处理 I/O 缓冲可能是改进的途径。

这些是我们可以从 CPU 分析中获得的数据。了解热门的代码路径和识别瓶颈很有价值。但分析工具不会追溯超过配置的速率的代码，因为 CPU 分析以固定速度执行（默认情况下为 10 ms）。为了获得更细粒度的数据，应该使用跟踪工具，我们将在本章后面进行讨论。

　　注意　我们还可以为不同的函数附加标签。例如，想象一个从不同客户端调用的通用函数。要跟踪两个客户端花费的时间，我们可以使用

pprof.Labels。

堆分析

堆分析允许我们获得有关当前堆使用情况的统计信息。与 CPU 分析一样，堆分析也是基于采样的。我们可以改变这个速率，但不应该太细化，因为速率降低得越多，堆分析收集数据所需的工作就越多。在默认情况下，采样在每 512 KB 堆分配的一次分配中被分析。

如果我们浏览 /debug/pprof/heap/，会得到难以阅读的原始数据。但是，我们可以使用 debug/pprof/heap/?debug=0 下载堆配置文件，然后使用 go tool 命令（与上一节中相同的命令）打开它，以使用 Web UI 浏览数据。

图 12.36 显示了堆图的示例。调用 MetadataResponse.decode 方法分配了 1536 KB 的堆数据（占总堆大小的 6.32%）。但是，这 1536 KB 都不是由该函数直接分配的，因此我们需要检查第二层函数调用。TopicMetadata.decode 方法分配了 1536 KB 中的 512 KB；其余的——1024 KB——是用另一种方法分配的。

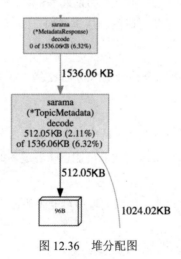

图 12.36　堆分配图

这就是我们浏览调用链以了解应用程序的哪个部分负责大部分堆分配的过程。我们还可以查看不同的采样类型：

- alloc_objects——分配的对象总数。
- alloc_space——分配的内存总量。
- inuse_objects——已分配但尚未释放的对象数。
- inuse_space——已分配但尚未释放的内存量。

堆分析的另一个非常有用的功能是跟踪内存泄漏。使用基于 GC 的语言，通常的执行过程如下：

1. 触发 GC。

2. 下载堆数据。

3. 等待几秒钟/分钟。

4. 触发另一个 GC。

5. 下载另一个堆数据。

6. 比较。

在下载数据之前强制执行 GC 是一种防止错误假设的方法。例如，如果在没有先运行 GC 的情况下看到保留对象的峰值，那么我们无法确定这是泄漏还是下一次 GC 将收集的对象。

使用 pprof 可以下载堆配置文件并同时强制执行 GC。在 Go 中执行的过程如下：

1. 转到 /debug/pprof/heap?gc=1（触发 GC 并下载堆配置文件）。

2. 等待几秒钟/分钟。

3. 再次转到 /debug/pprof/heap?gc=1。

4. 使用 go tool 比较两个堆配置文件：

```
$ go tool pprof -http=:8080 -diff_base
```

图 12.37 显示了我们可以访问的数据类型。例如，newTopicProducer 方法（左上角）占用的堆内存量减少了（–513 KB）。相比之下，updateMetadata（右下角）持有的数量增加了（+512 KB）。缓慢增加是正常的。例如，第二个堆采样可能是在服务调用过程中计算出来的。我们可以重复此过程或等待更长时间；重要的部分是跟踪特定对象分配的稳步增长。

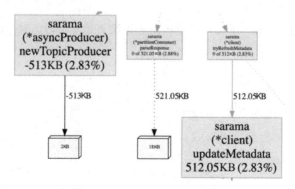

图 12.37　两种堆采样的区别

注意 另一种与堆相关的分析类型是 `allocs`，它报告分配情况。堆分析显示堆内存的当前状态。要了解自应用程序启动以来的内存分配情况，我们可以使用分配分析。如前所述，由于栈分配代价低廉，因此它们不是此分析的一部分，该分析仅关注堆。

goroutine 分析

`goroutine` 分析报告应用程序中所有当前 goroutine 的栈跟踪。我们可以使用 `debug/pprof/goroutine/?debug=0` 下载一个文件，然后再次使用 `go tool`。图 12.38 显示了我们可以获得的信息类型。

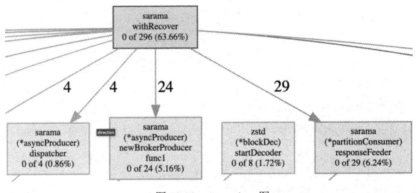

图 12.38　goroutine 图

我们可以看到应用程序的当前状态以及每个函数创建了多少个 goroutine。在图 12.38 所示的情况下，`withRecover` 创建了 296 个正在进行的 goroutine（63%），其中 29 个与对 `responseFeeder` 的调用相关。

如果我们怀疑 goroutine 泄漏，那这种信息也很有用。可以查看 goroutine 分析数据以了解系统的哪一部分是可疑的。

block 分析

`block` 分析报告正在进行的 goroutine 在哪里阻塞等待同步原语。可能性包括：

- 在非缓冲 channel 上发送或接收。
- 发送到已满的 channel。
- 从空 channel 接收。
- 互斥锁竞争。

- 网络或文件系统等待。

block 分析还记录了 goroutine 等待的时间，可以通过 debug/pprof/block 访问。如果我们怀疑性能因阻塞而受到损害，此分析可能会非常有用。

默认情况下不启用 block 分析：我们必须调用 runtime.SetBlockProfileRate 来启用它。此函数控制报告的 goroutine 阻塞事件的比例。一旦启用，即使我们不调用 debug/pprof/block 端点，分析工具也将继续在后台收集数据。如果我们想设置高速率，请谨慎行事，以免损害性能。

完整的 goroutine 栈转储

如果我们遇到死锁或怀疑 goroutine 处于阻塞状态，完整的 goroutine 栈转储（debug/pprof/goroutine/?debug=2）会创建所有当前 goroutine 栈跟踪的转储。这有助于作为第一个分析步骤。例如，以下转储显示 Sarama goroutine 在 channel 接收操作中被阻塞了1420 分钟：

```
goroutine 2494290 [chan receive, 1420 minutes]:
github.com/Shopify/sarama.(*syncProducer).SendMessages(0xc00071a090,
➡{0xc0009bb800, 0xfb, 0xfb})
 /app/vendor/github.com/Shopify/sarama/sync_producer.go:117 +0x149
```

互斥锁分析

最后一个分析类型与阻塞有关，但仅限于互斥锁。如果我们怀疑应用程序花费大量时间等待锁定互斥锁，从而影响性能，那可以使用互斥锁分析。它可以通过 /debug/pprof/mutex 访问。

此分析的工作方式类似阻塞。默认情况下它是被禁用的：必须使用 runtime.SetMutexProfileFraction 来启用它，它控制报告的互斥锁争用事件的比例。

以下是关于分析的一些附加说明：

- 我们没有提到 threadcreate 配置文件，因为它自 2013 年以来就失效了（参见链接 44）。
- 确保一次只启用一个分析：例如，不要同时启用 CPU 分析和堆分析。这样做会导致错误的观察。
- pprof 是可扩展的，我们可以使用 pprof.Profile 创建自定义分析。

我们已经看到了可以启用的最重要的分析，它们可以帮助我们了解应用程序的执行方式和可能的优化途径。通常，建议启用 pprof，即使在生产环境中也是如此，因为在大多数情况下，它在占用空间和我们可以从中获得的观察数据之间提供了极好的平衡。某些分析（例如 CPU 分析）会导致性能下降，但这仅在启用它们期间才会发生。

现在让我们看看跟踪工具。

12.8.2　跟踪工具

使用 go tool 执行跟踪工具可以捕获各种运行时事件，并可视化数据。它对以下方面有帮助：

- 了解运行时事件，例如 GC 如何执行。
- 了解 goroutine 如何执行。
- 识别不良的并行执行。

让我们用错误#56 中给出的例子来尝试一下，在那里我们讨论了归并算法的两个并行版本。第一个版本的问题是并行化不佳，导致创建了太多的 goroutine。让我们看看跟踪工具如何帮助我们验证这个说法。

我们将为第一个版本编写一个基准测试，并使用 -trace 标识执行它以启用跟踪工具：

```
$ go test -bench=. -v -trace=trace.out
```

> **注意**　我们还可以使用 /debug/pprof/trace?debug=0 pprof 端点下载远程跟踪文件。

此命令创建一个 trace.out 文件，我们可以使用 go tool 打开该文件：

```
$ go tool trace trace.out
2021/11/26 21:36:03 Parsing trace...
2021/11/26 21:36:31 Splitting trace...
2021/11/26 21:37:00 Opening browser. Trace viewer is listening on
    http://127.0.0.1:54518
```

打开 Web 浏览器，单击 View Trace 以查看特定时间范围内的所有跟踪，如图 12.39 所示。这张图展示了大约 150 ms 的跟踪过程。我们可以看到多个有用的指标，例如，goroutine 的数量和堆大小。堆大小稳定增长，直到触发 GC。我们还可以观察每个 CPU 内核中的 Go 应用程序的活动。时间范围从用户级代码开始；然后执行 stop the world，占用四个 CPU 内核，大约 40 ms。

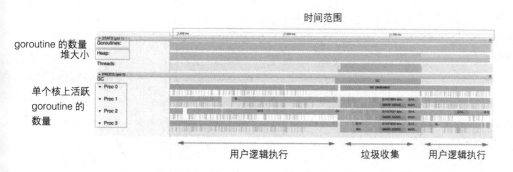

图 12.39 显示 goroutine 活动和运行时事件，例如 GC 阶段

关于并发性，我们可以看到这个版本使用了机器上所有可用的 CPU 核心。然而，图 12.40 放大了 1 ms 执行过程的一部分。每个条对应一个 goroutine 执行。有太多的小条看起来不对：这意味着执行的并行化很差。

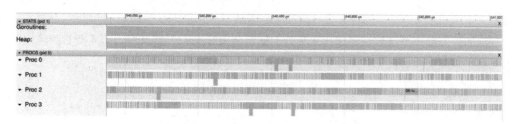

图 12.40 太多小条表示并行执行不佳

图 12.41 是对执行过程的进一步放大，可以查看这些 goroutine 是如何被编排的。大约 50% 的 CPU 时间没有花在执行应用程序代码上。空白代表 Go 运行时启动和编排新 goroutine 所花费的时间。

图 12.41 大约 50% 的 CPU 时间花在了处理 goroutine 切换上

让我们将其与第二个并行实现进行比较，后者快了大约一个数量级。图 12.42 再次放大到 1 ms 的时间帧。

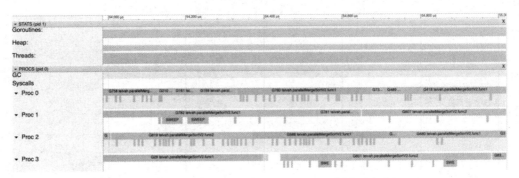

图 12.42　空白数量明显减少，证明 CPU 占用更充分

每个 goroutine 需要更多的时间来执行，并且空白的数量已经显著减少。因此，CPU 比第一个版本更忙于执行应用程序代码。每一毫秒的 CPU 时间都被更有效地使用，解释了基准测试的差异。

请注意，跟踪的粒度是每个 goroutine，而不是像 CPU 分析中的每个函数。但是，可以使用 runtime/trace 包定义用户级任务以了解每个功能或功能组。

例如，假设一个函数计算斐波那契数，然后使用 atomic 将其写入全局变量。我们可以定义两个不同的任务：

```
var v int64
// 创建一个斐波那契任务
ctx, fibTask := trace.NewTask(context.Background(), "fibonacci")
trace.WithRegion(ctx, "main", func() {
    v = fibonacci(10)
})
fibTask.End()
ctx, fibStore := trace.NewTask(ctx, "store") // 创建一个 store 任务
trace.WithRegion(ctx, "main", func() {
    atomic.StoreInt64(&result, v)
})
fibStore.End()
```

使用 go tool，可以获得关于这两个任务如何执行得更精确的信息。在前面的跟踪 UI（见图 12.42）中，我们可以看到每个 goroutine 的每个任务的边界。在用户定义的任务中，我们可以得到持续的时间分布（见图 12.43）。

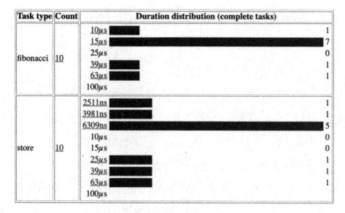

图 12.43   用户级任务分布

我们看到，在大多数情况下，`fibonacci` 任务的执行时间不到 15 μs，而 `store` 任务的执行时间不到 6309 ns。

在上一节中，我们讨论了可以从 CPU 分析中获得的信息种类。与从用户级跟踪中获得的数据相比，它们之间的主要区别是什么？

- CPU 分析：
  - 基于采样。
  - 每个函数。
  - 不低于采样率（默认为 10 ms）。
- 用户级跟踪：
  - 不是基于采样的。
  - 每个 goroutine 执行（除非使用 `runtime/trace` 包）。
  - 时间执行不受任何速率的约束。

总之，跟踪工具是了解应用程序如何执行的强大工具。正如在归并排序示例中看到的那样，我们可以识别出并行执行不佳问题。然而，跟踪工具的粒度仍然是每个 goroutine，除非手动使用 `runtime/trace` 与 CPU 分析做对比，例如。在优化应用程序时，我们可以同时使用分析和跟踪来充分利用标准的 Go 诊断工具。

下一节将讨论 GC 的工作原理及如何对其进行调优。

12.9 #99: 不了解 GC 的工作原理

垃圾收集器（GC）是 Go 语言的重要组成部分，可简化开发人员的工作。它允许我们跟踪和释放不再需要的堆分配。因为我们不能用栈分配替换堆分配，所以了解 GC 的工作原理应该成为 Go 开发人员优化应用程序的工具集的一部分。

12.9.1　概念

GC 保留对象引用树。Go 中的 GC 基于标记清除算法，该算法有两个阶段：

- 标记阶段——遍历堆的所有对象，标记其是否还在使用。
- 清除阶段——从根开始遍历引用树，释放不再被引用的对象块。

当 GC 运行时，它首先执行一组导致整个代码停止的操作（准确地说，每个 GC 两次 stop the world）。也就是说，所有可用的 CPU 时间都用于执行 GC，从而暂停我们的应用程序代码。按照这些步骤，它再次启动，恢复我们的应用程序，然而，GC 也有一个并发执行的阶段。出于这个原因，Go 中的 GC 被称为并发标记和清除：它旨在减少每个 GC 周期的 stop the world 操作的数量，并且大部分与我们的应用程序并发运行。

Go 中的 GC 还包括一种在消耗高峰后释放内存的方法。假设我们的应用程序基于两个阶段：

- 导致频繁分配和使用大堆内存的初始阶段。
- 适度分配和使用小堆内存的运行时阶段。

Go 将如何解决大堆内存仅在应用程序启动时有用而不是启动之后的事实？这是作为 GC 的一部分使用所谓的定期清道夫处理的。一段时间后，GC 检测到不再需要这么大的堆内存，因此它会释放一些内存并将其返回给操作系统。

> **注意**　如果清道夫不够快，可以手动强制将内存返回给操作系统。

重要的问题是，GC 周期是怎样的？与 Java 等其他语言相比，Go 配置仍然相当简单。它依赖于一个环境变量：GOGC。该变量定义了自上次 GC 后触发另一次 GC 之前堆增长的百分比，默认值为 100%。

让我们看一个具体的例子，以确保我们能更好地理解这个问题。假设 GC 刚刚被触发，当前堆的大小为 128 MB。如果 GOGC=100，则当堆大小达到 256 MB 时触发下一次 GC。每当堆大小翻倍时，默认情况下都会执行一次 GC。此外，如果在过去 2 分钟内未执行 GC，Go 将强制执行一次。

如果用生产负载分析我们的应用程序，我们可以微调 GOGC：

- 减少它会导致堆增长得更慢，从而增加 GC 的压力。

■ 增加它会导致堆增长得更快，从而减轻 GC 的压力。

GC 跟踪

可以通过设置 GODEBUG 环境变量来打印 GC 跟踪，例如在运行基准测试时：

```
$ GODEBUG=gctrace=1 go test -bench=. -v
```

每次 GC 运行时启用 gctrace 都会将跟踪写入 stderr。

让我们通过一些具体示例来了解 GC 在负载增加时的行为。

12.9.2 示例

假设我们向用户公开一些公共服务。在中午 12:00 的高峰时段，有 100 万用户连接。不过，连接用户的数量是稳步增长的。图 12.44 表示平均堆大小以及如果将 GOGC 设置为 100，GC 将在何时触发。

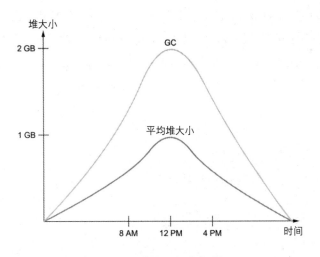

图 12.44　连接用户稳步增长

因为 GOGC 被设置为 100，所以每次堆大小翻倍时都会触发 GC。在这些情况下，由于用户数量稳步增加，所以全天处于可接受的 GC 次数的状态（见图 12.45）。

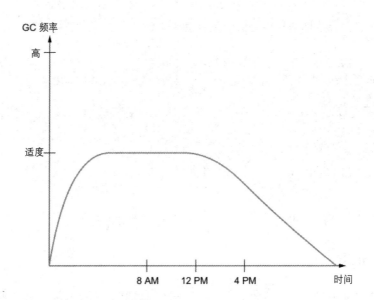

图 12.45　GC 频率不会达到大于适度频率的状态

我们应该在一天开始时有适度数量的 GC 周期。到达中午 12:00 时，当用户数量开始减少时，GC 周期数也应该稳定减少。在这种情况下，将 GOGC 保持在 100 应该没问题。

现在，让我们考虑第二种情况，即 100 万用户中的大多数用户在不到一个小时内连接，见图 12.46。早上 8:00，平均堆大小迅速增长，大约一小时后达到峰值。

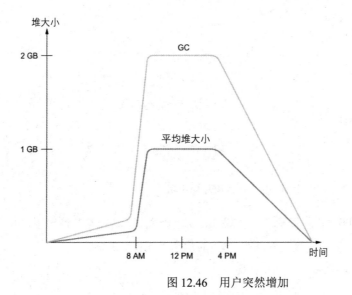

图 12.46　用户突然增加

GC 周期的频率在此小时内受到严重影响，如图 12.47 所示。由于堆大小的显著和突然的增长，在短时间内我们面临频繁的 GC 周期。即使 Go 中的 GC 是并发的，这种情况也会导致大量的 stop the world 周期，并可能造成不好的影响，例如，增加用户看到的平均延迟。

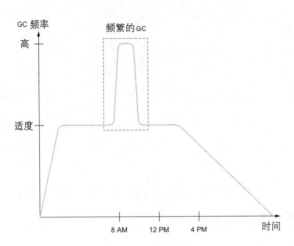

图 12.47　在一小时内，我们观察到高频率的 GC

在这种情况下，我们应该考虑将 GOGC 提高到一个更高的值以减轻 GC 的压力。请注意，增加 GOGC 不会带来线性收益：堆越大，清理所需的时间就越长。因此，在使用生产负载时，我们在配置 GOGC 时应该小心。

在堆大小增长更为显著的特殊情况下，调整 GOGC 可能还不够。例如，假设我们不是在一小时内从 0 增加到 100 万用户，而是在几秒钟内完成。在这几秒钟内，GC 的数量可能会达到临界状态，导致应用程序性能变得非常差。

如果我们知道堆峰值，那就可以使用强制分配大量内存的技巧来提高堆的稳定性。例如，我们可以在 main.go 中使用全局变量强制分配 1 GB 内存：

```go
var min = make([]byte, 1_000_000_000) // 1 GB
```

这样的分配有什么意义呢？如果 GOGC 保持在 100，而不是每次堆翻倍时触发 GC（这在这几秒内发生得非常频繁），Go 只会在堆达到 2 GB 时触发 GC。这种情况会减少所有用户连接时触发的 GC 周期数，从而减少对平均延迟的影响。

我们可能会争论当堆大小减小时，这个技巧会浪费大量内存。但事实并非如此。在大多数操作系统上，分配这个 min 变量不会使我们的应用程序消耗 1 GB 内存。调用 make 会导致对 mmap() 的系统调用，这会导致惰性分配。例如，在 Linux 中，内存实际上是通过页表寻址和映射的。可使用 mmap() 在虚拟地址空间而不是物理空间中分配 1 GB 的内存。只有读取或写入才会导致缺页错误，从而导致实际的物理内存分配。因此，即使应用程序在没有连接任何客户端的情况下启动，它也不会消耗 1 GB 的物理内存。

　　　　注意　我们可以使用 ps 等工具验证此行为。

　　为了优化程序，了解 GC 的行为方式至关重要。作为 Go 开发人员，我们可以使用 GOGC 来配置何时触发下一个 GC 周期。在大多数情况下，将其保持在 100 就足够了。但是，如果应用程序可能面临导致频繁 GC 和延迟影响的请求峰值，可以增加该值。最后，在异常请求高峰的情况下，我们可以考虑使用将虚拟堆大小保持在最小值的技巧。

　　本章的最后一节将讨论在 Docker 和 Kubernetes 中运行 Go 的影响。

12.10　#100：不了解在 Docker 和 Kubernetes 中运行 Go 程序的影响

　　根据 2021 年对 Go 开发人员的调查（参见链接 45），使用 Go 编写服务是最常见的用途。同时，Kubernetes 是部署这些服务的最广泛使用的平台。了解在 Docker 和 Kubernetes 中运行 Go 的含义非常重要，可防止出现 CPU 节流等常见情况。

　　我们在错误#56 中提到过，GOMAXPROCS 变量定义了负责同时执行用户级代码的操作系统线程的限制。在默认情况下，它被设置为 CPU 的逻辑核心数。这在 Docker 和 Kubernetes 的上下文中意味着什么？

　　假设我们的 Kubernetes 集群由 8 个核心节点组成。当一个容器被部署在 Kubernetes 中时，我们可以定义一个 CPU 限制来确保一个应用程序不会耗尽宿主机的所有资源。例如，以下配置将 CPU 的使用限制为 4000 资源单位（或毫核），因此有 4 个 CPU 内核：

```
spec:
  containers:
  - name: myapp
    image: myapp
    resources:
      limits:
        cpu: 4000m
```

我们可以假设，当应用程序被部署时，GOMAXPROCS 将基于这些限制，因此值为 4。但事实并非如此；它被设置为主机上的逻辑核心数：8。那么，这有什么影响呢？

Kubernetes 使用完全公平调度程序（CFS）作为进程调度程序。CFS 还用于对 Pod 资源实施 CPU 限制。在管理 Kubernetes 集群时，管理员可以配置以下这两个参数：

- `cpu.cfs_period_us`（全局设置）
- `cpu.cfs_quota_us`（每个 Pod 设置）

前者定义了一个周期，后者定义了一个配额。默认情况下，将周期设置为 100 ms。同时，默认配额值为应用程序在 100 ms 内可以消耗多少 CPU 时间。限制设置为 4 个核心，这意味着 400 ms（4 × 100 ms）。因此，CFS 将确保我们的应用程序不会在 100 ms 内消耗超过 400 ms 的 CPU 时间。

让我们想象一个场景，多个 goroutine 当前正在 4 个不同的线程上执行。每个线程被安排在不同的核心（1、3、4 和 8）上，见图 12.48。

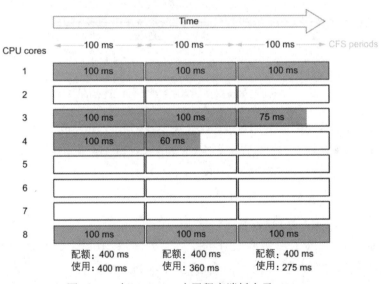

图 12.48　每 100ms，应用程序消耗少于 400ms

在第一个 100 ms 期间，有 4 个线程处于忙碌状态，因此消耗了 400 ms 中的 400 ms：100% 的配额。在第二个周期，消耗了 400 毫秒中的 360 毫秒，以此类推。一切都很好，因为应用程序消耗的资源少于配额。

然而，提醒一下，我们把 GOMAXPROCS 设置为 8。因此，在最坏的情况下，可以有 8 个线程，每个线程被安排在不同的核心上（见图 12.49）。对于每 100 ms，配额设置为 400 ms。如果 8 个线程忙于执行 goroutine，50 ms 后，达到 400 ms 的配额（8 × 50 ms = 400 ms）。会有什么后果？CFS 将限制 CPU 资源。因此，在另一个周期开始之前不会分配更多的 CPU

资源。换句话说，我们的应用程序将暂停 50 ms。

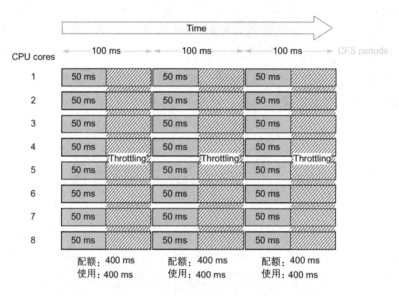

图 12.49   在每个 100ms 的周期内，CPU 工作 50ms 后被限制

例如，平均延迟为 50 ms 的服务最多可能需要 150 ms 才能完成。

那么，解决方案是什么？首先，请关注 Go 的 33803 号主题（参见链接 46）。也许在 Go 的未来版本中，GOMAXPROCS 将支持 CFS。

今天的解决方案是依赖 Uber 制作的名为 automaxprocs（参见链接 47）的库。可以通过在 main.go 中向 go.uber.org/automaxprocs 添加一个匿名导入来使用这个库；它会自动设置 GOMAXPROCS 以匹配 Linux 容器的 CPU 配额。在前面的示例中，如果 GOMAXPROCS 被设置为 4 而不是 8，就无法达到 CPU 被节流的状态。

总之，让我们记住，目前，Go 不支持 CFS。GOMAXPROCS 基于主机而不是定义的 CPU 限制。因此，我们可能会达到 CPU 被节流的状态，从而导致长时间的暂停和显著的延迟增加等实质性影响。在 Go 支持 CFS 之前，一种解决方案是依靠 automaxprocs 自动将 GOMAXPROCS 设置为定义的配额。

总结

- 了解如何使用 CPU 缓存对于优化受 CPU 限制的应用程序很重要，因为 L1 缓存比主内存快大约 50 到 100 倍。

- 了解缓存行概念对于理解如何在数据密集型应用程序中组织数据至关重要。CPU 不会逐字获取内存；它通常将内存块复制到 64 B 的缓存行。要充分利用每个单独的缓存行，请强制执行空间局部性。
- 让 CPU 可以预测代码也是优化某些功能的有效方法。例如，单位或恒定步长对于 CPU 是可预测的，但非单位步长（例如，链表）是不可预测的。
- 为避免临界步长，从而只使用缓存的一小部分，请注意缓存是分区的。
- 了解较低层别的 CPU 缓存不会在所有内核之间共享，有助于避免性能下降，例如在编写并发代码时进行伪共享。共享内存是一种幻觉。
- 使用指令级并行（ILP）来优化代码的特定部分，可允许 CPU 执行尽可能多的并行指令。识别数据冒险是主要步骤之一。
- 在 Go 中，基本类型与它们自己的大小对齐可避免常见错误。例如，请记住，按大小降序重组结构体的字段可以产生更紧凑的结构（更少的内存分配和可能更好的空间局部性）。
- 了解堆和栈之间的根本区别应该成为优化 Go 应用程序时的核心知识的一部分。分配几乎是无代价的，而堆分配速度较慢并且依赖于 GC 来清理内存。
- 减少分配也是优化 Go 应用程序的一个重要方面。这可以通过不同的方式完成，例如仔细设计 API 以防止共享，了解常见的 Go 编译器优化，以及使用 `sync.Pool`。
- 使用快速路径内联技术可有效减少调用函数的摊销时间。
- 依靠分析工具和跟踪工具可了解应用程序的执行方式和要优化的部分。
- 了解如何调整 GC 可以带来多种好处，例如，在处理负载突然增加时更有效。
- 在 Docker 和 Kubernetes 中部署时，为了帮助避免 CPU 节流，请记住 Go 不支持 CFS。

结语

恭喜你读完本书。我真诚地希望你喜欢这本书，并且希望它能对你的个人和/或专业项目有所帮助。

请记住，犯错误是学习过程的一部分，正如我在前言中强调的那样，这也是本书灵感的重要来源。归根结底，重要的是提高我们从错误中进行学习的能力。

如果你想继续讨论，可以在 Twitter 上关注我：@teivah。